JN208465

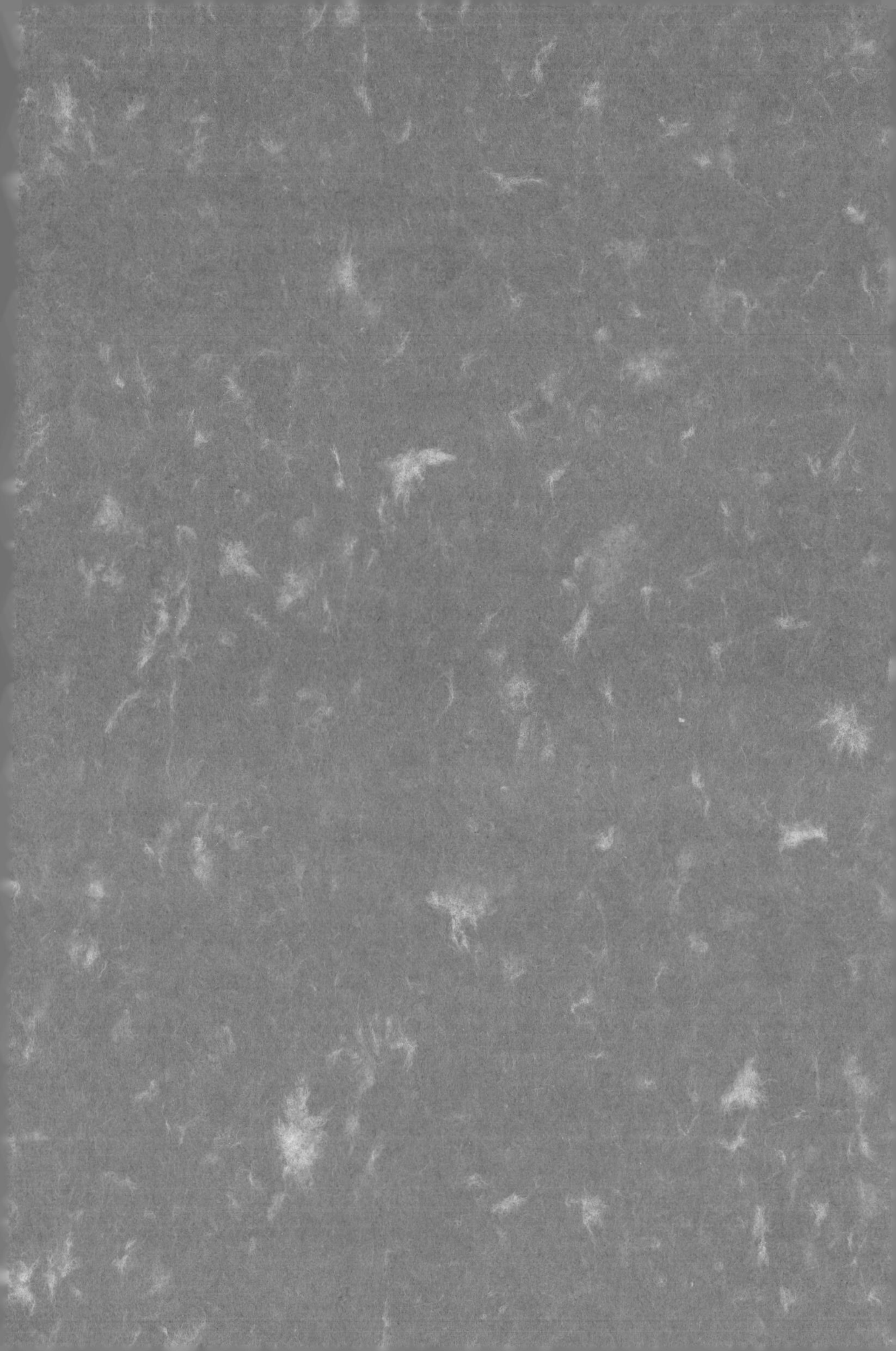

核開発時代の遺産

未来責任を問う

若尾祐司・木戸衛一 編

昭和堂

序　核開発の同時代史を問う

若尾祐司

核時代（nuclear age）、原子時代（atomic age）ないし原子力時代の特質は核エネルギー利用にある。核エネルギーは原子炉によって生産される。とすれば、原爆ではなく原子炉の出現に、核時代の起点を求めてもよいであろう。一九四二年一二月、核物理学者エンリコ・フェルミのシカゴ・パイル一号である。ナチス・ドイツに先行して原爆開発を目指す米国のマンハッタン計画のもと、黒鉛ブロック（減速材）三五〇トン余を積み上げた二階建ての家ほどの実験炉であり、フェルミが自ら三本目の制御棒を抜くと、核分裂連鎖反応は臨界に達した。この実験炉を大型化してハンフォードB炉が建設され、プルトニウムの生産が行われた。シカゴ・パイル一号は解体・移設され、一九四六年に設立される米国最初の国立研究所（アルゴンヌ）の基礎となる。

同時に、オークリッジに巨大なウラン濃縮工場が建設され、分裂性物質ウラン235の分離・精製が行われた。これらを原料とし、ロスアラモスでロバート・オッペンハイマー所長のもと、プルトニウム爆弾二発とウラン爆弾一発が製作され、前者はアラモゴード砂漠と長崎に、後者は広島に投下された。

以来、核時代は四分の三世紀を経過した。この四分の三世紀は、核エネルギーの軍事利用が先行し、それに付随して民生利用が広がる、軍民両面での核開発時代だった、と言ってよいであろう。たしかに、軍事開発に反対する反核兵器の市民運動が各国に広がり、人類死滅の引き金となりかねない核爆弾の実戦使用は——劣化ウラン弾を除き――回避されてきた。大気圏核実験による「死の灰」の脅威も、一九六三年の部分的核実験禁止条約以後は除去され、地球環境問題の焦点はむしろ二酸化炭素排出と温暖化に移っている。だが、なお大量の核兵器が保有され、むしろ核保有国は増加している。また原子力発電所（原発）についても、たしかに一九七九年スリーマイル島（米国）、一九八六年チェルノブイリ（ソ連）、二〇一一年福島（日本）という、核開発・原発開発の先端諸国における「過酷事故」により、かつてのような素朴な原子力「平和利用」への夢は打ち砕かれた。しかし、先進諸国からインドや中国など高度経済成長過程の諸国へと、原発建設計画は持続的に広がっている。

したがって、核開発の七五年を経て、このまま核開発を続けるのか、あるいは核閉鎖に自覚的に向かうのか。いま世界、とりわけ欧米とアジアの谷間にある日本は、岐路に立っているように思われる。この岐路に立って、これまでの核開発は何を残したのか、個別の核開発の現場（核サイト）に降り立ち、その現実を点検することが本書の課題である。過去が現在に残した現実を理解することによってのみ、人は未来への想像力を得ることができる。そして、核時代にあっては、未来への想像力を抜きに、現在の判断はできないからである。

この四分の三世紀の核時代は、区切り良くほぼ四分の一世紀単位で時期区分される。すなわち画期となるのは、第一に安価な水を減速・冷却材とする、米国での軽水炉開発が百万キロワットの発電を現実化し、原発建設が本格化する一九六〇年代末である。第二はチェルノブイリ原発事故の影響で、旧東欧共産圏とソ連邦が解体し、冷戦体制が緩和して大幅な核兵器削減へと向かう一九九〇年代初頭である。これらの時点で画される、それぞれの時期の特徴を概観した上で、本書の各論の内容に触れておきたい。

第一期（一九四二～六六年）

まず第一期、原爆開発のイニシアティヴを取ったレオ・シラードら科学者は、最初の原爆実験を目前にして米国の軍部と政府に、以下のような警告を行った。すなわち、開発される原爆は予想よりも小規模であるが、それでも日本に投下すれば各国に衝撃を与え、核武装競争を招き、数年でスーパー爆弾が開発される。その結果、ソ連は十年後には米国に追いつき、人口の密集する欧州や米国の軍事的アドヴァンテージは失われる。したがって、核武装競争に踏み込まないことが米国の利益であり、相互に核武装を防止するため米ソの二国間協定から出発して、放射性物質を国際管理・監視のもとに置く。この協定の締結には、日本に原爆を使わないことが前提であり、連合諸国の代表の眼前で、砂漠で核実験を行って直ちに米英ソで協定を結ぶ。この協定があれば、米国の巨大核施設と核燃料も、平時の経済発展に役立てることができる。アイソトープ利用など核工学が人類に約束している恩恵を消し去る必要はなく、国際監視下で各国にウランを定量配分して平和時の経済発展に役立てる、と。

戦後の核時代の展開は、まさしくこのシラードらの見通し通りとなる。すなわち、第一に、この科学者たちの警告を無視した帝国日本への原爆使用により、動員解除の間もなく先行する米国をソ連が追いかけ、核軍拡競争・核戦争態勢の形成（冷戦）が始まる。米国はすでに一九四六年三月に戦略航空軍団司令部を設置し、一九四九年から原爆のシリーズ生産に入り、朝鮮戦争を経て水爆の実験に成功し、一九五五年には二千発、一九六七年には三万発を超える核弾頭を保有する。ハンフォード・サイトはプルトニウムの生産炉九基と処理施設五基、九百棟のビルを備える巨大施設へと成長していく。

他方、ソ連もマンハッタン計画に倣って赤軍の手で一九四七年九月セミパラチンスク核実験場（カザフスタン）を建設し、翌年末にはチェリャビンスク再処理工場の運転を開始し、長崎原爆の作成図に基づき一九四九年にはプルトニウム爆弾を製作した。その四年後には水爆実験にも成功し、一九五五年には二百発、一九六七年には八千発を超える核弾頭を保有する。しかも、一九五七年人工衛星スプートニク打ち上げの成功で大陸間弾道ミサイル（ＩＣＢＭ）配備への道を開き、米国の戦略空軍に対抗して一九五九年戦略ロケット部隊を設置する。こうして一九六〇年代、戦略爆撃機と大陸間弾道弾を軸に米ソの核開発が進み、それは核抑止力として正当化された。

第二に、米国の核独占が崩れた段階で、米ソ両国により核分裂性物質と研究・実験炉を傘下の東西諸国に提供・売却し、各国でアイソトープ生産や原発の開発を進める国際的な体制が作られる。すなわち、各国から三千人の科学・技術者が核開発計画を携えて参加した一九五五年原子力平和利用国際会議（ジュネーヴ）であり、また翌々年のＩＡＥＡの設立である。これを契機に、東西諸国の大半が米ソの援助で研究・実験炉を導入する。例外は、原爆の開発を目指す英仏であり、この間に英国はいち早く、六・五万キロワットの出力を持つ商業用コールダーホール一号（黒鉛減速、二酸化炭素冷却炉）の運転に成功する。ただし、この型の原発の出力は五〇万キロワットを超えず、軽水炉に道を譲っていく。いずれにせよ、各国で研究・実験用の原子炉が建設され、核工学が大学における花形の研究分野となり、アイソトープ利用の広がりと共に「原子力の平和利用」に対する広範な合意と期待が各国で醸成されていった。とりわけ、五〇年代の半ばと六〇年代後半以降の時期である。

しかし第三に、シラードら科学者たちの想定外の問題が、この核開発の初期段階ですでに生じる。それは、核施設事故による修復不能の大規模被災である。代表的な事例として、一九五七年九月ソ連のチェリャビンスク再処理工場での放射性廃棄物タンクの爆発であり、同年一〇月英国ウィンズケールの軍事用プルトニウム生産炉でのウラン燃料と黒鉛との燃焼事故である。また、一九六六年一〇月米国の高速増殖試験炉エンリコ・フェルミの炉心溶融事故である。核燃料増殖の夢の原子炉として、高速増殖炉には大きな期待が寄せられていた。しかし、その開発は初発からつまずき、その後も各国で多額の投資が行われたが、ほぼ失敗に帰す。高速増殖炉の開発史に、原発開発のコストと賭博的性格が象徴的に示されている。同時に、これらの事故の被害は基本的に無視され、ソ連の場合は事故そのものが秘匿された（一九八九年に初めて公式に認められる）。核開発の推進者にとって爆発など直接的な被害はともかく、低線量放射能障害やその後遺影響など核被害は目に見えないから、そうした核被害への責任意識は完全に欠落すること、すでに初期の核事故に示されている。

第二期（一九六七〜九一年）

次いで第二期、第一の特徴は五、六〇年代に進行した高度エネルギー消費社会への移行を基盤として、この時期に東西の主要国家群において一挙に原発建設が進んだことである。それ以前はいわば準備期であり、その先進国はコールダーホール一号を運転した英国だった。この型を中心に英国は、六〇年代末までに二〇基の原発を保有する。これに対して、一九五四年六月にオブニンスク原発（黒鉛減速・水冷式、五千キロワット）で世界初の民用原子力発電を行ったソ連は、さまざまな炉型の開発試行段階で、六〇年代末、四基の保有にとどまった。米国も、英国の後塵を拝していた。しかし、ここでも米国が六〇年代後半から突破口を開いていく。すなわち、七、八〇万から百万キロワットの高出力を持つ、二つの炉型の軽水炉の開発である。

この米国における原子力の動力利用も、その出発点は軍事開発にあった。すなわち、空軍の戦略爆撃機と並ぶ、海軍の戦艦用原子炉の開発である。空軍の開発計画（原子力爆撃機）は失敗したが、ウェスチングハウス（WH）社との提携で海軍は加圧水式炉（PWR）を開発し、一九五四年一月潜水艦に搭載してその運航に成功する。原潜ノーチラス一号である。そして、この炉型を発電に転用すべく、WH社とアルゴンヌ研究所によってシッピングポート原発が建設され、一九五八年に六万キロワット出力で米国初の商業運転を開始する。またハンフォード・サイトの実務担当を担ったゼネラルエレクトリック（GE）社は、アルゴンヌ国立研究所の協力を得て沸騰水式原発（BWR）の開発を目指し、一九六〇年にドレスデン原発（一八万キロワット）の運転を開始する。さらに、一九六五年には五〇万キロワット級オイスタークリーク原発の建設に入り、この大型化・高出力化により、国内的に石炭火力発電との競争力を持ち、また広く国外市場を開拓できる原発の開発に成功する。加圧水式も同様の高出力化を実現する。これら軽水式原発の燃料は、原爆原料の生産過程で作られる濃縮ウランである。その政府独占から原発企業の保有を認める、一九六四年八月の新しい原子力法を基礎に六〇年代末以降、また特に一九七三年石油危機を経て、米国製軽水炉を中心に世界は原発建設ラッシュ時代を迎える。

かくて七、八〇年代に、合計四〇五基の大規模原発が建設される（表1）。それらは日本と韓国を含む西側工業諸国に偏っている。これら諸国が四分の三以上（三〇九基）を占め、中でも際立つのは米国一〇四基、フランス五〇基、日本三八基、ドイツ二九基であり、この四か国で過半数を占めた。旧ソ連・東欧諸国は七四基であり、西側諸国と比べれば対人口比で二分の一程度である。この時期の原発建設は、各国の国民所得とエネルギー消費の水準、換言すれば高度経済成長の段階区分を――インドを除けば――忠実に反映している。

第二に、原発建設と並行して、核抑止力の名目のもと米ソの核戦力の一層の整備・拡大が進み、英仏中も数百発を保有して核大国の仲間入りをする。核抑止力とは、敵の第一撃を生き延びて対都市報復攻撃を行う第二撃の核戦力である。この相互確証破壊戦略により米ソの核弾頭数は一九七八年にそれぞれ二・五万前後で拮抗し、ソ連が数の上では凌駕する。そして一九八〇年代前半、命中精度の精確な中距離（戦域核）ミサイルや巡航ミサイルの開発で対都市戦略は対兵力（第一撃）戦略へと移り、一九八六年に米ソの核弾頭数は六・三万発を超えて最高値に達した。しかし、すでに完全に地球過破壊の過剰保有であり、これを転換点として漸次の削減へと向かう。

第三に、これら軍・民の核開発に対し、イデオロギー対立と経済成長至上主義の克服を目指す新しい社会運動・市民運動が、地球環境（エコロジー）保護運動の一環として形成される。その画期は、まさしく戦後世界史の第一の転換点をなす一九六八年である。この年には、洋の東西を越えて大きな事件が集中した。一月ベトナムのテト攻勢、四月黒人の非暴力主義公民権運動の象徴キング牧師殺害、五月パリの学生・青年反乱、八月「プラハの春」を制圧するソ連軍戦車部隊の出動である。

こうした大事件の連鎖の中で、戦後政治を支えてきたアメリカ民主主義とソ連共産主義、すなわち自由民主政と人民民主政という二つの対抗的体制の権威は崩壊する。この二つの体制を支える権力装置、米軍と赤軍の解放軍神話は崩れ、抑圧者の性格が白日の下にさらされたからである。同時に、軍事力に支えられる形骸化した民主政治に対して、ベトナムの武力闘争以上に、それを支援した世界の反戦市民運動と非暴力直接行動が、人権と平和への道であることが明確に意識される。長期の歴史的視野から見れば、革命による新秩序の定立から、非暴力の市民運動による秩序内改革への転換であり、市民イニシアティヴによりエコロジー保護と社会的共生を目指す新しい社会運動である。

この年の雑誌『世界』一月号に、核物理学者の湯川秀樹は論説「核時代の次に来るべきもの」を寄せている。その中で、核技術に典型的な現代社会の「巨大化」に警鐘を鳴らす。巨大化は無限大指向であり、どこかで必ず破綻する。科学技術と経済の際限なき成長主義は、「人間疎外というような生易しいことではなく、人間否定となる」と。七〇年代エコロジー意識の覚醒と共に「スモール・イズ・ビューティフル」が人々の声となり、草の根から地球規模の課題に取り組む住民運動が各国に広がっていった。

米国では消費者保護の運動家ラルフ・ネーダーにより一九七四年、事故続きの原発の建設に反対して全国組織「批判的大衆のエネルギー計画（Critical Mass Energy Project）」が設立され、二〇万人の支持者が集まった。この核批判の高まりの中でジミー・カーター大統領は、一九七七年一月の就任演説で核兵器全廃の目標を語り、核不拡散のために使用済み核燃料の再処理（核燃料サイクル）や高速増殖炉計画など、原発開発の前線から事実上撤退する方向へと踏み出した。そして一九七九年、スリーマイル島原発事故で米国の原発建設は国内での競争力を失い、新規の建設計画は大半が頓挫する。

旧西ドイツでは一九七二年、屋上組織「環境保護市民イニシアティヴ全国団体（ＢＢＵ）」が設立され、その初代会長に一九五八年から軍民両面での核開発批判の先頭に立ってきた産婦人科医ボード・マンシュタインがついた。七〇年代半ばから反原発の市民運動が一挙に広がり、これに一九七九年NATOの二重決定（戦域核配備）が重なったため、八〇年代前半には中距離ミサイル配備と原発建設に反対する、反原爆・反原発の反核運動が未曾有の規模で広がった。この戦域核配備に対する市民的抵抗は国際的な波となり、一九八七年米ソの中距離核戦力全廃条約という大きな成果を生んだ。同時に、反核運動の余韻が冷める間もなくチェルノブイリ原発（黒鉛減速・軽水冷却炉）事故で、日常生活は放射能汚染の恐怖にさらされ、人々の心に原発嫌悪が深く刻み込まれる。すでに、オーストリア、スウェーデン、デンマークといった小国では、集中的な議論を通して原発ノーの国民的意思表示が行われていた。同事故は、この意思表示に一層の確信を与える。

東側諸国でも、西側の核戦争恐怖は壁を越えて伝わっていた。さらに、原発事故による食品放射能汚染の恐怖も伝わる。しかし、東側諸国の政府はこの危険を無視し、必要な情報を提供しなかった。東ドイツの人々は、政府当局者の子どもたちが密かにヨード剤を得ていたと語り、自国の政府とソ連核技術への不信を顕にした。ペレストロイカを進めていたソ連のミハイル・ゴルバチョフ書記長は、この事故に直面してグラスノスチ（情報公開）の方針を堅持し、同年末、自由と人権を求める反体制派のシンボルで流刑中の「水爆の父」アレクサンダー・サハロフに、自ら電話を入れて釈放した。チェルノブイリ原発事故は旧東欧・ソ連圏の解体を促し、その五年後にソ連邦は解体する。

第三期（一九九二年〜現在）

こうして冷戦のイデオロギー対立が後退した第三期には、既存の核開発諸国において脱原爆・脱原発、すなわち核閉鎖への流れが大きく表面化する。たしかに、一九九二年に米国は戦略航空軍団司令部を廃止し、海軍の原潜部隊に統合してアメリカ戦略軍を発足させる。人工衛星によって地上観察される空軍基地とは異なり、深海を七〇日間潜行する原潜はレーダーに補足されにくいからである。かくて、弾頭のみならず運搬手段も主力は核エネルギー（原潜）に移り、冷戦体制の弛緩にもかかわらず常時の核戦争態勢は一層強化された。原潜一艘は十発余の多核弾頭の弾道ミサイル十数基の搭載能力を持ち、少なくとも数十発を搭載して常時仮想敵の近海を潜航するからである。

とはいえ、同じ時期に米国は一方的に戦術核の地上・艦艇配備を破棄し、ソ連もこれに応えて艦艇配備を破棄する。そして、米ソの核兵器数は一九九〇年代初頭の五・四万発から二〇一〇年代には一万発規模へと削減される。さらに、二〇〇九年プラハ演説でバラク・オバマ大統領は核兵器廃絶の目標を語り、二〇一一年に米ソの新戦略兵器削減条約が発効する。一五年以内に戦略核を相互に一五五〇発まで削減する（それ以前は六千発目標）という内容である。この流れを継承しつつ、非核保有国から国連の場に提示された「核兵器禁止条約」の締結へと核大国は向かいうるのか、次の四分の一世紀にかかっている。

脱原発の流れは一層明白である。欧州諸国ではフランスとフィンランドをのぞき、原発の新規建設はこの時期に途絶え、福島の原発事故により脱原発・再生エネルギー開発の道は確定的となった。米国では九〇年代末から「原子力ルネサンス」が呼号されたが、シェールガスの採掘で原発は競争力を失い、新規の建設計画は大半が頓挫・遅滞している。こうして、フランスとフィンランド、そして日韓を除き西側先進諸国では、この第三期に原発建設時代はもはや完全に過去のものとなった。フランスと日本でも、福島原発（軽水炉）事故後には脱原発の声が一気に強まっている。

しかし他方で、軍民の核開発が後発諸国へと広がる傾向も表面化している。一九七〇年代に核不拡散条約とＩＡＥＡの規制に抗して、イスラエル、パキスタン、インドは八、九〇発規模の原爆保有国に成長し、北朝鮮も

表1　世界の運転開始原発数

	50年代	60年代	70年代	80年代	90年代	00年代	運転中	建設中	計画中
米国	4	15	59	45	5	1	99	5	5
カナダ		2	10	10	3		19		
英国	6	17	6	9	2		16		2
フランス	3	7	8	42	6	4	58	1	
ドイツ		9	15	14			9		
他の西欧		7	20	24			34	1	2
（小計	13	57	118	144	16	5	235	7	9）
ロシア	1	3	13	16	2	7	29	11	15
ウクライナ			2	15	1	2	15	2	
他の東欧		1	8	20	2	3	19	6	5
（小計	1	4	23	51	5	12	63	19	20）
インド		4	4	4	2	13	21	6	6
日本		1	22	16	15	5	48	4	8
韓国				9	7	7	23	5	4
中国					3	27	22	26	30
他アジア			3	4		4	9	4	12
（小計		5	29	33	27	56	123	45	60）
その他			2	5	2	2	10	5	18
合計	14	66	172	232	50	75	431	76	107

出典：List der Kernkraftwerke（https://de.wikipedia.org/wiki/Liste_der_Kernkraftwerke, 2017.05.19）および資源エネルギー年鑑編集委員会『2016　資源エネルギー年鑑』（通産省資料出版会、2016年6月）55頁より作成。

一〇発以上を保持したといわれる。原発に関しては、一九九〇年代以降の新規運転一二五基の内訳（表1）は、中国三〇、日本二〇、インド一五、韓国一四とインド・東アジアの合計が七九基で、ほぼ三分の二を占める。それ以外は、旧東欧・ソ連圏の諸国一七、フランス一〇で、日韓仏を例外とし核開発の後発ないし遅滞的な諸国が前面に登場している。

　原発の建設・計画中のデータ（表1）は、中国五六基、ロシア二六基、インドと日本一二基、米国一〇基、韓国九基などで一二五基、その他が五八基で合計一八三基である。その他の内訳は、中東諸国一八基、その他のアジア諸国一六基、旧東欧・ソ連圏諸国一三基、欧州ではフィンランド三、英国二、フランス一で六基、中南米三基、アフリカ二基である。このデータには台湾の二基、ベトナムの四基、韓国の四基など、すでに計画キャンセル（方向）のものが含まれる。現状では、これよりも大幅減少の方向にあると思われるが、いずれにせよ中国、インド、ロシアといった人口大国が原発の将来を左右することは疑いない。その場合、決定的に重要なことは、原発閉鎖へと向かう諸国によって高度エネルギー消費の抑制と再生エネルギー開発により、持続可能な社会のモデルが示されることであろう。

なお研究・実験炉について、ＩＡＥＡのデータで先進諸国の場合、閉鎖・廃棄炉四三五、運転・一時停止炉一七二、建設・計画中七であり、発展途上国では同じく四六、九四、一一である。合計で七六五炉であり、先進諸国では七割、発展途上国でも三分の一がすでに閉鎖・廃棄されている。建設・計画中のものもわずかであり、もはやその使命は限定されている。

本書の内容と課題意識

以上、核時代七五年の歴史を振り返るとき、同時代史は明らかに核開発時代から核閉鎖時代への転換点に立っている。だが、それは同時に、蓄積されたプルトニウムや放射性廃棄物の果てしなき核保管時代の幕開けである。そのような理解から、核時代の全体史を克明に検証する作業は、将来の課題として残されたままである。本書は、その予備作業として、個別の核サイトを取り上げ、よりミクロのレベルで事例研究を通して核時代史の検証を積み上げる。その場合、現実に重要な役割を果たした核サイトを中心としつつも、建設計画が阻止されたものも含まれる。

第Ⅰ部「『平和利用』への道を開く」は、軍事利用を超えて民生利用へという、核時代幕開けの道具立てを見る。まず第一章は、核開発のパイオニア米国における核の表象を、スミソニアン博物館およびアメリカ歴史博物館の展示を通してみる。そこでは、軍・民の核開発に伴う放射能禍は完全に覆い隠され、原子力は一貫して「パワー」「威力」「抑止力」として示され続けてきた。こうした、核被害を無視して核威力を誇示する操作的世論形成こそ、核開発を導く重要な道具立てだった。だが、最近に至って核被害を伝えるドキュメントが製作され、核礼賛から核批判へと、変化も生じていることが示される。

第二章は、旧ソ連における世界初の民用発電炉開発に焦点を当て、核開発の当事者である科学者の動向を追う。すなわち、オブニンスク原発を世界初の「平和目的」サイトとして宣伝すべく、ソ連科学アカデミーは一九五五年八月ジュネーヴ会議を目前に急きょ、その前月にモスクワで「原子力平和利用会議」を開催することを決定し、各国の科学者に参加を呼びかける。このように「原子力外交」を展開してジュネーヴ会議に臨み、自国の核開発の先進性を誇示しようとしたが、米国の代表団に圧倒され苦い結果におわる。個々の科学者の政治的な確信の有無とはかかわりなく、国家に寄生して核開発（巨大科学技術開発）に魅入られる科学技術者集団の形成こそ、疑いなくマンハッタン計画によって作られた歴史的新基軸（政治支配と科学技術の融合・テクノクラシー）であり、それは核開発と共に世界に広がる。

二つの補論は、ＩＡＥＡと放射性同位元素（アイソトープ）という核開発時代を支える基盤を示す。ＩＡＥＡは「核の番人」として、核開発の安全性を担保する役割を担う。すなわち、第一は民生利用の促進とその安全性基準の確保であり、第二は核燃料の軍事利用への転用防止である。そして、この核の民生利用の第一の柱は、アイソトープ利用にある。アイソトープ利用の歴史は古く、二〇世紀の初めには「ラジウム産業」が成立し、粒子加速器（サイクロトン）の開発でアイソトープの人工的生産も始まる。核分裂連鎖反応は一挙に多種・大量のアイソトープを生み出し、トレーサー技術など工学・医学・生物学などの分野でアイソトープの用途は広がり、現代の科学技術開発を支える重要な道具立ての一つとなる。

第Ⅱ部「核サイトの軌跡」は、高速増殖炉、核燃料製造・再処理施設、ウラン鉱山、そして補論で核実験場という、四種類の核サイトの事例研究である。

核燃料を増殖する夢の原子炉として、戦勝大国は戦後の早い時期から、原爆開発と平行して高速増殖炉（以下、高速炉と略記）開発に着手する。一般に発電炉開発は、実験炉（小規模）、原型炉（中規模）、実証炉（実用規模）を経て商業利用に至る。一九六〇年までに米ソは各数基、英一基、さらに一九六二年仏一基を加えて一五程度の実験炉を建設・運転した。六〇年代後半から、ソ・英・仏は原型炉の建設に入り、一九七二年ソ連のBN-350、翌年仏マルクールのフェニックス、翌々年英ドーンレイのPFRが運転を開始する。一方、すでに述べたように米国は脱落する。同じ七〇年代、日、独、伊とインドが実験炉を建設し後追いするが、そこから原型炉へと進んだのは日本のみであった。ロシアはさらに実証炉B-600を経て二〇一六年に商業炉B-800（八八万キロワット）の運転を始め、高速炉開発計画を堅持している。フランスは実証炉スーパーフェニックスを建設したが、事故続きで廃炉にした。

こうした米ソ（ロ）の対照的な経緯を見るとき、米国の場合は公民権運動からベトナム反戦運動を経て消費者運動へという、社会運動の強力な展開や採算性の問題が高速炉開発の早期断念を導き、ソ連・ロシアの場合はその脆弱性が現在の結果を導いたように思われる。英ドーンレイと仏マルクールの核サイトは、この米ソ（ロ）の高速炉開発史の中間に位置する。多額の資金を投資して原型炉まで進んだが、冷却材の金属ナトリウム漏れなど事故続きで断念・遅滞に至ったケースであり、第三章と第四章により、その軌跡が示される。

第五章は、この高速炉開発を展望しつつ、その燃料となるウラン・プルトニウム混合燃料（MOX）の大量供給を目指した、ドイツの代表的な核燃料製造・再処理施設ハーナウ・サイトの挫折への軌跡をたどる。一九七〇年代半ばまで、原料の濃縮ウランはもっぱら米国の独占下にあった。それ以降は、仏や独・蘭・英共同事業体などの参入で市場が形成される。そこから濃縮ウランを買い付け、ペレットに加工し、核燃料棒を製造する工場である。ハーナウ・サイトは一九七二〜九一年の間、この分野の最大手の一つであり、例えばツヴェンテンドルフ原発にも核燃料を納入している。さらに、核燃料サイクルを担って使用済み核燃料の再処理事業を手がけ、九〇年代初頭には第二世代プラントをほぼ完成させた。しかし、チェルノブイリ事故後の核恐怖の時期に、核廃棄物の違法保管などスキャンダルが続き、世論の批判を浴びて事業継続の道は断たれる。このケースは、巨大な利権を伴う原子力産業の構造的腐敗性という問題をよく示している。

次のテーマは、核エネルギー利用工程の最初に位置するウラン鉱石である。マンハッタン計画では主にベルギー領コンゴ産であったが、国内産も一部利用された。一九四二年にウラン鉱脈が発見された、ナバホ先住民居留地のウラン鉱石であり、この地はとくにソ連の核実験後は採掘ラッシュとなり、当初は軍事用に、七〇年代以降は原発用にも供給された。

一方、ソ連はウラン命名の地ヨアヒムスタール（チェコ名でヤーヒモフ）鉱山で採掘を開始し、また隣の東ドイツで鉱脈を発見し、独ソ合同の鉱山会社ヴィスムートを設立する（第六章）。その生産量は、一九五〇年に一・二千トンで東側ウラン生産の五九％を占め、一九五五年の四・五千トンから十年後には七千トンを超えた。以後は漸減していき、東西ドイツの統一で閉鎖される。最盛期には一二万人余の就業者を抱える世界有数のウラン鉱山だった。しかし、もっぱらソ連の原爆用であり、軍事機密として対内かつ対外的に秘匿され、労働者の統制・管理が行われた。閉鎖後に残ったのは、放射能による労働者の健康被害と地域環境の汚染である。

米国のナバホ先住民居留地のウラン鉱山（第七章）は、ウラン価額が底をつく一九八六年までに四〇〇万トンを採掘した。同時に、北海道規模の居留地面積の三分の二が放射能に汚染された。なお、本章ではウラン価額の変動にも触れている。二〇〇三年から回復・上昇し、二〇〇七年頃にピークに達し、この時期に日本企業も参入して年産二千トン級のウラン鉱山がカザフスタンに複数設立されて増産され、再び大幅に低落している。

ウラン鉱山労働は、核開発の原始的性格と無責任性を象徴的に示す。その作業の原始性のみならず、深刻な健康被害と環境破壊を遺産として残すからである。第七章は、この遺産の現状と、またその「ダークツーリズム構築の可能性」という課題を提示しており、第三部に収めた。

だが、ネヴァダ核実験場の現在は、むしろ逆方向のツーリズムを示している（補論3）。核実験場について言えば、一九四六年マーシャル諸島（南太平洋）、一九四九年セミパラチンスク、一九五一年ネヴァダと核実験サイトが設置され、現在に至る核実験総数二千回ほどの八割以上が、これらの実験地で行われてきた。その遺産は核被害であり、セミパラチンスクはグラスノスチと共に人体実験や住民被害が明るみに出、一九九一年カザフスタンの独立で閉鎖された。ネヴァダ実験場も核実験は停止され、二〇一〇年に国家安全保障施設へと変更された。その間に原爆実験博物館が開館し、この両施設の観光ツアーが組まれている。だが、そこで示されるのは、もっぱら核の威力や科学技術的側面であり、核被害の認識はない。二〇一五年にマンハッタン計画推進の主要三施設（ハンフォード、オークリッジ、ロスアラモス）は、すべて国立歴史公園に指定された。この核遺産の記念碑化は、国際的レベルで進む現在進行形の問題であり、残された検討課題である。

第Ⅲ部は「核開発の現在と未来」であり、その最初の章（第七章）については、すでに述べた。第八章はフィンランドの原子力政策史を概観しつつ、他の欧州諸国とは逆に現在、なにゆえ原発開発が持続されるのか、その理由を探る。理由の一つは、電力供給のロシア依存を恐れる国民意識にある。もう一つは、放射性廃棄物処分場を受け入れる自治体の登場にあり、安定した岩盤を持つフィンランドでも他の自治体が拒否する中で、なぜ一自治体の住民はそれを受け入れたのか、その経緯が示される。これとは対照的にオーストリア（第九章）では、完成された原発の運転が国民投票で否決され、稼動されなかった。のみならず、オーストリアは周辺各国の原発推進政策に対する抵抗拠点の役割を果たし、今では核閉鎖が国是となっている。このように対極的な選択がなされているが、いずれにあっても最低限、放射性廃棄物処理の確実な見通しが立たない以上、原発の運転は無責任な選択であるという国民の理解は共通である。

この無責任な、いわば「わが亡き後に洪水よきたれ」の原発開発が、日本の場合には原発建設企業の成長と平行して闇雲に推進されてきた。ただし、計画予定地における地域住民の抵抗で、撤回されたケースも多々ある。その最初の事例の一つが、中部電力の芦浜原発計画である（補論4）。一九六二～六七年、漁民たちの抵抗はこの建設計画の白紙撤回を導いた。これこそが、日本の原発建設の出発点に位置するとすれば、その出発点に立ち返って同時代史を想起し、自らが背負う未来責任を問う必要があろう。

本書は本田宏氏との共編『反核から脱原発へ――ドイツとヨーロッパ諸国の選択』（昭和堂、二〇一二年四月）の姉妹編である。しかし、その始まりは二〇一三年九月ドイツ現代史学会第三六回大会（福岡大学）シンポジウム「核技術の社会文化史――欧米諸国の場合」にある。このシンポジウム後に、こうした課題での研究を進めるために、木戸衛一氏を中心に科学研究費の申請を行うことが話し合われた。これがきっかけとなり、科研費を得て共同研究を進めることができた。

この二〇一三年のシンポジウムでは、以下のような問題提起がなされた。

この数十年の間に、歴史学は国家史・政治史から社会史・文化史へと大きく様変わりしました。国民国家ではなく普通の人々、とりわけ労働者や女性が注目され、「どこから、どこへ」がテーマになりました。

しかし、果たして、「どこへ」はあるのか。核時代の「黙示録」、歴史の終末はすでに一九五〇年代から問われてきました。とくに二人のユダヤ系ドイツ人、ギュンター・アンデルスとロベルト・ユンクです。広島で被爆者に接した二人は、核エネルギー利用は人間の過去・現在・未来のすべてを消去するという危機意識から、「未来と子ども」の立場に立って行動する、地球市民としての自立的な反核運動を起こしました。

たしかに、社会史はフィリップ・アリエスの一九六〇年著作『〈子ども〉の誕生』を重要な起点としています。しかし、そこでの子どもは対象にすぎず、研究の立場が問われることはありませんでした。いま必要なのは、その立場に立つ歴史研究だと考えます。すなわち、未来を消去しうる核技術・高度科学技術の存在理由を問う歴史学です。さしあたり、「こんな危険な代物を、なぜ人々は作り、使い、後世に残すのか」が研究のモットーです。

それから四年の歳月が流れた。なにより、自らの非力にもかかわらず、問題関心を共有する執筆者の皆さんのおかげで本書を出版できることに感謝したい。そして、さらに裾野が広がって、核時代史研究が進展することを願っている。課題は多い。上記のシンポジウムで主な論点として、①原子力政策史（核技術の軍事利用と発電利用の経緯と相互の関係）、②原子科学者の役割と核技術者養成（核工学）、③原子力産業史（原子炉メーカーと電力企業史、および特に原発労働の問題）、④核被害と放射線防護、核廃棄物処理問題の歴史と現在、⑤政策決定システムと地域住民運動史、が提示されている。核時代史と切り結ぶ若い研究者世代の登場に、次の四の一世紀への希望が託されている。

参考文献

Stöver, Bernd, *Der Kaltekrieg. Geschichte eines radikalen Zeitalters 1947-1991*, München 2011.
グロジンス、ラビノビッチ編、岸田純之助・高榎堯訳『核の時代』みすず書房、一九六五年。
加藤哲郎・井川充雄編『原子力と冷戦――日本とアジアの原発導入』花伝社、二〇一三年。
本田宏『参加と交渉の政治学――ドイツが脱原発を決めるまで』法政大学出版局、二〇一七年。

スペンサー・R・ワート著、山本昭宏訳『核の恐怖全史』人文書院、二〇一七年。
IAEA, Research Reactor Database (https://nucleus.iaea.org/RRDB/RR/ReactorResearch.aspx, 2017/05/19).
朝日新聞DIGITAL「世界の核兵器、これだけある」(http://www.asahi.com/special/nuclear_peace/change, 2017/05/19)。

目次

第Ⅱ部 核サイトの軌跡

第三部　核開発の現在と未来

略語表

略語	日本語	原語
ANDRA	放射性廃棄物管理機構	Agence Nationale pour la Gestion des Dechets Radioactifs
ASTRAD	アストリッド	Advanced Sodium Technological Reactor for Industrial Demonstration
BWR	沸騰水型軽水炉	Boiling Water Reactor
CNE	国家評価委員会	Commission Nationale d'Évaluation
COGEMA	コジェマ	Compagnie Generale des Matieres Nucleaires
CRIIRAD	独立情報研究委員会	Commission de Recherche et d'Information Indépendantes sur la Radioactivité
CTBT	包括的核実験禁止条約	Comprehensive Nuclear Test Ban Treaty
DOE	米国エネルギー省	Department of Energy
GNEP	国際原子力エネルギーパートナーシップ	Global Nuclear Energy Partnership
MOX	モックス	Mixed Oxide fuel
OPEC	石油輸出国機構	Organization of the Petroleum Exporting Countries
PWR	加圧水型軽水炉	Pressurized Water Reactor
SAG	ソヴィエト株式会社	Sowjetische Aktiengesellschaft
SDAG	ソヴィエト・ドイツ株式会社	Sowjetisch-Deutsche Aktiengesellschaft
SFEN	フランス原子力学会	Société Française d'Énergie Nucléaire
UNGG	黒鉛減速ガス冷却炉	Réacteurs nucléaires à l'Uranium Naturel Graphite Gaz

第Ⅰ部

「平和利用」への道を開く

第一章　アメリカにおける「パワー」としての核——核兵器と原子力——

高橋博子

はじめに

アメリカ政府は広島・長崎への原爆投下後、原爆の威力のみを強調し、破壊力を示すキノコ雲や廃墟の写真・映像は積極的に公表するが、人への影響を示す写真・映像は公表しなかった。一九四六年ビキニ環礁での戦後初の原爆実験であるクロスローズ作戦が、原爆の威力を示すため、世界中からジャーナリストや要人を招待して実施された。同実験による放射能被害の影響は大きかったが、実験当局者は情報統制を行った。(1)

現在ワシントンDCにある米国立アメリカ歴史博物館においても、ネヴァダ州ラスヴェガスにある原爆実験博物館においても、原爆は「戦争の勝利と終結」を象徴するような展示がなされ、威力のみが強調されている。第二次世界大戦を終結させた「威力のある兵器」としての核兵器が提示されているのである。さらには一九五四年の第五福竜丸のビキニ水爆実験の被災後、放射性降下物に対する反発が広がるなか、「汚い爆弾」にたいして「きれいな爆弾」の開発が正当化されていった。さらに、一九五三年のアイゼンハワー大統領の「アトムズ・フォー・

写真１　1946 年米原爆実験クロスローズ作戦の２回目のベーカー実験

出典：米国立公文書館所蔵写真

ピース」演説を受けて、ウォルト・ディズニーによる映画や出版物である『わが友原子力（*Our friends the atom*）』をはじめ、原子力発電が「夢のエネルギー」として描かれていった。一九四〇年代、五〇年代を通じて、核兵器にしても原子力発電にしても、核が「パワー」として描かれる一方で、内部被ばく、低線量被曝、そして残留放射線とその危険性は描かれなかった。

このように「パワー」「威力」「抑止力」として描かれてきたアメリカにおける「核の表象」がある。その一方で、そうした描き方に対して批判的に描いたドキュメンタリー映画が近年登場している。ドキュメンタリー映画「最後の原爆（*The Last Atomic Bomb*）」（二〇〇五年、アメリカ）や「ヒロシマナガサキ（*White Light Black Rain*）」（二〇〇七年、アメリカ）などである。

本章では、アメリカにおいて核がどのように表象されているのかを、具体的に検証してゆきたい。まずスミソニアン博物館群米国立航空宇宙博物館とアメリカ歴史博物館での展示の内容・言説について分析する。次に原爆実験博物館における展示やとウォルト・ディズニー・スタジオの制作した書籍や映像において、どのように核兵器および原子力が描かれてどのように核が描かれているのかを検証したい。最後に、原爆雲の下の被曝の実相に焦点をあてた米国のドキュメンタリー映画において、どのように核が描かれているのを検討したい。

1　米国立博物館での核の表象

描かれない被爆の実相：米国立航空宇宙博物館

一九九〇年代の初め、ワシントンDCのスミソニアン博物館群の一つである米国立航空宇宙博物館の館長マーティン・ハーウィットと学芸員たちが、広島・長崎への原爆五〇周年を記念した展覧会を一九九五年に開催することを決定した。それは、一九八四年から開始された原爆投下機エノラ・ゲイ号の復元が一九九五年に完成予定であったことがきっかけであった。入口には「この展覧会に戦争の悲惨な写真が展示されていますので、子どもを連れて入場なさる方はご承知おきください」と注意書きが書かれるような、悲惨な内容のある展示になる予定であった。エノラ・ゲイ号に象徴されるような原爆を投下する側に焦点をあてるだけでなく、原爆を投下された側についての展示がされる予定であった。

ところが展示の内容を事前に知ることになった米国退役軍人協会は、同展示に対する反対運動を起こした。この反対運動は議会にも波及し、一九九四年九月二二日、上院は本会議の全員一致で次のような決議を下した。「第二次世界大戦においてエノラ・ゲイ号は、戦争を慈悲深く終わらせる力となり、それによってアメリカ人ならびに日本人の命を救うという記念すべき役割を果たした。国立航空宇宙博物館エノラ・ゲイ展の現在の展示台本は修正主義的であり、第二次大戦の多くの退役軍人に対して無礼である。（中略）ここに上院はその総意により、エノラ・ゲイ号に関する国立航空宇宙博物館のいかなる展示においても、第二次大戦時に合衆国のために誠実かつ献身的に尽くした兵士男女に対して適切な配慮を示すべきこと、また、自由のために命を捧げた兵士の記憶を非難することは避けるべきことを決議する」[2]。

一九九五年一月、原爆展の中止が決定され、悲惨な映像や被爆遺品を展示しないことが命ぜられた。同年五月、ハーウィット館長は航空宇宙博物館長を辞任した。同展は「原爆展」としてではなく原爆投下機に焦点をあてた「エノラ・ゲイ展」として開催された。「エノラ・ゲイ展」のために作成され、同展示場で上映されたビデオ「エノラ・ゲイ――最初の原爆使命（Enola Gay）」（一九九五年、約一七分）は、その乗組員の証言が中心でほんの数秒だけ被爆者の映像が流れた[3]。

このように一九九五年の時点では、スミソニアン博物館においては先述の上院決議のように、原爆投下の是非を呼び起こすような展示は、第二次世界大戦に従軍した兵士男女に配慮しないことであり、兵士の記憶を非難することとして、原爆展は実現できなかった。

それから八年後の二〇〇三年一二月一五日、ワシントンDC郊外のワシントン・ダレス国際空港の近くに米国立航空宇宙博物館の別館が新設された。現在「エノラ・ゲイ」は機体全体が、別館に次のような説明とともに展示されている。

ボーイング社B29　四発長距離爆撃機「エノラ・ゲイ」

ボーイング社B29四発長距離爆撃機は第二次世界大戦中もっとも洗練されたプロペラ式爆撃機であり、乗組員を機密構造の仕切った空間に収容した最初の爆撃機である。B29はさまざまな航空機用の兵器を運んだ。通常兵器、焼夷弾、機雷、そして二つの核兵器。

一九四五年八月六日、このマーティン製Ｂ29―45―ＭＯは最初の原爆を日本の広島での戦闘で投下した。三日後ボックスカー（オハイオ州デイトン近くの米航空宇宙博物館で展示）は二つ目の原爆を日本の長崎に投下した。エノラ・ゲイはその日事前の天候偵察機として飛んだ。第三のＢ29、グレート・アーティストは両方の特別任務の偵察機として飛んだ。

ここではＢ29についての説明と、エノラ・ゲイの原爆投下を含む軍事作戦上の役割のみが説明されており、一九九五年の「エノラ・ゲイ展」と展示のあり方は変わっていない。エノラ・ゲイの機体の全体像は見ることができるが、エノラ・ゲイが行ったことの全体像は見えてこないのである。

米国立アメリカ歴史博物館の常設展示「自由の代償――戦時下のアメリカ人」

国立航空宇宙博物館と同じくスミソニアン博物館群の一つである国立アメリカ歴史博物館では二〇〇四年一一月一一日から「自由の代償――戦時下のアメリカ人（THE PRICE OF FREEDOM――AMRICANS AT WAR）」という常設展示を開設した。かつて同博物館の軍事史の展示コーナーは全体のなかで閑散としていたが、展示が一新されるに伴い、行列ができるほど人気のあるコーナーとなった。博物館のブレント・Ｄ・グロス館長によるベーリングセンター展示のあいさつは次のようなものであった。

二〇〇四年一一月一一日、退役軍人の日に、スミソニアン国立アメリカ歴史博物館は「自由の代償：戦時下のアメリカ人」という新しい常設展示を開設した。この一万八二〇〇平方フィート（約五万二三〇〇平方メートル）の展示は軍事史のケネス・ベーリングホールのなかにあり、植民地時代から現在に至るアメリカの軍事史の概略を解説し、戦争がアメリカ史の一コマ一コマをどのように形作ってきたかを探求している。何百ものオリジナルの展示品やグラフィックイメージを使い、アメリカ人がどのように国の独立を成し遂げ、国境を定め、自由と機会の意義を形成するために戦ってきたか、そして世界における役割を定義するための展示である。アメリカの戦争は社会的かつ軍事的な影響力を持っているので、展示は戦いの域をはるかに超えて広がっている。展示はほかにも軍事的紛争とアメリカの政治的リーダーシップ、社会的価値観、技術革新、そして個人の犠牲との関係についても説明している。

そして展示のなかには、「ジョージ・ワシントン、アンドリュー・ジャクソン、ジョージ・カスター、コリン・パウエルなどの軍服や、アメリカ独立戦争の時に使用されたラフィエット大砲から軍服や武器、第二次世界大戦時のGI兵舎、B17弾尾砲仕切り、ヴェトナム戦争時に使用されたUH—1ヒューイヘリコプターなどが含まれる」とし、これまでの軍事展示室で代表的な展示物や米国立航空宇宙博物館などの他の博物館から借り受けている展示物であること、また、資金提供をしたケネス・ベーリング氏への謝辞が述べられている。ベーリング氏は同じくスミソニアン博物館群の米国立自然史博物館に、自身がアフリカで狩猟した野生動物のはく製を寄贈し、多額の寄付を行った人物でもある。

その後館長は次のように締めくくっている。

アメリカ史を理解するには、アメリカの物語に織り込まれてきたアメリカンドリーム、価値観、理想、習慣なども理解しなくてはならない。自由、平和、安全はアメリカンドリームの基礎となる部分である。さまざまな意味で、私たちの軍事史は、これらの理想を達成するための献身と、戦場や銃後においてそれらを達成するために多大なる個人的犠牲を払ってきた男女の信念を反映しているのである。(4)

実際の全体的な展示の内容からすると、戦争の実相を包括的に展示するという姿勢よりも、あいさつ文に書かれているように、アメリカ合衆国の戦争のために「犠牲を払ってきた男女」のために展示するという側面が強く、先述の国立航空宇宙博物館の原爆展を中止させた上院決議を髣髴とさせる。

また第二次世界大戦終結直前については次のように説明している。

最後の一撃

一九四五年三月、米陸軍空軍部は日本への戦略爆撃を強化した。高い高度からの爆撃が正確性を欠いたので、米軍は夜間の焼夷弾による低い高度からの都市爆撃を始めた。その結果もたらされた火事場風により産業、軍事、民間の土地を問わず、街は破壊された。六月半ばまでには六〇以上の都市と産業の中心地が焦土と化した。米海軍が海岸線の目標に向かって空母搭載航空部隊による攻撃を行っている間、航空機雷が港に落とされた。にもかかわらず、日本は降伏を拒否した。


とし、「日本侵攻はもはや避けられないものとなったのである」[5]と締めくくっている。

そして原爆については「一九四五年七月、ハリー・トルーマン大統領は日本人に対して原子兵器を使用するという議論の的となる決断を下した。Ｂ29エノラ・ゲイが一九四五年八月六日に一発の爆弾を投下して広島を破壊した時、一〇〇万人以上の連合軍兵士が日本侵略のために動いていた。八月九日、二発目の原子爆弾が長崎を廃墟とし、これで日本は降伏した」と述べている。

さらに、トルーマン大統領と天皇裕仁の原爆投下についての公式声明を掲載している。「我々はパールハーバーを警告なしで攻撃し、アメリカ人捕虜たちを飢えさせ虐待し処刑した者たちに対して爆弾を使用した。我々は戦争の苦しみを早く終わらせ、何千という若いアメリカ人青年たちの命を救うためにそれを使用した。――トルーマン大統領」、「敵は見当もつかないくらいの甚大な被害を与える、新型で最も残酷な爆弾を使用し始め、多くの罪もない人々の命が犠牲となっている……。それが我々が連合国軍の共同宣言の条項を受諾する命令を下した理由である。――裕仁天皇」[6]。同展示では、航空宇宙博物館での「エノラ・ゲイ展」がそうであったように、キノコ雲と人間の映っていない廃墟の光景、すなわち原爆の「威力」を示す情報のみが展示された。

アメリカ歴史博物館では大半のアメリカ人の抱く原爆投下のイメージどおりの見解が展示内容に反映され、一九九五年の「エノラ・ゲイ展」と同様、さまざまな議論を呼び起こしうるような被爆の実相を示す展示は行われていない。それは、同展示は戦争の実相を示すのが目的ではなく、アメリカ人がいかに軍事的な手段によって「アメリカンドリームの基礎である自由、平和、安全」を実現してきたのかを理解させるための展示であったからである。狩猟による「成果」は自然史博物館に、戦争による「成果」はアメリカ歴史博物館にと、スミソニアン博物館群はベーリング氏の寄付により、武器による「成果」の展示が大幅に拡充した。

2　パワーとしての核と被爆の実相

米原爆実験博物館の「ヒロシマ・ナガサキ展」

一九九八年、ネヴァダ核実験場の遺産を保護するためにネヴァダ核実験歴史協会が発足し、その後ネヴァダ州ラスヴェガスに、ネヴァダ核実験場に関する歴史資料を展示するため原爆実験博物館（Atomic Test Museum）が作られた。同博物館と、核実験による被害を受けた風下住民の活動についての詳細は、本書「補論3　ネヴァダ実験場から見る米国の核実験の歴史と記憶」を参照されたい。ここでは同博物館における核兵器の描かれ方に焦点をあて、二〇〇六年に同館にて実施された「ヒロシマ・ナガサキ展」における描かれ方との対比を論じたい。

同博物館の常設展示は、広島・長崎の原爆投下についての展示から始まる。しかし、原爆投下についてはキノコ雲と廃墟の光景しか展示されていない。また、「トリニティ実験や広島・長崎への原爆投下の体験から、放射性降下物による被ばくの危険性を最小限にするため、核爆発は人口密集地でないところで行うべきであることが明らかになった。あまり人の住んでいない多くの小さな島がある広大な太平洋が核実験にとって望ましかった。マーシャル諸島の二つの環礁が、核実験モラトリアムの始る一九五八年一〇月三一日まで太平洋実験場となった」と「あまり人が住んでいない」場所としてマーシャル諸島が実験地に選ばれたことは説明しているが、一九四六年の核実験の際に移住させられたマーシャル諸島のビキニ環礁の人々や、一九五四年のブラボー実験の際に被ばくしたマーシャル諸島の人々についての説明は一切ない。さらに、ネヴァダ核実験場での放射線被害者の補償問題についての展示はあるが、解決した問題かのように被害者の笑顔の写真とともに説明されている。

博物館の常設展示の最後の部屋では、「あるものには〝テロとの戦い〟と呼ばれ、あるものには〝ポスト冷戦〟と呼ばれる新しい時代は始まったばかりである。ちょうど冷戦期がそうだったように、ネヴァダ実験場はアメリカの人々の安全保障に備えるための用意がある」と、ネヴァダ核実験場は「アメリカの安全保障」のために必要であることを謳って、展示が終わる。

核実験場およびその労働者と犠牲者が「冷戦の勝利」に果たした積極的意義についての言説は、アメリカ政府の核実験によるマーシャル諸島の犠牲者への公式声明と共通している。二〇〇四年三月一日にマーシャル諸島共和国の首都マジェロで開催されたビキニ水爆被災五〇周年の際に、アメリカのグレタ・モリス大使は次のように発言した。「ブラボー実験から五〇周年のこの機会に、私はアメリカ政府とアメリカ人を代表して、マーシャル諸島の人びとが、核実験プログラムを通じて、冷戦時代に自由世界を守ることに貢献されたことに、心から感謝の意を表明いたします。マーシャル諸島の人々は、冷戦を平和的にそして成功裡に終結されることを支え、世界の多くの場所に民主主義と自由の確立を導くために、重要な貢献をしました。この多大な貢献は、すべてのマーシャル諸島の人びとが誇りを持つべきものです[7]」。核実験によって被害者を生みだしたアメリカの責任について認めるのではなく、被害を受けたとしても「冷戦を平和的にそして成功裡に終結」し「民主主義と自由の確立を導くために、重要な貢献をした」こととして、その貢献を称える論理に組み込まれている。

原爆実験博物館には売店があるが、被ばくの実相を示すような資料は販売していない。その一方で、原子の形をしたボール、キノコ雲を身にまとった女性のマグネット、核実験場の写真をプリントしたマウスパット、アトミック・ファイアー・ボールと名づけられたキャンディーなど、ポップなイメージの、現実から遊離した核兵器象を描くのに充分な土産物が備わっているといえる。

このように核兵器の積極的な意味について展示する原爆実験博物館であるが、二〇〇六年八月五日から二七日にかけて、国立長崎原爆死没者追悼平和祈念館による企画展「ヒロシマ・ナガサキ原爆展」が開催された。常設展示のなかではすっぽりと抜け落ちていた空間、すなわち原爆投下後の惨状が「特別展」という形で原爆実験博物館に入ったといえよう。企画展会場の「ヒロシマ・ナガサキ原爆展」は、「第二次世界大戦終結」「冷戦終結」そして現在の「テロとの戦い」のなかで積極的に意義づけられてきたネヴァダ核実験場について展示する博物館のなかで、まるで異次元空間を築いているようである。「ショックを受けるような写真を含むため児童には適さないでしょう」という説明があり、原爆実験博物館や土産物店とは違い、生々しい核戦争の実相を見せる内容である。そして、「国立長崎原爆死没者追悼平和祈念館は未来の世代が歴史から学び核兵器から自由な平和な世界を築くことを望みます」と核兵器に依存しない世界を謳っている。

来場者が展示を見た後に「平和へのメッセージ」を小さなカードに書くコーナーがあり、次のように書かれたカードが展示されていた。「長崎原爆の話を続けてください。被爆者は核についての議論では道徳的に優位にあります。展覧会をありがとうございます」、「世界の平和」、「なんと悲しいこと！（六〇歳）」、「私たちは兵器を廃止し排除し続けます」、「平和はみんなのなかにあり、みんなの心のなかにあります（一三歳）」、「人類すべてのための平和（一三歳）」、「決してまたあってはいけません！」「このような恐ろしい体験は決してあってはなりません」「なぜ？私たちは間違いを犯しました。一度。再びはあってはなりません」。

「ヒロシマ・ナガサキ展」を訪れた人々は少なくとも、広島や長崎の訪問者と共通した原爆観を持ち帰るようである。核兵器の積極的な意味を意義付ける常設展と、核廃絶への願いがこめられた企画展とは、核兵器に対する認識は全く違う。同企画展はスミソニアン博物館論争のように大きな論争を呼ぶこともなく終了した。

同博物館による展示はその後どのように変化したのであろうか。二〇一一年八月九日に訪問した体験について論じている矢口祐人『奇妙なアメリカ――神と正義のミュージアム』によると、「核兵器の開発は、二〇世紀の冷戦下でのアメリカを守るために行われた必要かつ愛国的な行為であったことが強調される」とのことである。その一方で平和活動家のプラカードをミュージアムのコレクションとして寄贈するよう、館長が依頼したとのことで、コレクションに関しては幅広く収集する方針のようである。しかし、同書では「核実験が太平洋や日本の住民にもたらした被害はこのミュージアムの関心事ではなく」と分析されているように、二〇〇六年に開催されたヒロシマ・ナガサキ展のパネル展示がその後残っている形跡はない。また筆者は同博物館に二〇〇六年に訪問した時、二〇〇四年に筆者が情報公開請求したことによって開示された米国立公文書館所蔵の米原子力委員会によるマーシャル諸島の被ばく者の写真を寄贈したが、筆者が寄贈したマーシャル諸島の被ばく者の写真は展示に反映されることはなかったようである。(8)

ウォルト・ディズニーの『わが友原子力（*Our Friends the Atom*）』

一九五四年三月一日に実施された米核実験ブラボー・ショットによって、第五福竜丸の乗組員が被ばくし、その事実は「読売新聞」によって報道された。その後、核実験によって引き起こされる放射性降下物の危険性が説かれるようになり、『渚にて（*On the Beach*）』のような核戦争による放射性降下物によって人類の絶滅を静かに描く著作（一九五七年）および映画（一九五八年）が作成された。

その一方で、米原子力委員会や連邦民間防衛局（FCDA）は放射性降下物対策として核シェルターが有効であることを説き、政府の指示と自助努力によって生き残ることができるかのように説明していた。また一九五三年のアイゼンハワー大統領による「アトムズ・フォー・ピース」演説以降、積極的に展開された核の民生利用政策において、放射線の危険性についてのイメージが積極的に払拭されていった。

そのような流れのなかで制作されたのが、ウォルト・ディズニースタジオによる「わが友原子力」（*Our Friends the Atom*）である。この作品は、イラストが駆使された同名の図書 *Our Friends the Atom* とともに一九五七年に発表された。本書の前書きでウォルト・ディズニーは、「フィクションはしばしば不思議な形で現実になります。それほど前ではないのですが、私

写真２　1955年５月のネヴァダ核実験にて「生き残りはあなたの仕事」として核シェルターを展示

出典：米国立公文書館所蔵写真

写真３　1955年５月のネヴァダ核実験場で核爆発を観察する実験参加者
出典：米国立公文書館所蔵写真

たちは有名な潜水艦「ノーチラス」が主役の不朽の名作『海底二万里』に基づいた映画を製作しました。お話によると、この潜水艦は魔法の動力を備えていました。今日、物語が実現しました。古いおとぎの舟の現在の名前――すなわちアメリカ海軍の潜水艦「ノーチラス」――は世界で最初の原子力船になりました。そのことは、われらが原子力時代の機械を動かす原子力の有効性の証明になります」と、原子力潜水艦として「ノーチラス号」が現実になったことを述べている。

さらに、「原子は私たちの未来です。それはすべての人が理解したいような主題です。ですから私たちは長いこと原子についてのお話を語ろうと計画してきました。実際、いくつかの原子プロジェクトを開始することがとても大事だと考えております」として、一九五五年に開館したディズニーランドのトゥモローランド区画で、原子力について展示した科学館を設営するとし、ウォルト・ディズニースタジオでの映画製作と本の出版計画にふれ、「そのどちらも互いに成長し、どちらも多くのイラストが登場し、そしてそのどちらにも同じ名前を付けるのです――「わが友原子力」と」、と述べている。さらに、「われらが原子プロジェクトでは、核物理の深層に迫ります」とし、「もちろん私たちは科学者であるふりはできません。私たちは物語の語り手なのです」としながら、「原子のお話は、私たちのスタジオの科学コンサルタント長であるハインツ・ハーバー博士がつとめます。彼は

写真４　米原子力潜水艦ノーチラス号

出典：米国立公文書館所蔵写真

本書の著者でもあり、私たちの映像を作り上げるのを助けてくれました」と、科学的な監修をもってそれらが制作されていること語っている。最後に、

原子についての物語は人間の知識の探求についての魅力的な話であり、科学的冒険と成功の物語なのです。原子科学は多くの成果を生み出し、原子の力を利用することは目を見張るような最高の結果なのです。その結果は、一種の思索の連鎖反応を受けて作られた発想を持つ、多くのすばらしい人々の仕事からきているのです。こうした人々は、すべての文明化された国々からの、紀元前四〇〇年にさかのぼるすべての世紀からの出身です。

原子科学は建設的で創造的な思想として始まってます。人類に多くの利益のある現代科学を作ってきました。その意味で、私たちの本は、原子が私たちの友人なのだということをはっきりと見ることができるよう、わかりやすくしました(9)。

と、核の連鎖反応のように、科学的知識の連鎖反応によってもたらされる、原子の人類への利益を語って、前書きは締めくくられている。このように、本書は、原子の力について賞賛し、未来に向けての「友人」であるとしている。

本書では、漁師が知恵を絞ったことによって、恐ろしい存在であった魔人が友人となり幸福をもたらす存在となる、アラビアンナイトの「漁師と魔人」の話を引き合いにだして、原子もそのような存在であることを説明している。漁師が知恵によって敵を味方にしたように、原爆のように核連鎖反応による爆発をもたらす恐ろしい原子が、同じ核連鎖反応によって科学の力によって友人となることが説明されている。

さらには、ウランの放射線を発見したアンリ・ベクレルが素手でウラン鉱石を持っている絵が掲載されている。またマリー・キュリーとピエール・キュリーの夫妻がラジウムを発見する様子を描いた絵では、光線を発している皿の上にある物資を至近距離で観察している様子が描かれている。[10] 本書のなかで紹介されている核兵器は核実験のもので、広島・長崎についてはキノコ雲すら一切紹介されていない。具体的にどのように恐ろしいのかがわからないのである。広島・長崎の被爆者、核実験による被ばく者がすでにいながら、その存在についてすら触れられておらず、[11] 被ばくによる影響はあたかも心配ないかのような描かれ方がしていた。この原子の物語は『アメリカ人の核意識』の著者、アラン・ウィンクラーによると、原子力の可能性についての「何にもまして一番人気のある物語」であった。[12] ウォルト・ディズニーの描く原子の世界は、原爆投下や核実験によって浮き彫りにされた核への恐怖を払拭するために、大きな影響力があったのである。

3 原爆投下後の実相を描く米ドキュメンタリー映画

被爆の実相を如実に示す映像・写真として、米国戦略爆撃調査団の撮影・収集した映像・写真があげられる。一九四五年八月一五日に出されたトルーマン大統領の要請によって、米国戦略爆撃調査団は、日本に対する戦略爆撃の効果を調査・研究し報告書を作成するために、日本に派遣された。しかし、米国戦略爆撃調査団の報告書は大統領に提出されたが、一部の出版物を除いては一般には公開されなかった。それは米戦略爆撃調査団そのものが次のような目的で発足したからである。

米戦略爆撃調査団は、ローズベルト前大統領の命を受けて、一九四四年一一月三日、陸軍長官によって設立された。その使命は、ドイツへのわれわれの空爆の効果についての厳正で専門的な研究を、そしてトルーマン大統領の要請によって日本に対する戦争についての同様の研究を指揮することであった。これらの研究の成果は、軍の将来の発展計画のため、また国防のための将来の経済政策を決定するため、軍事戦略の道具としての空軍力の重要性と可能性について評価する基礎を構築するために使われることになっている。[13]

このように戦略爆撃調査団の調査目的は、空軍力を将来の戦争のために調査することにおかれていたため、広島・長崎で収集された資料・映像・写真・医学データは、それ以外の目的には基本的には使用されなかった。広島平和記念資料館を管轄する広島平和文化センターで発行している『平和と交流』によれば、米国戦略爆撃調査団報告書は、一九七〇年代になってから米国立公文書館にて一般に利用できることが判明したので、広島市は一九七四年七月〜一九七八年五月にかけて、広島関係分の最終報告書、補助書類と録音テープ五九巻、映画フィルム一〇巻、マイクロフィルム一〇巻を収集した。[14] 一九七六年からはマンハッタン計画（米国の原爆開発）関係文書を重点的に収集した。

戦略爆撃調査団の映像・写真資料などを使用して、被爆の実相を伝える試みが、米国内で行われている。ここではこうした試みとして、ドキュメンタリー映画「最後の原爆」と「ヒロシマナガサキ」を取り上げる。

ドキュメンタリー映画「最後の原爆（*The Last Atomic Bomb*）」（二〇〇五年・アメリカ・九二分・カラー）

社会派ドキュメンタリー映画を製作してきたロバート・リクター監督と、核廃絶のための教育に取り組んできたキャサリン・サリバン博士が共同プロデュースした「最後の原爆」が、原爆投下から六〇周年の二〇〇五年に公開された(15)。リクター監督はデュポン・コロンビア・放送ジャーナリズム賞（テレビ界のピューリッツァー賞）を三度も受賞しており、長年人権問題や環境問題に取り組んできた。またジョゼフ・レイモンド・マッカーシーを追い詰め、マッカーシズム終焉の大きなきっかけを作ったエド・マローの番組制作会社“The Murrow-Friendly CBS Reports”に所属し、現役でドキュメンタリーを制作している最後のメンバーでもある。さらに、一九五〇年代から核実験反対運動を科学者としてリードした、ノーベル化学賞・平和賞受賞者のライナス・ポーリング博士についてのドキュメンタリー映画を製作している。サリバン博士は軍縮教育家・核廃絶活動家で、ニューヨーク国連本部・軍縮局の教育コンサルタントとして、公式オンライン教育サービスウェブサイト「国連サイバースクールバス」の授業計画を担当してきた。またニューヨーク市の公立高校で平和教育を行ってきた。また後述の、二〇〇七年度アカデミー長編ドキュメンタリー賞の候補になったスティーブン・オカザキ監督のドキュメンタリー作品「ヒロシマナガサキ（White Light/Black Rain）」の制作コンサルタントも務めた。

同作品は、長崎の被爆者下平作江さんが、広島と長崎出身の次世代を担う若者とともに、次のような手紙を届けに、核保有国で核廃絶のための鍵を握る国であるアメリカ・イギリス・フランスを訪れる姿を追った。

ブッシュ大統領様

私は、長崎市で原子爆弾によって被爆した被爆者です。私たちが原爆を浴びてから六〇年を過ぎようとしています。今日は大統領に是非長崎におこしくださるようお願いにお伺い致しました。

六十年前のあの日、長崎の上空で炸裂した原子爆弾は一瞬にして七万余りの人達の尊い生命をうばい地上は地獄となったのです。母と姉は黒こげになって死にました。兄は何とか帰ってきたものの「死にたくない」と悲痛な声をあげながら息をひきとりました…

サリバン博士は、「フィルムや写真は私たちをリアルタイムで過去を目撃させる力を持ちます。教育現場でのフィルムの利用は多くの驚くべき結果をもたらします。事実はより大きな意味を与えられ、感情は前面に押し出されます。視覚的な言語は日常体験に焼きつきます。映像に接することで人生は変わりうるのです。映画「最後の原爆」は一九四五年の長崎の恐怖の目撃者について伝えています。原子爆弾の生還者である被爆者の悲劇的な、しかし心打つ人生から見た、今日の核拡散について描写します。この長編ドキュメンタリーは、原子爆弾を使用する決定を下した米国、検閲問題、被爆者への差別、そして被爆体験を決して風化させないと心に決めた大学生を、被爆者の語りを織り込みながら描いてます」と、二〇〇七年に開催された広島市立大学広島平和研究所のＨＰＩフォーラム（於：市民交流プラザ）の講演にて語っている。実際、映画は原爆の悲劇的な映像を初めて観て、被爆者の証言を初めて聴く、核保有国の高校生の反応をみごとにとらえている。そのシーンは、これからこの作品を見ることによって原爆の非人道性について初めて知るであろう人々の姿と重なってくる。[16]

リクター監督とサリバン博士は、二〇一一年三月一一日の東日本大震災による東京電力福島第一原発事故後、「最後の原爆」を基にして、長崎の被爆者と福島からの避難者の証言を中心に描いたドキュメンタリー映画 *The Ultimate Wish : The End of Nuclear Age*（究極の願い）（四〇分）を制作している。[17] リクター監督は八七歳になった現在も新たなドキュメンタリー映画を制作している。またサリバン博士は同ドキュメンタリー映画のＤＶＤのパンフレットとして *An Action and Study Guide: The Ultimate Wish Ending The Nuclear Age*[18] を制作し、学校の教員と生徒のために、本映画を観た後、究極の望み、すなわち核兵器と原子力発電を廃絶し、核時代を終わらせるための具体的な教育・行動・情報を紹介している。

ドキュメンタリー映画「ヒロシマナガサキ *(White Light Black Rain)*」（二〇〇七年・アメリカ・カラー・八六分）

ドキュメンタリー映画「ヒロシマナガサキ」は、米国内の加入者四〇〇〇万人以上を持つ大手有料ケーブルテレビ会社のＨＢＯ（Home Box Office）の援助を受けて二〇〇七年に完成した。このドキュメンタリーを制作したスティーブン・オカザキ監督は一九五三年にロサンゼルスで日系三世として生まれた。日系人強制収容所を、日系人と結婚し、ともに収容所暮らしをした白人女性の視点で描いた「待ちわびる日々」（一九九一年）でアカデミー賞ドキュメンタリー賞を受賞した。

英訳の漫画『はだしのゲン』を読み、在米被爆者との交流のなかで原爆投下問題への関心を強めた監督は、一九八一年に初めて広島を訪問した。一九八二年には被爆者を追ったドキュメンタリー「生存者たち」を発表した。一九九五年、米国立航空宇宙博物館で開催される予定であった「原爆展」が中止になったため、オカザキ監督はその展示のためのドキュメンタリー制作を予定していたが中止になった。しかし被爆者への取材を重ね、胎内被爆によって障害を持って生まれた被爆者をはじめ、さまざまな被爆者を描いた中編ドキュメンタリー「マッシュルーム・クラブ」を制作し、同作品は二〇〇五年のアカデミー賞にノミネートされた。

「ヒロシマナガサキ」は、二五年の歳月と五〇〇人以上の被爆者への取材、そして、そのうちの一四人の被爆者の証言と、原爆投下についてのアメリカ人四人の証言を、戦略爆撃調査団の映像をはじめ、原爆の悲惨さを示す映像や資料を織り交ぜ、ナレーションなしに制作された。[19]

米国では映画でもテレビでも、ヒロシマ・ナガサキの核戦争の実相が映し出されることはほとんどない。そうしたなかで同作品は八月六日から約一カ月にわたり、ケーブルテレビのＨＢＯで放映された。アメリカの一般の家庭で被爆の実相が流れる画期的な放送といえる。オカザキ監督は二〇〇七年六月に試写会のために広島を訪れた際、第二回ヒロシマ平和映画祭実行委員として行った筆者によるインタビューに対して、「戦後六〇年以上たちアメリカ人の間でも本当に何が起こったのか、心を開いて観ることができるようになったのではないかと期待しています」と述べている。また映画では戦時中の軍国主義日本と原爆投下、そして戦後の肉親を亡くし放射線の影響に苦しむ時代と、それぞれの時代について被爆者が証言している。そこに込めた思いについて、「原爆を描いた作品は〝八月六日〟だけで終わってしまうものが多い。しかし私は戦争のあらゆる側面を描きたかった。軍国主義下の日本では子どもでさえも戦争に組み込まれてしまう。また日本人だけでなく韓国人の被爆証言者を紹介したかった」と述べている。さらに前作の「マッシュルーム・クラブ」とのつながりと違いについては、「「マッシュルームクラブ」は予算が限られていることもあって、より個人的な作品となりました。被爆者そして市（広島市・長崎市）に捧げた作品です。それに対して「ヒロシマナガサキ」は、歴史を作るようなより大きな意味合いがあり、個人的な作品ではなくなってます。しかし両作とも『はだしのゲン』の作者の中沢啓一氏が憲法九条の重要さを語ります。私は憲法改正など今の日本の状況をとても憂いています」と語った[20]。

同作品は、原爆投下当時の悲劇はもちろんのこと、軍国主義日本に動員された少年少女が、その後被爆したことよってさまざまな苦しみを抱えながら生きてきたこと、さらに韓国人被爆者の証言映像によって、時代・国を超えた戦争・植民地主義による悲劇を描いている。日本の状況を憂えて制作された作品「ヒロシマナガサキ」は一〇年たった現在、ますます重要になっている。

おわりに

原子の力で明るい未来が築ける……

現在もなお、一九五〇年代に放射性降下物の危険性が伝えられたのとほぼ同時代に行われた、原子力が友人であるかのようなこの「魔法」を世界中がかけられたままであるといえる。放射性物質によって環境汚染された過去・現在・未来が見えなくされている。また、米国立歴史博物館や原爆実験博物館の常設展示に見られるように、とりわけ二〇〇一年の「九・一一事件」以降、「冷戦の勝利」を称え「テロとの戦い」を意識するような展示が強化されたとみることができる。

しかしその一方で、近年アメリカ人のドキュメンタリー制作者によって、戦争と原爆投下の実相を正面からとらえた映像が制作され、そうした作品が一般の家庭に流れたり、教育現場において活用されつつある。米国の将来の戦争のために「原子兵器の効果」の記録として撮影された米戦略爆撃調査団の映像は、優れたドキュメンタリー映画・テレビ監督によって、被爆者の身に起こった惨状を、世界、そして未来の世代に伝え、核兵器廃絶への意志を強めさせる、人類の将来のための記録となった。

第二次世界大戦後七〇周年に行われた、アメリカのリサーチ会社ピュー研究センターの世論調査によると、六五歳以上のアメリカ人の七〇%が原爆の使用が正当化できると答えている。しかし一八～二九歳まででは四七%であった。また共和党支持者が七四%に対して民主党支持者は五二%、白人が六五%に対してヒスパニックを含む非白人が四〇%であった。高齢か若者か、共和党か民主党か、また白人か非白人かによって原爆使用にたいする認識に大きな開きがあるといえる。(21) さらに日米関係にとって重要な出来事として、三一%のアメリカ人が二〇一一年の地震と津波を挙げ、第二次世界大戦は同じく三一％、「第二次世界大戦以来の日米同盟」は二三％であった。それに対して日本では二〇一一年の地震と津波が二〇％、第二次世界大戦が一七％、第二次世界大戦以来の「日米同盟」が三八％であった。日本が第二次世界大戦に対して充分な謝罪を行っていると答えているのは、アメリカ人が三七％、日本人が四八％であった。不充分だと答えているのがアメリカ人で二九％、日本人で二八％である。日本とアメリカで「謝罪問題」に大きな開きがあることがわかる。「日米同盟」よりも、二〇一一年三月一一日の地震による東京電力福島第一原発事故をはじめとする事態の方が重要だと、多くのアメリカ人が認識していることがわかる。このような状況だからこそ、日米ともに第二次世界大戦の戦争の実相に向き合いつつ、原爆・核実験・原発事故・ウラン採掘など、さまざまな形での被ばくの実態について日米で共有してゆく重要な時期にきているといえよう。

被爆の実相を見ないうえで「原爆投下は正しかった」という原爆観が今後もアメリカ社会のなかで続くのか、被爆・被ばくの実相を見た上で、原爆・核兵器・原子力発電使用の是非についての議論が起こるのか、現在アメリカ社会は過渡期にあるといえる。そうしたなか、被爆・被ばくの実相を将来にわたって伝える映像・運動・教育の意味はますます高まっている。

附記――――――

本章は、平成一七年度～一九年度科研費若手奨励研究（B）「米公文書と被ばく者証言に基づく米核実験の史的研究：1945～1963年を中心に」（研究代表者：高橋博子　課題番号：17720190）、科研費基盤研究（C）「冷戦初期における米国核政策と被爆者・ヒバクシャ情報」（研究代表者：高橋博子　課題番号：00364117）および　平成二七年度～三〇年度科研費基盤研究（B）「冷戦期欧米における『核の平和利用』の表象に関する研究」（研究代表者：木戸衛一）の研究成果の一部である。

注

(1) 拙稿『新訂増補版　封印されたヒロシマ・ナガサキ：米核実験と民間防衛計画』凱風社、二〇一三年、八〇〜九一頁。
(2) 斉藤道雄『原爆神話の50年』中公新書、一九九五年。スミソニアン論争については、ほかに、油井大三郎『なぜ戦争観は衝突するか――日本とアメリカ』岩波書店、二〇〇七年、フィリップ・ノビーレ、バートン・バーンスタイン『葬られた原爆展：スミソニアンの抵抗と挫折』五月書房、一九九五年、マーティン・ハーウィット『拒絶された原爆展：歴史のなかの〝エノラ・ゲイ〟』みすず書房、一九九七年、トム・エンゲルハート、エドワード・T・リネンソール『戦争と正義：エノラ・ゲイ展論争から』朝日選書、一九九八年、NHK取材班『アメリカの中の原爆論争：戦後五〇年スミソニアン展示の波紋』ダイヤモンド社、一九九六年などを参照。
(3) Video *Enola Gay : The First Atomic Mission*, Producer /Director: Jonathan S. Felt, The Greenwich Workshop, 1995.
(4) Smithsonian Institution, National Museum of American History Behring Center, *The Price of Freedom: Americans at War*. Seattle, Marquand Books, 2004, p.4.
(5) *Ibid.*, p. 70.
(6) *Ibid.*, p. 70.
(7) 駐マーシャル諸島米大使グレタ・モリス「ブラボー実験50周年記念演説」前田哲男監修グローバルヒバクシャ研究会編『隠されたヒバクシャ：検証＝裁きなきビキニ水爆実験』凱風社、二〇〇五年。
(8) 矢口祐人『奇妙なアメリカ：神と正義のミュージアム』新潮社、二〇一四年、四二〜六三頁。
(9) Heinz Haber, *The Walt Disney Story of Our Friend the Atom*, Simon and Shuster : New York, 1956, p. 10-11.
(10) *Ibid.*, pp.76-83.
(11) *Ibid.*, p. 133.
(12) アラン・M・ウィンクラー、麻田貞雄監訳・岡田良之助訳『アメリカ人の核意識：ヒロシマからスミソニアンまで』（ミネルヴァ書房、一九九九年、一八四頁。ウォルト・ディズニーのOur Friends the Atomやトゥモローランドにおけるノーチラス号展示については、有馬哲夫『ディズニーランドの秘密』新潮社、二〇一一年、一四〇～一四二頁でも論じられている。

(13) The United States Strategic Bombing Survey, *Index to Records of the United States Strategic Bombing Survey, June 1947*, hold by Military Record Room of National Archives at College Park, College Park, Maryland.

(14) 『平和と交流』、二〇〇四年、四二頁。

(15) ＤＶＤ「The Last Atomic Bomb ～最後の原爆～」監督：ロバート・リクター 共同プロデュース：キャサリン・サリバン 制作：二〇〇五年。

(16) 拙稿「ＨＰＩフォーラム、テーマ「ドキュメンタリー映画『最後の原爆』――体験者の物語を継承するための映像の力」、開催日：五月一四日、講師：キャサリン・サリバン氏（軍縮教育家・核廃絶活動家）」（『Hiroshima Research News』第一一巻二号（通算三二号）、二〇〇八年一一月二八日発行、七頁）。なお、本章での「最後の原爆」についての記述は、本稿とその後のサリバン博士からの情報に基づいている。

(17) DVD, *The Ultimate Wish: Ending the Nuclear Age*, Producers: Robert Richter & Kathleen Sullivan, Director: Robert Richter, 2012 Richter Productions, Inc.

(18) Kathleen Sullivan, *An Action and Study Guide: The Ultimate Wish*, attached in DVD, *The Ultimate Wish*.

(19) 広島平和記念資料館学芸担当、映画「ヒロシマナガサキ」完成披露試写会（主催：映画「ヒロシマナガサキ」を広める会 財団法人平和文化センター）報道関係者用資料、二〇〇七年六月一九日。

(20) 筆者によるスティーヴン・オカザキ監督へのインタビュー（二〇〇七年六月三〇日、於：広島市平和記念資料館）同インタビューは、「スティーヴン・オカザキ監督に聞く」（『第２回ヒロシマ平和映画祭２００７ GuideBook』）、二二～二三頁に掲載された。

(21) Pew Research Center, "Americans, Japanese: Mutual Respect 70 Years After the End of WWII," April 7, 2016 (http://www.pewglobal.org/2015/04/07/americans-japanese-mutual-respect-70-years-after-the-end-of-wwii/, Access on January 23, 2017).

第二章　オブニンスク、一九五五年
――世界初の原子力発電所とソヴィエト科学者の〝原子力外交〟――

市川　浩

はじめに

ロシア史・ソ連史に造詣の深い科学史家、ポール・ジョゼフソンは、一九五四年世界に先駆けて操業を開始したオブニンスク原子力発電所の成功を、「原子力を商用化しようとする合衆国のあらゆる努力を四年間にわたり打ち負かし」、「全人類の利益のために医療、農業、運輸、そして発電における核のノウ＝ハウの共有を呼びかけた大統領ドワイト・アイゼンハワーの国連総会での演説のすぐ後にこの国の平和志向を示した[1]」と評した。オブニンスクの〝成功〟は、一九五三年一二月八日の国連総会議場における米アイゼンハワー大統領の「アトムズ・フォー・ピース」演説以降、「これを具体化する『実績』作りがなかなか進まず、……困惑していた[2]」アメリカ政府をますます苦境に追い込み、強力な文化広報戦略を伴う、大規模な原子力平和利用推進策を国際的に推進せしめることとなる。

この世界最初の原子力発電所は、冷却過剰による低効率性など構造上の欠陥にもかかわらず、原子力平和利用の格好のショー・ウィンドウとなり、世界各地、とくにアジア諸国から多くの政治指導者が見学に訪れた。国連第一回原子力平和利用国際会議（ジュネーヴ）を間近に控えた一九五五年七月一～五日、ソ連邦科学アカデミーは海外から多くの科学者を招き、大規模な学術集会＝「原子力平和利用会議」を開催する。その終了翌日にはオブニンスクへのエクスカーションも実施された。主催者はそこで世界の指導的科学者から自分たちの高度な科学の成果にたいする国際的認知がえられるものと期待した。

写真１　オブニンスク原子力発電所・原子炉建屋の現在

出典：http://www.seu.ru/programs/atomsafe/books/Kuznecov/Doclad2.htm（2017 年 6 月 22 日最終閲覧）

この「原子力平和利用会議」、およびジュネーヴ原子力平和利用国際会議については従来深く検討されてきたとは言えない。ソ連最初期の原爆開発計画史研究で記念碑的な労作を著したデーヴィド・ホロウェイは、「原子力平和利用会議」の開催とジュネーヴ会議へのソヴィエト科学者の積極的な取り組みが、一九三〇年代の大粛清以降二〇年以上にわたる分断を超えて、西側の科学者コミュニティーとの連絡を回復し、ソヴィエト科学を国際化しようとする科学者の熱意を背景としたものであったことを指摘している。彼によれば、このふたつの会議を準備しようとイニシァティヴを執ったのは、ソヴィエト核開発計画全体のリーダーであったイーゴリ・クルチャートフであり、彼は「ソヴィエトの核物理学は不必要な秘密主義と西側の物理学者との交流の欠如からダメージを受けていると信じていた」[3]。歴史家ジョン・クリッジは、科学活動の国際化が往々にしてナショナリスティクな意図に支えられて進むという仮定に立って、「一九五五年のジュネーヴの『平和のための原子』会議はこのようなパノプティコン［監獄のように一目瞭然と全方位監視が可能な建造物…引用者］[4]、すなわち、科学諜報活動の舞台となったと指摘している。

しかしながら、資料的制約からであろう、ホロウェイもクリッジもソヴィエト側の視点から両会議の顚末とその意味を明らかにすることはしていない。クリッジは「ソヴィエトの科学者やその管理部門が自国の核計画を強化し、再編するために、ジュネーヴでイギリス人やアメリカ人から引き出した情報をどのように活用したか、われわれにはわからない[5]」と述べている。

本章では、世界初の原子力発電所の実像に簡単に触れたあと、これらふたつの国際会議を、東側諸国における原子力平和利用の源流、また、「雪解け」期におけるソヴィエト科学の〝越境〟の重要な試みととらえ、それらに向けたソヴィエト科学者の取り組みとその帰結を追跡してゆくことにする。なお、ソ連、東欧諸国における原子力の産業利用の本格的な展開は一九六〇年代以降のことであり、本章での検討とは相対的に別の文脈で検討されなければならない[6]。

1 オブニンスク原子力発電所――世界初の〝平和目的〟核サイト

〝陸（おか）に上がった〟潜水艦用原子炉

一九五〇年二月一一日、核開発を担当する官庁＝第一総管理部のある会議で、潜水艦用の原子力推進機関の開発に取り組むことが決められた。しかし、冷戦の激化のなかで情報統制の厳格化がすすみ、アメリカですでに開発過程に入っていたはずの潜水艦用原子炉に関する技術情報はまったく入手できなくなっていた。こうした状況のなかで、ニコライ・ドレジャーリら原子炉設計家たちが最初に構想したのが、ソ連において当時すでに稼働していた原子炉の炉型＝黒鉛炉を極限にまで小型化・軽量化し潜水艦の推進機関に利用する、というものであった。(7)〝原子力潜水艦用〟黒鉛炉はこの段階で〝AM装置〟と名付けられた。当然、この構想は頓挫する。早くも、同年三月二八日付で、中将・内務官僚で第一総管理部筆頭次官だったアヴラーミー・ザヴェニャーギンと機械工学の専門家で第一総管理部科学技術協議会学術書記のボリス・ポズドニャコフは連名で第一総管理部にたいし、〝国民経済への原子力利用〟計画の策定を進言する。(8)この提案は政府の受け入れるところとなり、五月一六日、「平和目的の原子力利用に関する科学研究、設計・実験活動について」と題された政府布告（No.2030-788）、および七月八日付のその補足によって、ソ連版〝平和のための原子〟計画は具体化されてゆくことになる。かくしてAM装置はその位置づけが変更され、原子力平和利用の世界でもっとも早い〝実例〟として民生用発電所に利用されることとなった。(9)

〝AM装置〟

すでにスターリン存命中の一九五二年一〇月五日、全連邦共産党（ボ）第一九回大会の初日、党中央委員会の報告にたったゲオルギー・マレンコーフ政治局員は、米アイゼンハワー大統領による国連総会議場での「アトムズ・フォー・ピース」演説に一年二ヵ月以上も先行して、原子力の平和利用を称揚した。(10)これを受けて、当時ソ連で広く普及していた科学啓蒙誌『知は力』には化学博士候補セレーギンなる人物の手になる論説「平和目的のための原子力」が掲載された。(11)翌年五月にはコムソモール（V・I・レーニン名称共産主義青年同盟）の機関誌（のひとつ）、『青年の技術』(12)に、さらに翌々年二月には当時人気を誇った文芸誌『新世界』(13)にも原子力の平和利用や原子炉をテーマとした記事が組まれるようになった。

オブニンスク原子力発電所の原子炉が一九五四年六月二七日に臨界に達すると、世界初の商用原子力発電所として国内外の耳目を集めることとなる。最初の一〇年間に同発電所を訪問したひとは約三万九千人、うち外国人は六五ヵ国約七二〇〇人に達した[14]。

ＡＭ装置は直径三メートル、高さ四・六メートルの黒鉛ブロックに、一片一二〇ミリメートルの正三角形をなすように配置された直径六五ミリメートル穴を計一五七ヵ所垂直に穿ち、そこに水冷却系を装備した燃料棒を挿入する形式の炉で、少なくとも二七・七キログラムのウラン235を含む五パーセント濃縮ウラン燃料五五〇キログラムを装荷した[15]。しかし、この原子炉は一九五四年六月二七日に臨界に達したものの、フル稼働するのは、ようやく一九六〇年のことであった。熱出力三万キロワット、電気出力五千キロワットに過ぎないこの炉は、長年この炉の運転に携わった技術者、レフ・コチェトコフの証言どおり、発電用としては実用の域に達しているとはいえず、むしろ一種の実験施設として役立つのみであった[16]。二次冷却回路をもつ構造そのものが熱効率を引き下げていたし、ステンレス・スチールにホウ素カーバイドを充たした制御棒は耐熱性が低いため制御棒内にも冷却水を注入しなければならなかった。この冷却水がなければ、気密性の低さから制御棒内の中性子吸収材とチューブの隙間に空気が入り、高熱によって熱膨張を起こし、制御棒はダメージをうけていたことであろう。こうした状況は燃料棒についても同様であり、過剰に冷却する傾向が現われた。こうまでしてでも燃料管の気密性維持には細心の注意がはらわれる必要があったにもかかわらず、この原子炉は一九五九年には燃料管破断事故を起こしている[17]。

それでも、オブニンスク原子力発電所は世界の政治指導者、とりわけアジアの指導者たちの称賛を呼ぶアピール力をもっていた。独立インド初代首相ジャワハルラル・ネルーはその娘インディラ（ガンディー）とともに一九五五年に、インドネシア大統領スカルノは一九五六年にオブニンスクを訪問し、それぞれソ連における原子力平和利用を絶賛した。さらに、ヴェトナム民主共和国国家主席ホー・チ・ミン、朝鮮民主主義人民共和国首相キム・イルソンらが彼らに続いた[18]。

また、オブニンスク原子力発電所の〝成功〟はソ連国内の放射線影響をめぐる言説にも一定の変化をもたらすことになる。言うまでもなく、放射線安全基準の策定は原子力利用を社会に承認させるうえで必須の手続きとなる。おりしも、初期核施設群＝チェリャビンスク－四〇などでは労働者の被曝事故が絶えず、いったんは受け入れた英米流の基準への疑いが強まってくる一方で、党・政府がビキニ事件をとらえて、アメリカ帝国主義の罪悪を声高に非難し、放射線安全基準問題がもうひとつの冷戦の〝戦場〟となるなか、ソ連の科学者は英米流の甘い放射線基準を厳しく批判してゆくようになる。しかし他方で、核戦争への覚悟を国民に迫り、核施設で労働者に疑問をもたずに働いてもらうため、放射線影響を英米流に低く見積もる流れも急速に強まってくる[19]。ここには、核にたいするソ連政権のアンビヴァレントな態度そのものが反映されている。

図１　キリル・グラドコフ『原子のエネルギー』（1958 年）に掲載された「現代の原子炉の外観」のイラストレーション

出典：(*К.А. Гладков*, «Энергия атома.» Детгиз 1958)
本文注（12）に挙げたグラドコフの論文ではよく似た写真が「重水炉」として登場している．いずれにせよ，どこの国のものであるか，明示されていない．もちろん，オブニンスクの原子炉ではない．

原子力発電の〝実用化〟は、明らかに後者の流れに有利に働いたであろうし、前者の論調においても、少なくとも原子力発電を〝聖域〟化することにつながっていたと考えられる。[20]

2 ソ連邦科学アカデミー「原子力平和利用会議」

あまりに急な招待状

一九五三年三月のスターリン死後の束の間の冷戦の緩みを背景に、ソヴィエト科学者の国際的なつながりは急速に回復され、拡大していった。一九五三年に科学アカデミーの管掌下で代表団の一員として、あるいは個人として外国を訪れた科学者は全部で一一四名であったのに対して、一九五四年は一七五名、一九五五年には四八一名に増えていった。一九五三年から一九五五年の間に科学アカデミーの招待でソ連を訪れた外国人科学者は九三名から三六二名に、約四倍加した。[21] このようなエクサイティングな状況下、先行してソ連で開催された理論物理学分野の国際会議に引き続いて、そのわずか三ヵ月後の一九五五年七月（一～五日）、ソ連邦科学アカデミーはモスクワで「原子力平和利用会議」を開催した。[22] 開催にあたって科学アカデミーは、正規の外交チャンネルを通じて、イギリスの王立協会、フランスの科学アカデミー、西ドイツのマックス・プランク協会、そして日本学術会議など卓越した影響力をもつ世界各国の学術団体に招待状を送るとともに、当時世界をリードしていた科学者にも直接招待状を届けた。こうした科学者のなかには、一連のノーベル賞受賞者、パトリック・ブラケット、ジョン・コッククロフト（ハーウェルの英国原子力研究所所長）、ニールス・ボーア、ヴェルナー・フォン・ハイゼンベルク、チャンドラセカル・ヴェンカタ・ラマン、ハロルド・ユーリー、アーネスト・ローレンス、湯川秀樹、その他にもロバート・オッペンハイマー、フランシス・ペラン（フランス原子力庁長官）、坂田昌一などがいた。[23] しかし、彼ら

図２　オブニンスク原子力発電所操業を記念して発行された60コペイカ切手。図は炉心上部。上に「原子力ー人民に奉仕する」と書かれている。

出典：https://vk.com/wall-32738224_415214（2017年4月17日最終閲覧）

のほとんどが準備時間の不足を理由に参加を辞退した。王立協会は駐英ソ連大使に宛てて六月二七日付で、「大使閣下。大変残念なことですが、以下のことをお伝えしなければなりません。七月一日にモスクワで開催される原子力平和利用会議に送る適切な代表団をアレンジするにはそれに充てる時間があまりに短いことがわかりました[24]」と書き送った。カナダの全国研究評議会は会長E・ステーシーの名前でソ連邦科学アカデミー総裁アレクサンドル・ネスメヤーノフ宛てに、なんと「会議」開会の前日の日付で、「所与の理由［for the reasons given.：これ以上の説明はない。一種、皮肉を含んでいると思われる…引用者］のため、あなたがたの親切な招待をお受けすることができないことに対して心からの遺憾を表明したいと思います[25]」と書き送った。ローレンスは科学アカデミーのノライル・シサキャン宛てに、一九五五年六月二二日付で、「こんなに遅くなっては会議に行くためにスケジュールを再調整することは不可能です。豪華なプログラムを眼にしてますます残念です[26]」と書いた。ハイゼンベルクは「申し訳ありませんが、他の仕事のために出席できません」と返答した[27]。日本学術会議は六月一〇日にネスメヤーノフ名による代表派遣を要請する電報を受け取った。最終的に参加することになる藤岡由夫は当時を次のように振り返っている。「しかし七月一日まで半ヶ月の間にモスクワに行くのは、手続も大変だし、旅費の用意もなく学術会議としてはそう簡単に人を送れそうもない。ところが7月の半（ママ）にスイスで国際物理学会議の理事会に私が出席することになっており、又私は日本学術会議の原子力問題委員長であるので、スイスへ行くついでに私がモスクワへ行ったらよいではないかということになった[28]」。

科学アカデミーによる国際活動の拡大は、しかし、この分野における組織的業務のレベル・アップをともなってはいなかった。夥しい量の官僚的な業務、明確な責任体制の欠如、そして未熟さが、全体として、科学アカデミーの各級レベルにおける意志決定の遅滞と時機喪失をもたらしていた。国際会議へのソヴィエト代表団の遅参、外国の団体からの要請や提案への時機を失した返答は、この時期、日常茶飯であった[29]。

ディスパレートな客たち

このような不首尾な準備にもかかわらず、ソ連邦科学アカデミーは二〇カ国から計四一名の招待客を集めることができた。オーストリアからベルタ・カルリクとエーリッヒ・シュミット、アルバニアのシュキペリとティラネ、ビルマ（現、ミャンマー）のマウン・マウン・ハ、ハンガリーのサライ・シャンドールとコヴァーチ・イシュトヴァン、ドイツ民主共和国からエーベルハルト・ライプニッツ、ハインツ・バルヴィヒ、ヴィルヘルム・マッケ、オランダのヤン＝ヘンドリック・デ＝ボーア、エジプトのマフムード・マフメッド、イランのヒサビ・マフムード、イスラエルのベンヤミン・ブロッホ、インドネシアのシワベシー・ゲリット、ポーランドのパーヴェル・ツュルキン、フィンランドのニルス＝ダニエル・フォンテル、スウェーデンのジグヴァルド・エクルンド（のち、二〇年にわたり国際原子力機関＝ＩＡＥＡの事務総長を務める）、シティグ＝メルケル・クラッソン、ユーゴスラヴィアのパーヴレ・サヴィチとドラゴ・グルデニッチ、日本の藤岡由夫、中国の王淦昌、朝鮮民主主義人民共和国のチョン・グン（丁根）などがいた。とくに多数代表を送ったのはインドで、ダモダール・ダールマナンダ・コサムビら五名を派遣した。チェコスロヴァキアも力を入れていて、ヴァチスラフ・ヴォトルバら四名が参加した。地理的に近いためかノルウェイからもテウニス・ヨハンネス・バレンドドレクトら三名が参加した[30]。

このうち何名かはすでにソヴィエトの科学者にとって馴染みのある人物であった。シュミットはドイツでソ連からの物理学者、化学者と共同で研究に従事していた。サヴィチは戦時中、ユーゴスラヴィア軍事使節の一員としてソ連に滞在していた。バルヴィヒはグルジア（現ジョージア）で長年にわたりソ連の核開発計画のために働き、スターリン賞を受賞している。ハンガリーのコヴァーチは一九四五年から一九四六年にかけての九ヵ月間、戦争捕虜としてクラスノヤールスクの収容所に収容されていた。チョン・グンは一九四八年から一九五二年にかけてレニングラード（現、サンクト＝ペテルブルク）で大学院生活を送り、博士候補資格をえている。彼らの他、何人かはソ連に友好的な見解を持っていた。カルリクはオーストリアの平和運動の活動家であった。ハンガリーのコヴァーチ、中国のシュイ・ユイグ（薛雨谷）は共産党員であった[31]。

この会議の組織・運営にあたった当事者にとって、ノルウェイのバレンドドレクトが発したような、ソヴィエト科学の成果に対する称賛はありがたいものであったろう。バレンドドレクトは、彼が実地に見聞した原子力分野におけるアメリカ科学の達成と比較して、この分野におけるソヴィエト科学の達成をより好ましいと考えていると表明したのである[32]。

しかしながら、組織者たちはコントロールが効かないゲストの行動にしばしば悩まされることになった。インドから来たメグナート・サハとコサムビはこの会議の物理学分科会の諸報告にほとんど関心を示さなかった。そ

写真２ オブニンスクを見学するネルー首相（中央、白帽・白い長衣の人物．その右は娘のインディラ．さらにその右、明るい色のスーツの男性はブロヒンツェフ、本書 39 頁参照）

出典：Государственный научный центр Российской Федерации—Физико-энергетический институт имени А.И. Лейпунского, «Первая в мире атомная электростанция. К 60-летию со дня пуска: Документы, статьи, воспоминания, фотографии.» Обнинск, 2014. С.190-191

れどころか、会議そのものに関心を持てないようであった。ついに、七月三日、コサムビは、タグディチ・シャンカールのモスクワ到着を機に、会議への出席義務の免除を申し出、あわせてインド古代史とインドにおける封建制に関する自分の論文の提供を申し出た[33]。数学から出発したはずの彼の専門はもはや物理学とはほど遠くなっていたのである。ユーゴスラヴィアから来たサヴィチとグルデニッチも会議にはほとんど関心を示さなかった。彼らはほとんど一日中、玄関ホールでソ連の科学者とおしゃべりをして過ごし、七月二日にはとうとうドロップ・アウトしたが、旧知の物理問題研究所や有機化学研究所に行こうとしていたとのことであった[34]。ノルウェイのアルネ・ルンドビー、トルビョン・シッケランド、バレンドレクト、ビルマのマウン・マウン・ハは会議に出席するかわりにモスクワの町の散歩を楽しんだ[35]。しかし、彼らだけが責められるべきではなかった。英語への同時通訳は物理学分科会にのみ付けられていた。しかも、同時通訳者は直前に発言原稿を渡されることもしばしばであった。さらに、彼らはしばしば校正稿から直接通訳をしなければならなかった。ロシア語がわかる外国人出席者はしばしば同時通訳の不正確さを指摘した[36]。藤岡は後日、「同時通訳といっても途切れがちであ[37]」ったと証言している。

オブニンスクへのエクスカーション

会議の全日程が終了した日の翌日、七月六日、バスによるオブニンスク原子力発電所へのエクスカーションが実施された。原子力発電施設を見学する間、外国人科学者はみな一様に装置や機器、発電所の運転に高い関心を示した。ドイツ民主共和国のマッケはできるだけ多くの写真を撮ることに熱中した。結果的に彼は一八〇〜二〇〇枚の写真を撮っている。藤岡由夫も熱心に写真を撮っていたが、彼はまるで、隙さえあれば、外国人が入ってよいことにはなっていない場所に入り込むチャンスを絶えず狙っているように見えた。エクルンドは大量の細部にわたる質問をガイドに浴びせかけて、彼らを困らせていた。また、発電所の位置、原子炉ホール、燃料ブロック、燃料管を熱心にスケッチし、クラッソン、その他の参加者の助けを借りて、自分のノートと素描をより正確なものにしようとしていた。オーストリアのカルリクは、自身のソ連訪問に対するアメリカ側からの干渉についてたえず不満を口にしていたが、ここでは、発電所の観察結果をドイツ語でノートすることに集中していた[38]。

もちろん、ほとんどすべての外国人科学者は原子力科学・技術分野におけるソ連の達成を称賛した。しかしながら、心からの称賛とリップ・サービスを明確に弁別することは難しい。繰り返し称賛の辞を惜しまなかった藤岡でさえ、ソ連の雑誌『科学と生活（Наука и жизнь）』誌からの会議参加印象記執筆の要請やタス（ソ連邦テレグラフ・エージェンシー）通信社からのインタビュー要請は拒絶した[39]。明らかに、西側の科学者は親ソ・キャンペーンへの潜在的な〝加担〟を自国政府や世論に非難されまいかと警戒していた。エクルンドなどは、一般のひとびとの貧困を置き去りにしてソ連が核開発など超大型プロジェクトに傾倒していることにたいして少なからず懐疑的であった。彼はエクスカーションからの帰途、核施設建設におけるソ連の巨大な成果と窓外に見たモスクワ近郊の貧しい村の風景、ひどい道路事情、住民のみすぼらしい服装とのギャップにたいする驚きを口にしていた[40]。

エクスカーションから帰った日の夜、ソ連の通訳、ペトロフスカヤ（名等不詳）とラチェエフ（同）は何人かの外国人科学者の疑わしい行動に気がついた。原子力発電所から帰った日の深夜、スウェーデン人二名、ノルウェイ人三名が一緒に、原子力発電所見学の際に得ることができた観察結果をお互いに比較していたのである。彼らはフィンランドから来ていたフォンテルを説得して合流させた。そのため、彼は「一晩中眠れなかった」と言って、翌朝も寝ていた[41]。伝えられるところでは、イスラエルから来たブロッホもこの仕事に動員されていた。そして、エクルンドは七月九日の朝、突然自国に向けてソ連を離れた[42]。

外国からこの会議にやって来たゲストの接遇を担当していたソ連邦科学アカデミー外国課は右記の事実から、資本主義諸国からやってきた外国人科学者のうち、特定のグループがモスクワでの「原子力平和利用会議」とエクスカーションを通じて獲得することができた情報の一切を収集・処理していたと考えるほうが合理的だと判断した。エクルンドの急な帰国も、彼が西側に、彼らがソ連で観察した原子核物理学分野の研究施設に関する情報を伝える責任を負っていたとするなら、充分に説明がつく。また、彼の急な帰国は開催間近であったジュネーヴ会議とも関連していたのかもしれない。外国課は、エクルンドをスウェーデン、ノルウェイ、フィンランド、その他の資本主義国のグループの中心人物とみなすにいたった[43]。

3　ソヴィエト科学の〝ビッグ・サイエンス〟との邂逅
――国連第一回原子力平和利用国際会議（ジュネーヴ）

国連第一回原子力平和利用国際会議は、七三ヵ国から約一四〇〇名の代表を集めて、スイスのジュネーヴで一九五五年八月八日から二〇日まで開催された。正規に登録された代表のほか、約一五〇〇名のオブザーバーも会議に参加した。この会議を取材するためさまざまな国から計九〇〇名以上のジャーナリストが派遣された[44]。

ウクライナと白ロシアを含むソ連からの一〇二件の発表申請のうち、七〇件が受理され、会議の全体会会場、一連の分科会会場で発表された。ソ連の発表件数は、イギリス（六五件）、フランス（六一件）、カナダ（一二件）、その他の国々のそれを上回っていた[45]。会議は、放射線の人体への影響をめぐって、これを深刻に見る、チェリャビンスク‐四〇の医師アンゲリーナ・グシコーヴァや国連原子放射線影響科学委員会のソ連代表となる生物物理学者アンドレイ・レベジンスキーらソ連側の研究者と、楽観視する英米の研究者の間に緊張したやりとりがあったものの[46]、全体としては米ソ冷戦の当事者双方ともに原子力の輝かしい未来を称賛し、確信させるものであった。

オブニンスクの学術指導者ドミートリー・ブロヒンツェフはN・A・ニコラーエフと連名で「ソ連初の商用原子力発電所と原子エネルギーの発展方向」と題する発表をおこない、聴衆の関心を集めた[47]。また、オブニンスク原子力発電所を描いたフィルムも会場で上映され、嵐のような拍手を浴びた[48]。ソ連邦科学アカデミー幹部会は後日、「国際会議へのソヴィエト代表団は核エネルギーの平和目的利用の分野におけるソヴィエト科学・技術の着実な進歩と成果を、確信をもって示すことができた。……。会議で発表されたソ連からの報告の高度な科学的水準、核エネルギー平和利用の目的で他の国の科学者と経験を分かち合おうとする姿勢、会議を通じてえられたソヴィエト科学者と他の国々の科学者との個人的な接触は、ソヴィエト科学のプレステージを高め、ソ連の権威を高めることに役立った[49]」と誇らしげに報告している。

しかしながら、ジュネーヴ会議は、クリッジが強調したように、冷戦の当事者双方に科学課報活動の舞台を提供するものであり、その意味でそれは冷戦における〝戦場〟の延長であったことを然るべく考慮しなければならない[50]。アメリカを先頭とする西側諸国が会議組織化のイニシアティヴを執った。フランスの共産党員フレデリック・ジョリオ＝キュリーは参加を拒否された。台湾（中華民国）からの科学者は受け入れられた一方で、中華人民共和国、ドイツ民主共和国の科学者は誰も招待されなかった[51]。ウォルター・ジン、イシドアー・アイザック・ラビ、ハンス・ベーテ、ヴィクター・ワイスコップその他、錚々たる科学者からなるアメリカの代表団は、アメリカ原子力委員長のルイス・ストローズや八名の上院議員を伴い[52]、圧倒的な報告件数（一七〇件[53]）、展示パヴィリオンのホールに設置された一万キロワット級実験用均質炉の実演（皮肉にも、彼らはソヴィエト科学者が発見したチェレンコフ効果を披露していた）、その他の印象的な展示によって、ソ連その他の国々を圧倒した[54]。クリッジは、「ジュネーヴでのアメリカの原子炉の展示はマーケッティングの傑作であった」と評している[55]。ソ連の科学者との対話のなかで、あるアメリカの科学者は自国の低廉・豊富な石炭資源ゆえに、原子力発電には関心がないと表明した[56]。こうして、世界初の原子力発電所を建設したソ連の努力は、いくぶんか肩すかしを食ったのである。

ソ連邦科学アカデミー幹部会は「会議は核エネルギー平和利用の多くの分野における研究、とくに、実験研究がアメリカではソ連における以上に幅広く行われていることを示した。新しい炉型の実験炉、高エネルギー・高電圧粒子加速器、産業、農業、生物学、医学における新しい素材と放射線の開発と創製もそうである[57]」と述べて、自国の敗北を認めざるをえなかった。これに賛同して、物理化学者ヴィクトル・コンドラチェフは、「アメリカでは平和目的での原子力の応用はより幅広く進められており、仕事はより早いテンポでなされているということが、ここ〔幹部会への報告…引用者〕には公正に示されています。この面でのわれわれの後進性の理由のひとつは国の産業の側からの科学への援助が相対的に少ないことにあります[58]」と述べた。金属工学者、アレクサンドル・サマーリンは、「アカデミー会員コンドラチェフ氏の指摘を別の面で続けたいと思います。……これら〔ジュネーヴ会議でのソ連側からの報告…引用者〕は〝上陸〟部隊〔先頭を切って進むグループ…引用者〕、つまりとても質の高い科学者の、小さなグループによってなされた報告です。核エネルギーの平和利用に関する研究が発展する余地は、わたしの意見では、アメリカよりわが国のほうがより大きいと思います[59]」とコンドラチェフの指摘を和らげた。

おわりに

ハインツ・バルヴィヒはドイツ民主共和国中央原子核物理学研究所（のち、中央原子核研究所と改称）の初代所長である。のちに劇的な亡命騒ぎを起こす彼も、一〇年間をソ連で暮らした経歴と社会主義のジャーゴンを好んで使う発言のスタイルから、この時代は「ソヴィエトの友」と理解されていた。しかしながら、彼が東ドイツ最初の原子炉に選んだのは、AM装置のような黒鉛減速炉ではなく、軽水減速＝軽水冷却炉であった。一九五八年に、彼は「われわれの研究用原子炉は、アメリカの研究者によってすでに一五年前に稼働し、最近ソ連の研究者によってはじめて操業に入った炉型とは多くの特徴において本質的に異なっている[60]」ことを誇っている。確かに、軽水炉の開発はその当時まだひとつのチャレンジであった[61]。しかも、軽水炉導入は当時の東ドイツにとって暫定措置に過ぎず、重水炉開発や、とりわけエネルギー問題解決の〝切り札〟としての迅速な高速増殖炉への転換が期待されていた[62]。現物を眼にしたバルヴィヒを含む東ドイツの科学者にとって、オブニンスク原子力発電所のAM装置のような小出力の黒鉛減速炉はもはや満足できるものではなかったのであろう。

ソ連側の不手際から数多くの名高い科学者が欠席したこと、またソヴィエト科学の成果などにそれほど関心を持っていない、それほど熱心でない参加者の出席が「原子力平和利用会議」の成功を損なった。これに加えて、この会議は、ソ連に懐疑的、もしくは批判的な西側の科学者に無防備に手の内を晒すことにもつながった。エクルンドその他がモスクワで情報を収集していたことはやっかいな出来事であった。

結果的に、ジュネーヴ会議ではアメリカ代表団がソ連の科学者を圧倒する。

活発に展開されるアメリカの原子力平和利用対外文化広報活動を横目に、平和利用で先行していたはずのソ連のこの面での広報は、どうも歯切れの悪いものとならざるをえなかった。ソヴィエト科学者による〝原子力外交〟は苦々しい結果に終わった。

注

（1）Paul R. Josephson, *Red Atom: Russia's Nuclear Power Program from Stalin to Today*. Pittsburgh, Pa.: University of Pittsburgh Press, 2005, p. 2.

（2）土屋由香「アイゼンハワー政権期におけるアメリカ民間企業の原子力発電事業への参入」（加藤哲郎・井川充雄編『原子力と冷戦――日本とアジアの原発導入――』花伝社、二〇一三年）、六九頁。なお、アメリカ政府の対外原子力広報文化戦略の展開については、さしあたり、土屋由香「科学技術広報外交と原子力平和利用」（小路田泰直・岡田知弘・住友陽文・田中希生編『核の世紀――日本原子力開発史――』東京堂出版、二〇一六年）、一九三～二二三頁参照のこと。

（3）David Holloway, *Stalin and the Bomb*. New Haven, CT: Yale University Press, 1994, p. 352（邦訳『スターリンと原爆――下――』大月書店、一九九七年、五一〇頁）：このような傑出した科学者たちの国際的な評価を得たいとする熱望以外にも、現代ロシア屈指の科学史家ヴラジーミル・ヴィズギンが説くように、商用核開発を政府の直接的なコントロールから切り離し、科学者自身のコントロール下に留めておこうとした意図も重要なファクターであったろう〔ヴラジーミル・ヴィズギン／市川浩訳「第V部第3章　ソ連版〝平和のための原子〟の科学アカデミーにおける出発」（市川浩編『科学の参謀本部――ロシア／ソ連邦科学アカデミーに関する国際共同研究――』北海道大学出版会、二〇一六年）、三九八～四〇七頁参照）。

（4）John Krige, "Atoms for Peace, Scientific Internationalism, and Scientific Intelligence." *OSIRIS*, 21, no.1, 2006, p.167.

（5）*Ibid.*, p. 179.

（6）一九六〇年代以降のソ連・東欧における原子力発電の展開については、本章筆者の旧著で触れられている（市川浩「ソ連版『平和のための原子』の展開と『東側』諸国、そして中国」、加藤・井川編、前掲注（2）、一四九～一五五頁；市川浩『科学技術大国ソ連の興亡――環境破壊・経済停滞と技術展開――』勁草書房、一九九六年、一一一～一二六頁）。また、オブニンスク原子力発電所の原子炉については、やはり、本章筆者の旧著で詳述されている（市川浩、前掲「ソ連版『平和のための原子』の展開と『東側』諸国、そして中国」、一四三～一四九頁；同『冷戦と科学技術――ソ連邦1945～1955年――』ミネルヴァ書房、二〇〇七年、一六〇～一六一頁）。なお、ジョゼフソンもこの原子炉について放射能漏れなどの事実を指摘している（Josephson, *op. cit.*, in note 1. pp. 25-28）。

（7）*Н.А.Доллежаль*, «У истоков рукотворного мира（записки конструктора）.» 2-е издание, Москва, Издательство ГУП НИКИЭТ, 1999 г., С. 217.

（8）Под отв. ред. *В.И.Сидоренко*（Сост. Л.И.Кудиновой и А.В.Щегельским）, «К истории мирного использования атомной энергии в СССР. 1944-1951（Документы и материалы）.» Обнинск: ГНЦ «ФЭИ», 1994г. С.134-137：なお、この原子炉のコード・ネーム〝AM〟は「平和の原子（Атом мирный: Atom mirnyi）」の頭文字をとったものであるとしばしば言われているが、語順が逆であり、経緯から見ても納得できない。ソーニャ・シュミットは「海の原子（Атом морской: Atom morskoi）」の頭文字であるとしている（Sonia D. Schmid, *Producing Power: The Pre-Chernobyl History of the Soviet Nuclear Industry*. The MIT Press, Cambridge, Massachusetts, London England, 2015, p. 46）。しかし、これも確証がない。いわゆる〝後知恵〟による創作であると思われる。ちなみに、ソ連〝原子炉の父〟ニコライ・ドレジャーリとその研究所（エネルギー技術科学＝設計研究所）が設計した初期の原子炉のコード・ネームには、当該研究所がまとめた出版物でもとくに由来や解釈は附されていない（Под ред. *В.К. Уласевича*, «Создано под руководством Н.А. Доллежаля...: О ядерных реакторах и их творцах.» Москва, Изд-во ГУП НИКИЭТ, 1999）。

（9） Там же, С.140-142, 146, 147.; *В.Н.Михайлов и др.*, «Атомная отрасль России.» Москва, ИздАТ, 1998. С. 69-70.：この過程については、すでに注（6）で掲げた旧著で詳述している。また、この〝転用〟については、ＮＨＫの取材陣の前で、オブニンスク原子力発電所を運営する物理エネルギー研究所の主任技師であったレフ・コチェトコフ（一九三〇〜）が事実と認めている（二〇一四年九月一八日。この証言を含むテレビ番組「核の平和利用——知られざるもう一つの東西冷戦——」は同年一一月三〇日に放映された）。

（10） ソヴェト研究者協会編訳『ソヴェト同盟共産党第一九回大会議事録』五月書房、一九五三年、一五四頁。

（11） А. Серегин, "Атомная энергия для мирных целей." «Знание - сила.» No.3 1953г. С. 27, 28：ここに掲げられている原子炉のイラストはオブニンスクのＡＭ装置やほかのどのソ連製黒鉛減速炉とも違うガス冷却炉のそれである。

（12） *К. Гладков*, "Ядерные реакторы." «Техника молодёжи.» 5, 1954г. С. 23-29.

（13） *И.Абрамов*, "Пути развития советской техники." «Новый мир.» No.2 1955. С. 206-217：ここに掲げられている原子炉の写真はＡＭ装置の写真とは合致しない。外国の原子炉の写真を利用した可能性が高い。

（14） *А.М. Петросьянц*, "Десятилетие ядерной энергетики." «Атомная энергия.» Том 16 Вып.6, 1964. С. 80.

（15） *Д.И. Блохинцев, Н.А. Доллежаль* и *А.К. Красин*, "Реактор атомной электростанции АН СССР." «Атомная энергия.» Том 1 Вып.1, 1956. С. 10-14.：なお、白川欽哉「補論　東ドイツ原子力政策史」（若尾祐司・本田宏編『反核から脱原発へ——ドイツとヨーロッパ諸国の選択——』昭和堂、二〇一二年）、一〇五〜一一五頁ではオブニンスク原子力発電所の原子炉＝ＡＭ装置をガス冷却炉としているが、正しくは水冷却炉である。また、ソ連製加圧水型軽水炉を表すロシア語略称中のキリル文字「Э（エ）」は一貫して「З（ゼー）」と誤記されている。さらに、軽水炉のロシア語によるフル表記は、Водо-водяной энергетический реактор が正しい。当該章執筆者の白川氏に代わって訂正しておく。

（16） 注（9）に記したコチェトコフへのＮＨＫによるインタビューから。

（17） *Г.Н. Ушаков и др.*, "Опыт эксплуатации Первой в Мире атомной электростанции." «Атомная энергия.» Том 16 Вып.6, 1964. С. 485-488.：この点についても、本章筆者の旧著に指摘がある（市川『科学技術大国ソ連の興亡』前掲注（6）、一一二〜一一四頁）。

（18） Государственный научный центр Российской Федерации—Физико-энергетический институт имени А.И. Лейпунского, «Первая в мире атомная электростанция. К 60-летию со дня пуска: Документы, статьи, воспоминания, фотографии.» Обнинск, 2014. С.

190-191.：アメリカが原子爆弾をドイツではなく日本に投下したこと、太平洋地帯で核実験を繰返したこと、要するに核兵器が一度も白人種（コーカソイド）に刃を向けたことのない事実をもって、ネルーや毛沢東など、アジア諸国の指導者のなかには、アメリカの核戦略に人種主義的な傾向を感じ取って、これを脅威に感じ、強く反発する傾向が強かった（See, Matthew Jones, *After Hiroshima: The United States, Race and Nuclear Weapons in Asia, 1945-1965*, Cambridge University Press, 2010）。

（19）アメリカが太平洋海域で繰り広げた一連の水爆実験、その帰結であった第五福竜丸被ばく事件＝「ビキニ事件」を契機とする世界の反核平和運動、対米批判のうねりに際会して、少し遅れてではあるが、ソ連の科学者たちもアメリカ〝水爆の父〟エドワード・テラーらの核実験擁護論、核兵器実験のフォールアウトにたいする米英流の楽観的な評価を激しく批判し、内部被曝（セシウム137、ストロンチウム90）の重視、安易に〝平均値〟を求める方法への懐疑、食餌その他の差異による放射線影響の違い、放射性炭素の発生とそれによる内部被曝、放射性降下物の長期にわたる降下・濃縮、などの諸問題について、今日的にも注目に値する論点を提示した。こうして、一九五八年夏に国連原子放射線影響科学委員会（UNSCEAR）を舞台に米ソの科学者間で激しい応酬が繰り広げられたのであるが、それ以前から、ソ連では核兵器開発拠点であったチェリャビンスク―四〇（のち、六五にコード名改称）における重大な放射線被曝事故の連続、〝ウラルの核惨事〟と称される一九五七年九月の放射性廃棄物タンクの爆発事故など、放射線の生体への影響研究が重要な研究課題として浮上してくる、ソ連国内に固有のコンテクストがあった。また、ソヴィエト科学者（医学者含む）の間で問題に接近する彼ら独自の方法がきわめて初期から見られた。しかし、同時期、軍民双方の原子力利用を推進する立場から、放射線の生体への影響を楽観視する見方も強化されてゆく。一九五〇年代後半のソ連は、自国政府の、核開発を進めながら、世界の平和運動と結んでアメリカの核戦略を批判するという、離れわざのようなアンビヴァレントな姿勢を反映して、この問題では複雑な様相を見せることになる。この経過については、拙稿、Hiroshi Ichikawa, “Radiation Study and the Soviet Scientists in the Second Half of the 1950's.” *Historia Scientiarum* (The International Journal of the History of Science Society of Japan), Vol.25-No.1, Aug. 2015, pp.78-93を参照のこと。なお、ソ連の科学者が英米流の楽観的な放射線影響評価を激しく批判した書物、『核兵器実験の危険性に関するソヴィエト科学者の意見』（Под общ. ред. *А.В. Лебединского*, «Советские ученые об опасности испытаний ядерного оружия.» М.: Атомиздат 1959г.）については、オフセイ・レイプンスキー（一九〇九～一九九〇）による諸論点を総括したかのような章の翻訳がある〔オフセイ・レイプンスキー著／市川浩訳「エドワード・テラー、アルバート・ラターの著書『われらが核の未来』について」（『*Il SAGGITORE*』四〇号、二〇一三年）、四六～五一頁〕。参照されたい。

（20）戦後のソ連で名を馳せていたポピュラー・サイエンス・ライターのキリル・グラドコフ（一九〇三～一九七三）による、初刷で一一万五千部販売され、広く普及した青少年向け概説書『原子のエネルギー（*К.А. Гладков*, «Энергия атома.» Детгиз 1958）』（一九五八年）には、「一度に大量に浴びる放射線は動物と人間にとって直接的、かつ無条件に危険である。……人が放射線源（原子炉、加速器、放射性物質、レントゲン）のもとで働かざるをえない場合、特別に入念な予防と管理の措置が講じられるが、それらは複雑でも高価でもないであろう。……それらのおかげで、実際には放射線病罹病の可能性は過去のものとなった。もし起こるとすれば、それは滅多にない事故か荒っぽい不用心の場合だけである」（二六一～二六二頁）と書かれていた。また、『核兵器実験の危険性に関するソヴィエト科学者の意見』の編者アンドレイ・レベジンスキーですら、「……現代におけるその〔原子炉装置—引用者〕成功は著しいもので、たとえば、現代の原子炉は従業員にとっても、周囲に居住する人々にとっても、通常の操業のときのみならず、事故の場合も危険ではない」と述べていた（Под общ. ред., *Лебединского*, Указ. в примечании 15, С. 8）。

（21）Архив Российской Академии наук（Архив РАН）. Фонд（Ф.）579, Опись（Оп.）18（1955）, No.6, л. 4.

（22）*А.Н. Несмеянов*, "Вступительная речь на Сессии Академии наук СССР, посвященной мирному использованию атомной энергии." «Сессия Академии наук СССР по мирному использованию атомной энергии. 1-5 июля 1955г.: Пленарное заседание». Изд-во АН СССР. 1955г. С. 1.：なおこの会議の成果は五巻本の報告集にまとめ上げられた（«Сессия Академии наук СССР по мирному использованию атомной энергии. 1-5 июля 1955г.» в 5 тт. Изд-во АН СССР. 1955г.）。また、これら報告集は日本語にも翻訳されている（産業経済研究所訳『ソ連科学アカデミー原子力平和利用会議論文集』全5巻、丸善、一九五六年）。

（23）Архив РАН Ф.579, Оп. 1, No.19, лл.153-162.

（24）Архив РАН Ф.579, Оп. 1, No.20, л. 4.

（25）Там же, л. 122.

（26）Там же, л. 112.

（27）Там же, л. 153.

（28）藤岡由夫「推薦の辞」、産業経済研究所訳『ソ連科学アカデミー原子力平和利用会議論文集』第二巻（工学部会）、丸善、一九五六年、頁番号欠（七〜八頁に相当）。

（29）Архив РАН Ф.579, Оп. 18, No.6, л. 4-9.

（30）Архив РАН Ф.579, Оп. 1, No.19, лл. 44, 59, 145-150.

（31）Там же, лл. 36, 38, 40-41, 44, 59.

（32）Там же, л. 38.

（33）Там же, л. 53.

（34）Там же, л. 54.

（35）Там же, л. 56.

（36）Там же, л. 43.

（37）藤岡、前掲、注（28）。

（38）Архив РАН Ф.579, Оп. 1, No.19, лл. 71, 74-75.：参加者はエクスカーションの前に、オブニンスク原子力発電所を描いたフィルムを見せられたようである（Там же, л. 52）。

（39）Там же, лл. 52-53.

（40）Там же, л. 70.

（41）Там же, л. 73.：冷戦の最初期から西側陣営では、「外国の科学的成果を認識すること」の重要性が強調されていた。たとえば、クリッジは、「国際的な科学交流を科学諜報の道具として利用することは、ロイド・バークナー［地球物理学者：引用者］が国務省の要請で設立した委員会による報告書の秘密付属文書で公式に推奨され、是認されていた。一九五〇年五月に部分的に公開された、『科学と外交関係』と題するバークナー報告は外国の科学的成果を認識することがアメリカ科学の発展にとってきわめて重要だと主張するものであった（Krige, *op. cit.*, in note 4. p. 166）」と指摘している。

（42）Архив РАН Ф.579, Оп. 1, No. 19, 76.

（43）Там же, лл. 74-76.

（44）Архив РАН Ф.694, Оп.1, Дело（Д.）101, л. 3.

(45) Архив РАН Ф.2, Оп.6, Д. 201, лл. 9, 98.

(46) アメリカ側の報告が放射線被曝の人体への影響のうち、もっぱら低線量（七〇レントゲン以下）のもののみを取り扱っていたのにたいして、グシコーヴァらはより重症の事例を報告し、これに対峙した。また、レベジンスキーは大量の実験データを示しつつ、放射線の中枢神経への影響や生体への非ガン的影響なども取り上げた（Архив РАН Ф.694, Оп.1, Д.101, л. 14, 15）。グシコーヴァとグリゴリー・バイソゴーロフ連名による報告（*А.К. Гуськова и Г.Д. Байсоголов*, "Два случия острой лучевой болезни у человека."）、レベジンスキーの報告（*А.В. Лебединский*, "О влиянии ионизирующего излучения на организм животного（по данным работ советских исследователей）."）はともに«Материалы Международной конференции по мирному использованию атомной энергии, состовшейся в Женеве 8-20 августа 1955г.: Том 11; Биологическое действие излучений.»（Москва; Государственное издательство медицинской литературы. 1958г.）の、それぞれ四九～五九頁、一六～三六頁に見ることができる。なお、この問題については本章注（19）も併せ参照のこと。

(47) Архив РАН Ф.694, Оп.1, Д. 101, л. 7-8.

(48) Архив РАН Ф.2, Оп.6, Д. 201, л. 106.

(49) Там же, лл. 9-10.

(50) Krige, *op. cit.*, in note 4. pp. 165-168.

(51) Архив РАН Ф.694 Оп.1 Д. 101. лл. 3-4.：このような参加制限に対するソ連側からの抗議等による険悪な雰囲気に押されるかたちで、アメリカはジュネーヴ会議の報告集から台湾人科学者の報告を取り下げさせることに同意したが、アメリカの妥協はここまでであった（Там же）。

(52) Там же, л. 96.

(53) Там же, л. 98.

(54) Там же, л. 11; Архив РАН Ф.2 Оп.6 Д.201. л. 105：「均質炉（この場合、正確には水性均質炉）」とは、減速材＝冷却材となる水に溶かした核分裂性物質の塩（通常は硫酸ウラニルや硝酸ウラニル）を燃料とする原子炉のことで、核燃料が減速材＝冷却材である水と均質に混ざっているためにこの名がある。かつては広く実験炉として活用された（https://ja.wikipedia.org/wiki/%E6%B0%B4%E6%80%A7%E5%9D%87%E8%B3%AA%E7%82%89：二〇一七年六月二二日最終閲覧）。「チェレンコフ効果」とは、核反応によって加速された荷電粒子（通常は電子）が物質中の光の伝播速度を超える速度で通過するときに光を放射する現象のことである。この現象は一九三四年、パーヴェル・チェレンコフによって発見され、一九三六年にイーゴリ・タムとイリヤ・フランクによって理論的に解明された。三人はこの功績により、一九五八年、ノーベル物理学賞を受賞している。なお、チェレンコフはソ連の大物理学者、のちにソ連邦科学アカデミー総裁となるセルゲイ・ヴァヴィーロフの指導下でこの発見を遂げたのであるが、ヴァヴィーロフはその相対的に早い死（一九五一年）のためにノーベル賞受賞を逸した。ロシアの科学者はこれを惜しみ、今日でもこの現象を「ヴァヴィーロフ＝チェレンコフ効果（Эффект Вавилова-Черенкова）」と呼んでいる。

（55） Krige, *op. cit.*, in note 4. p. 175.

（56） Архив РАН Ф.2, Оп.6, Д.201. Л.7.：この時期アメリカの軽水炉開発は、微濃縮ウラン入手の困難、必要濃縮度の炉物理的計算の困難などの諸問題に直面しており、容易には展望が見つけにくい状況にあったと考えられる（J・G・コリアー／斎藤伸三訳「軽水炉」、W・マーシャル編／住田健二監訳『原子力の技術 1――原子炉技術の発展［上］――』筑摩書房、一九八六年、二七七～三〇一頁、参照のこと）。この観点から見れば、このアメリカ人科学者は発電用原子炉をなかなか提示しえないアメリカの内情を糊塗する意図があったのかもしれない。なお、この点は、本章注（61）も参照のこと。

（57） Там же, л. 10.

（58） Там же, л. 138.

（59） Там же, лл. 139-140.

（60） Heinz Barwich, "Über den Forschungsreaktor der DDR und seine Ausnutzungsmöglichkeiten," in Heinz Barwich et al. *»Das zenralinstitut für Kernphysik am Beginn seiner Arbeit«*. Akademie-Verlag, Berlin. 1958. S. 8.

（61） 実験用ではなく、実用の動力炉についてであるが、アメリカで最初の民間用原子力プラントとするべく、ウェスティングハウス社が設計・開発した加圧水型軽水炉＝シッピングポート炉が臨界に達したのは、ようやく一九五七年一二月二日で、計画出力に達したのはその二一日後のことであった。初の実用沸騰水型原子炉はヴァレシトス炉とされているが、この炉が臨界に達したのは、その少し前、一九五七年の八月三日であった。この炉は同年一〇月二四日に電力網に電力を供給し始めたが、その出力は低く、「基本的には実験炉」であった。加圧水型、沸騰水型のいずれにせよ、軽水炉による原子力発電設備から電力網に電気が供給されたのは，早くとも一九五七年の秋以降、米アイゼンハワー大統領による「アトムズ・フォー・ピース」演説のほぼ四年近くのちということになる（コリアー、前掲、注（56）、二八〇～二八三、二九六～二九九頁）。とくに初期の原子力開発に見られる〝政治の先行、技術の後追い〟については拙稿「第10章 結びに代えて――チェルノブィリ原発事故を緒に原子力技術史を考える――」（原子力技術史研究会編『福島事故に至る原子力開発史』中央大学出版部、二〇一五年）、一六一～一七四頁で論じておいた。

（62） Mike Reichert. »*Kernenergiewirtschaft in der DDR. Entwicklungsbedingungen, konzeptioneller Anspruch und Realisierungsgrad (1955-1990).*« St. Katharinen 1999. S. 153-176.

附記――――――――――

本章は、日本科学史学会の欧文誌に掲載された論稿（Hiroshi Ichikawa, "Obninsk, 1955: The World's First Nuclear Power Plant and the 'Atomic Diplomacy' by Soviet Scientists." *Historia Scientiarum*, Vol.26-1, August 2016, pp. 25-41）の、おもに後半部分を訳出し、加筆したものである。本章は平成二五～二七年度日本学術振興会科学研究費補助金・基盤研究（C）「〝東側の原子力〟――旧ソ連邦・東欧諸国における原子力〝平和利用〟の展開に関する研究」［研究代表者市川浩：課題番号25350381］、平成二八～三〇年度同基盤研究（C）「〝東側〟諸国における原子力研究の国際化――一九五〇年代ソ連＝東独間科学交流を中心に」［研究代表者市川浩：課題番号16K01164］、および、基盤研究（B）「冷戦期欧米における『核の平和利用』の表象に関する研究」［研究代表者木戸衛一：課題番号15H03257］による研究成果の一部である。資料の収集にあたっては、ロシア科学アカデミー文書館のイリーナ・タラカーノヴァ（Ирина Георгиевна Тараканова）さんに便宜を図っていただいた。ドイツの研究機関、Helmholtz Zentrum, Dresden-Rossendolf のヴォルフガング・マッツ（Wolfgang Matz）博士からは貴重な資料を提供していただいた。ジョージ・タウン大学の樋口敏広氏から実に有益なアドヴァイスを頂戴した。また、広島大学総合科学部の学生、黒川初太郎君にはドイツ語の訳出でご協力いただいた。記して感謝したい。

補論１　国際原子力機関（ＩＡＥＡ）

竹本真希子

はじめに

国際的な原子力利用に関するコンセンサスの形成に大きな役割を担ったもののひとつに、国際原子力機関（ＩＡＥＡ）がある。原子力に関連するのは原爆や原子力発電だけでなく、医療や環境問題など多岐にわたる。ＩＡＥＡはこうしたさまざまな分野において、いわば「核の番人」として原子力の安全を管理する役割を担うと同時に、「平和利用」を推進する国際組織として活動してきた。だが多くの人々は、実際にＩＡＥＡが何をするところなのか、それほど良く知らないのではないだろうか。

本補論では、核時代を理解するためのひとつの材料として、ＩＡＥＡを取り上げる。ＩＡＥＡはどのように設立され、どういった機能を持つのか。大まかな特徴を捉えることとしたい。

1　原子力の危険性と国際管理の始まり

原子力は、主に爆弾として使われた場合のエネルギーの大きさや破壊力と、放射線の人体や環境に対する影響という二つの点において危険性を有している。

ヴィルヘルム・コンラード・レントゲンによる一八九五年のX線の発見を皮切りに、放射線は一九世紀末から二〇世紀初頭にかけて医療用に用いられてきた。当初、放射線による健康被害については意識されておらず、ラジウムをはじめとする放射性物質の発見によって知られるマリー・キュリーや、放射線の単位にもなったアンリ・ベクレルは被曝の影響で死亡したと考えられている。当時は画期的な医療として積極的に宣伝され、例えばラジウムは癌の治療薬として注目され、ラジウム入りと称する売薬や家庭薬が売られたり、「ラジウム温泉」で財を成した町があった[1]。しかししだいに皮膚炎や皮膚がん、白血病など放射線の人体に対する危険性が知られるようになり、放射線防護の取り組みが始まった。一九二八年には国際X線・ラジウム防護委員会（ＩＸＲＰＣ）が設立された。ＩＸＲＰＣは一九五〇年に国際放射線防護委員会（ＩＣＲＰ）と改称され、現在まで活動を続けている（放射線防護について、詳しくは本書「用語解説」を参照）。

一九三八年にドイツのオットー・ハーンとフリッツ（フリードリヒ・ヴィルヘルム）・シュトラスマンによって核分裂が発見されると、核分裂の連鎖反応を利用したエネルギーの研究が開始され、核エネルギーの爆弾としての利用が現実的なものとなった。第二次世界大戦が始まると、イギリス、フランス、ソ連、ドイツ、日本でも原爆開発の計画があったが、豊富な資金と科学者、十分なウランを有するアメリカが「マンハッタン計画」によって世界で初めて原爆開発に成功した。そして一九四五年八月の広島と長崎への原爆投下による被害とその後の被爆者の様子は、爆弾としての破壊力と同時に、放射線による被ばくの恐ろしさを世界中に広く知らしめることとなった。

すでに原爆完成以前から、デンマークの原子物理学者であるニールス・ボーアをはじめとする科学者の間で、原爆が各国の軍備競争をもたらすことになるとの危機感から、原子力の国際管理体制構築の必要性を説く声があげられていた。第二次世界大戦後、国家間による議論が本格的に始まり、一九四六年には国連原子力委員会（ＵＮＡＥＣ）が設立されたが、ここで議論されたのは核兵器の軍縮ではなく、イニシアティブをとったアメリカの核兵器の所有権を傷つけることなしに国際管理を行うという案であった。ソ連からはグロムイコ案が出されたが、米ソの対立を背景として議論は進まず、ＵＮＡＥＣは一九五二年に解散した。この間、ソ連が一九四九年に原爆実験に成功し、さらにアメリカが一九五二年に水爆を開発して、兵器としてだけでなく、工業や発電などへの原子力の利用に関する議論が進んだ。

2　国際原子力機関（ＩＡＥＡ）

ＩＡＥＡの設立

ＩＡＥＡ設立の直接的な契機となったのは、一九五三年一二月八日に国連総会の場で行われたアメリカのアイゼンハワー大統領による「アトムズ・フォー・ピース」演説であった。アイゼンハワーは、アメリカがそれまで軍事機密として内容を明かしていなかった核開発の技術と濃縮ウランを提供すること、核保有国がウランと核分裂性物質を国際組織に寄贈し、それを使って発電機など核技術の平和利用法を国際的に開発することとともに、ＩＡＥＡの設立を提案した。アイゼンハワー演説を受けて、国際管理に関する議論だけでなく、原子力の「平和利用」が世界各国で本格的に進められることとなった。広島をはじめとして各地で「原子力平和利用展」が開催されるなど、平和利用がさかんに宣伝され、原子力発電所の開発が進んだ。アメリカでは一九四六年八月にトルーマン大統領のもとで「原子力法」が成立していたが、商業用の原子力開発を可能とするため、一九五四年に原子力法が改正された。そして日本では、五四年三月に原子力関連の予算が衆議院を通過し、政府主導で原子力の平和利用の推進が始まることとなった。

演説から三年後の一九五六年にＩＡＥＡ憲章が採択され、翌五七年七月二九日にＩＡＥＡが発足した。ＩＡＥＡの目的は原子力の平和利用の促進と原子力の軍事利用への転用の防止である。ＩＡＥＡが有する権限は以下のとおりである。[2]

（ア）全世界における平和的利用のための原子力の研究、開発及び実用化を奨励し、援助する。加盟国間の役務、物質、施設等の供給の仲介や、活動又は役務を行う。
（イ）平和的目的のための原子力の研究、開発及び実用化の必要を満たすため、開発途上地域における必要を考慮しつつ、物資、役務、施設等を提供する。
（ウ）原子力の平和的利用に関する科学上及び技術上の情報の交換を促進する。
（エ）原子力の平和的利用の分野における科学者及び専門家の交換及び訓練を奨励する。
（オ）原子力が平和的利用から軍事的利用に転用されることを防止するための保障措置を設定し、実施する。
（カ）国連機関等と協議、協力の上、健康を保護し、人命及び財産に対する危険を最小にするための安全上の基準を設定し又は採用する。

ＩＡＥＡは国連傘下の自治機関に位置づけられ、執行機関である本部はウィーンに置かれている。ウィーンの本部のほかに、二つの試験施設をモナコとオーストリアのザイバースドルフに、査察事務所を東京とトロントに置き、ジュネーヴとニューヨークに連絡室を有している。ＩＡＥＡ東京地域事務所は、一九八四年に日本とＩＡＥＡの保障措置協定の実施促進を主な目的として「ＩＡＥＡ東京事務所」として設置され、一九八九年に地域全体での役割を拡大することとなり、「東京地域事務所」と改称された。[3]

ＩＡＥＡは総会、理事会、事務局を組織として有し、総会は全加盟国の代表で構成されている。二〇一六年二月の時点で、加盟国は一六八カ国である。総会は毎年一回、九月に開かれ、理事国の選出、新規加盟の承認、加盟国の特権・権利の停止、予算の承認、憲章改正の承認、事務局長任命の承認などを行う。[4] 理事会は三五カ国で構成されており、[5] 任期は一年、ＩＡＥＡ憲章に従って意思決定することとされている。実際の業務を行うのは事務局である。初代事務局長には、アメリカで共和党の連邦下院議員を務め、原子力の平和利用に対する世論の支持を得ることに尽力したウィリアム・スターリング・コウルが就任した。

ＩＡＥＡの活動①「原子力の平和的利用」

ＩＡＥＡの主な活動は、その憲章にもあるとおり、原子力の軍事転用を防止するための「保障措置」と原子力の「平和的利用」の推進である。

事務局の下に置かれた「管理局」「保障措置局」「原子力科学・応用局」「原子力安全・核セキュリティ局」「原子力エネルギー局」「技術協力局」の六つの局がこの任務を担当している。百を越える国から約二五〇〇名の専門家がＩＡＥＡの職員として働いている。[6] 職員の任期は、一般的に三年間（延長二年）である。[7] ＩＡＥＡで勤務するのは原子力分野の専門家だけではなく、化学、電気、建築工学、情報工学、医療等の分野の専門家や、国際政治、経済、法律などの社会科学分野の専門家も含まれる。[8]

ＩＡＥＡ事務局の六局のうち、軍事転用の防止に関わっているのが「保障措置局」である。管理局とこの保障措置局以外の四局が、原子力の平和利用の推進に関わる仕事をしている。平和利用に関する事業には、原子力発電分野、非原子力発電分野、原子力安全分野、核セキュリティ分野、技術協力がある。

原子力発電部門では、原子力発電や核燃料サイクルの開発や推進のほか、燃料の廃棄や各国のエネルギー計画の評価などが行われている。原子力発電を新規に導入する加盟国の支援や原子炉の研究もされている。

非原子力発電に関する分野は、保健医療、環境、食糧・農業、水資源管理、工業適用などへの原子力の利用である。保険医療分野での原子力の利用については、[9] Ｘ線撮影やマンモグラフィーなどの検査、放射線ガン治療がよく知られているが、ＩＡＥＡでは加盟国が抱える保健医療の予防や診断、治療についてアイソトープや放射線技術を活用している。近年では、循環器疾患患者管理への放射線・核医学技術の利用の支援を行っているほか、ＨＩＶウィルス、結核菌、マラリア原虫などによる感染症の検出や予防、ジカ熱対策のための放射線技術の提供も行っている。他の国際機関と連携しての活動も見られ、世界保健機関（ＷＨＯ）や国際がん研究機関（ＩＡＲＣ）と協力してがん対策や保健医療支援を行っている。

また食糧分野では、害虫駆除や植物検疫、食品の殺菌や腐敗防止などに放射線技術を利用するなどして、食糧生産や食品保護、食品安全といった課題に取り組んでいる。国連食糧農業機関（ＦＡＯ）とパートナーシップを組んで食糧・農業分野での原子力利用も進めている。

原子力安全分野では、原子力利用の安全性の維持と確保のために、原子炉施設などに関わる安全基準や指針を提示することを権限として活動している。ＩＡＥＡの提示する安全基準のひとつが、「国際原子力事象評価尺度」（ＩＮＥＳ）である。これは原発事故の被害についての尺度で、ＩＡＥＡ独自の評価であるが、二〇一一年三月に起きた東京電力福島第一原子力発電所での事故に対してＩＮＥＳの診断が当初軽すぎたため、批判を呼ぶこととなった。ＩＡＥＡは原子力事故にも対応しており、原子力の安全に関しては、これまで「原子力事故の早期通報に関する条約」、「原子力事故又は放射線緊急事態の場合における援助に関する条約」、「原子力の安全に関する条約」、「使用済み燃料管理及び放射線廃棄物管理の安全に関する条約」などの国際条約が作られている。

核テロ対策もＩＡＥＡが取り組んでいるもののひとつである。第三者によって核物質が盗まれたり、不法移転されることのないようガイドラインや勧告を出したり、核物質の流出を防止するための監視を行っている。二〇〇一年にアメリカで起こった同時多発テロ以降、核テロ対策がより緊急の課題として取り組まれることとなり、二〇〇五年に「核テロリズム防止条約」が国連総会で採択された。ＩＡＥＡは国連やＩＡＥＡ加盟国と協力して核セキュリティ・サミットを開催している。

技術協力の分野は、開発途上国での放射線技術の支援などである。原子力施設を持たないＩＡＥＡの加盟国は、上記の医療や食糧分野とともに、この分野の支援を受けることで加盟の恩恵を受けることになる。

ＩＡＥＡの活動②　核不拡散条約（ＮＰＴ）との関係と保障措置

ＩＡＥＡの主要な活動のもうひとつが、軍事利用への転用の防止である。ＩＡＥＡの保障措置は、核不拡散条約（ＮＰＴ）との関係で知られている。核に関する技術や核燃料が軍事目的に転用されないようにするための保障措置の制度化については、設立当初から認識はされていたが、査察担当の事務局次長の職はありながらも任命は行われておらず[10]、一九五七年から六四年までは保障措置の実施面において特別な進展はなかった[11]。保障措置の重要性は、冷戦の激化と核開発競争に対する危機感を背景に高まっていった。とくに一九六二年のキューバ危機は、核戦争勃発寸前にまで至った。これを受けて翌六三年に、アメリカ、イギリス、ソ連の間で大気圏内と宇宙空間、水中における核実験を禁止する部分的核実験禁止条約が成立している。さらにアメリカのケネディ大統領が核軍縮を提案して、核不拡散条約について議論が始まった。アメリカとソ連に加えて、イギリス、フランス、中国が原爆開発に成功し、核軍備競争がさらに激化して、第三次世界大戦と核戦争に対する危機感が高まっていた時期であった。NPTは一九六八年七月に六二カ国によって調印され、七〇年三月に発効した。

NPTは世界の国々を「核兵器保有国」と「非核兵器保有国」に分けている。「核兵器保有国」とは、NPT以前にすでに核兵器をもっていたアメリカ、ソ連、イギリス、フランス、中国の五カ国である。NPT成立時には英米ソ三国は調印したが、フランスと中国は参加しなかった。両国が批准したのは、一九九二年のことである。NPTの第一条には、「本条約締約の各核兵器国は、核兵器もしくはその他の核爆発装置または核兵器もしくは核爆発装置の管理を、直接的か間接的かを問わず、いかなるものに対しても移譲しないこと、また核兵器もしくは核爆発装置の製造もしくは他の手段による獲得または核兵器もしくは核爆発装置の管理をいかなる非核兵器国に対しても援助し、奨励し、または勧誘しないことを約束する」と書かれている。[12] NPT以前に核兵器を所有していた五カ国のみを「保有国」とし、それ以外の国の核兵器保有を認めないNPTの不平等性については批判も多い。北朝鮮は二〇〇三年に条約脱退を宣言して独自に核実験を行っており、インドやパキスタンはNPTに参加せず、核兵器の保有を宣言している。イスラエルは宣言してはいないものの、事実上核兵器を保有していると見なされている。

NPTの十一条からなる条文のうち、第四条では「平和的目的のための核エネルギーの研究、製造及び使用を進展させる」のはすべて条約締約国の「譲ることのできない権利」と書かれており、[13] 非核兵器保有国は軍事利用ができないが、民生利用は保障されている。条約の第三条では「非核兵器国は、核物質など核兵器などへの転用防止のため、IAEAによる保障措置制度に従うこと」と定められており、これによりNPTを締約した非核兵器国は、ＩＡＥＡとの間に「包括的保障措置協定」を締結し、核兵器への不転用の検認を受ける義務を負うこととなる。[14] これは、非核兵器国が自国の核物質の情報をＩＡＥＡに提供し、主として施設ごとにいくらの核物質がいつ出入りしたかという計量管理を行い、それが違法に使用されないことを確保するものである。[15] 包括的保障措置は、核物質の計量管理、封込め・監視、在庫および移動の確認などの手法で進められる。[16] ＩＡＥＡの六つの事務局のうち「保障措置局」がこれを担当する。近年では北朝鮮やシリアでの査察がよく話題になるが、二〇一五年の査察活動の実績は、「保障措置を適用した原子力施設及び施設外の場所の数：一二八六施設、査察官による現場での査察回数：二一一八回、収去された核物質及び環境試料の数：九六七、従事者数（ＩＡＥＡ保障措置局で業務を行う職員及び契約者の双方を含む）：八八三人、稼働中の監視カメラ台数：一四一六台、認定されたネットワーク分析所：二〇、衛生画像数：四〇七枚[17]」であった。

ＩＡＥＡの保障措置は、九〇年代初めまでは良好に実施されていると考えられてきたが、冷戦終結以降、イラクや北朝鮮に核開発疑惑が起こると、締約国による核物質の申告が不十分であったことが判明し、検証制度の見直しが行われた。未申告の原子力活動や核物質がないこと、また保障措置下にある核物質の軍事転用がないことをＩＡＥＡが検認するために、ＩＡＥＡに付与される追加的な権限などを記載した「追加議定書」による強化が行われることとなった。ただし、追加議定書はＮＰＴ上の義務と解釈されていない。[18] なお、ＮＰＴは五年ごとに再検討会議を開催し、条約の運用について検討することが定められており、最近では二〇一五年にニューヨークで開催されている。

おわりに――IAEAに対する評価と課題

二〇〇五年、IAEAは当時の事務局長モハメド・エルバラダイとともにノーベル平和賞を受賞した。原子力の軍事利用の防止と平和利用のための努力を認められてのことであった。IAEAは現状においては、NPTとともに核軍縮を行うものとして認知され、一部を除いて国際社会のコンセンサスを得ていると言える。

しかし、そもそもIAEAはその設立の当初から、軍事利用の転用の防止が目的であり、核廃絶を目指す組織ではない。原子力の平和利用を推進する組織として設立されたため、あくまでも「原子力を安全に使う」ということが目的であって、原子力の使用を減らす、あるいは核依存から脱却することも目的としていない。つまり原子力技術を「どう発展させるか」に主眼があるのである。したがって、推進という目的ゆえに、原発事故や放射線による健康障害に対してのIAEAの診断や分析に甘さがあることも指摘されてきた。それに加えて、IAEAやNPTの体制は、原子力政策においてイニシアティブを有していたアメリカに有利な点が大きく、また核兵器保有国と非核兵器国を区別するという点で、根本的に不平等で不完全なシステムである。IAEAに加盟している非核兵器保有国は、原子力の平和利用の権利を得ることを目的としてIAEAやNPTに参加しているという面が強い。とくに「開発途上国のための原子力」は原子力推進の大きな理由のひとつとなっている。IAEAの安全基準の義務化についても、エネルギー政策として原子力発電を推進している国は福島の事故後もなお慎重になっており[19]、原子力依存からの脱却は世界的なコンセンサスを得ているとは言えない。そしてIAEAの強制力について疑問視されている部分もある。一九七八年に原子力関連の資機材や技術を供給する「原子力供給国グループ」（NSG）が設立されたが、現在、NPTに加盟していないインドのNSG加盟が議論されるなど、NP

ＴとＩＡＥＡによる核軍縮も弱体化する可能性がある。また、もしＩＡＥＡが機能しなくなれば、各国が独自に原子力を持ち、核拡散がさらに進むことも考えられる。

こうした問題をどう解決すべきであろうか。このような問いに加え、原子力を世界的な視野で考えていくためには、まずはＩＡＥＡをはじめとする国際的な原子力管理の仕組みについて知っておく必要がある。原子力は人々の安全という問題と同時に、「核兵器国」と「非核兵器国」、「先進国」と「開発国」の間の格差といった問題も提示している。原子力というテーマが専門家の間にのみ留まっていてはいけないとようやく認識されるようになってきた今日、われわれは原子力をめぐる政治にもっと関心を持たなければならないだろう。

主要参考文献――――――

秋山信将『核不拡散をめぐる国際政治――規範の遵守、秩序の変容』有信堂、二〇一二年
今井隆吉『ＩＡＥＡ査察と核拡散』日刊工業新聞社、一九九四年
魏栢良『原子力商業利用の国際管理　原子力発電所を中心に』関西大学出版会、二〇一五年
黒澤満『核軍縮入門』信山社、二〇一一年
小泉勉「国際原子力機関（ＩＡＥＡ）の組織と活動」（『国連ジャーナル』二〇一一年秋号）、二～八頁
中沢志保『オッペンハイマー　原爆の父はなぜ水爆開発に反対したか』中央公論社、一九九五年
樋川和子「核不拡散と平和利用」秋山信将（編）『ＮＰＴ　核のグローバル・ガバナンス』岩波書店、二〇一五年、一〇五～一三二頁
広島市立大学広島平和研究所（編）『平和と安全保障を考える事典』法律文化社、二〇一六年
渡邊直行「国際保健医療における国際原子力機関（ＩＡＥＡ）の取り組みについて」（『保健医療科学』六五～四、二〇一六年）、四二四～四四一頁

原子力規制委員会ウェブサイト：ＩＡＥＡ保障措置強化・効率化 https://www.nsr.go.jp/activity/hoshousochi/iaea/index.html（最終アクセス日　二〇一七年六月三〇日）。

注

（１）Marjorie C. Malley「ラジウム」（太田次郎総監訳『現代科学史大百科事典』朝倉書店、二〇一四年）、八〇四頁。
（２）外務省ウェブサイト：国際原子力機関（ＩＡＥＡ）http://www.mofa.go.jp/mofaj/gaiko/atom/iaea/iaea_g.html（最終アクセス日　二〇一七年六月三〇日）。
（３）国際連合広報センターウェブサイト：国際原子力機関（ＩＡＥＡ）東京地域事務所 http://www.unic.or.jp/info/un_agencies_japan/iaea/（最終アクセス日　二〇一七年五月七日）。
（４）小泉勉「国際原子力機関（ＩＡＥＡ）の組織と活動」（『国連ジャーナル』二〇一一年秋号）、三頁。
（５）二〇一六年～二〇一七年の理事国は以下のとおり。アルジェリア、アルゼンチン、オーストラリア、ベラルーシ、ブラジル、カナダ、中国、コスタリカ、コートジボワール、デンマーク、フランス、ドイツ、ガーナ、インド、日本、韓国、ラトヴィア、ナミビア、オランダ、パキスタン、パラグアイ、ペルー、フィリピン、カタール、ロシア、シンガポール、スロヴェニア、南アフリカ、スペイン、スイス、トルコ、アラブ首長国連邦、イギリス、アメリカ、ウルグアイ。ＩＡＥＡウェブサイト：https://www.iaea.org/about/governance/board-of-governors（最終アクセス日　二〇一七年五月七日）。
（６）ＩＡＥＡウェブサイト：https://www.iaea.org/about/employment（最終アクセス日　二〇一七年五月七日）。
（７）久野祐輔・堀尾健太「国際原子力機関への誘い――ＩＡＥＡで働いてみませんか？」（『原子力eye』五五～八、二〇〇九年八月号）、五〇頁。
（８）手塚広子「国際原子力機関（ＩＡＥＡ）」（『日本原子力学会誌』四五～三、二〇〇三年）、五九頁。
（９）ＩＡＥＡの非原子力発電分野の活動、とくに保健医療分野については、渡邊直行「国際保健医療における国際原子力機関（ＩＡＥＡ）の取り組みについて」（『保健医療科学』六五～四、二〇一六年）、四二四～四四一頁に詳しい。
（10）今井隆吉『ＩＡＥＡ査察と核拡散』日刊工業新聞社、一九九四年、三〇頁。
（11）魏栢良『原子力商業利用の国際管理　原子力発電所を中心に』関西学院大学出版会、二〇一五年、一〇二頁。

(12) 清水正義「核不拡散条約」（歴史学研究会（編）『世界史史料11』岩波書店、二〇一二年）、一二三六頁。
(13) 清水「核不拡散条約」一二三七頁。
(14) 玉井広史「核兵器の不拡散に関する条約（ＮＰＴ）」（原子力・量子・核融合事典編集委員会（編）『原子力・量子・核融合事典』第Ⅱ分冊、丸善出版、二〇一四年）、二一四頁。
(15) 黒澤満『核軍縮入門』信山社、二〇一一年、四六頁。
(16) 玉井広史「ＩＡＥＡと保障措置」（原子力・量子・核融合事典編集委員会（編）『原子力・量子・核融合事典』第Ⅱ分冊）、二一七頁。
(17) ＩＡＥＡの保障措置の内容について詳しくは、核物質管理センター企画室「核兵器の拡散を防止するＩＡＥＡ保障措置（抄訳）――『IAEA Bulletin』二〇一六年六月号より」（1）『核物質管理センターニュース』四五～八、二〇一六年八月、六～一〇頁（引用部分は七頁）、（2）同四五～九、二〇一六年九月、九～一四頁、（3）同四五～一〇、二〇一六年十月、八～一二頁も参照のこと。
(18) 久野祐輔「核不拡散の歴史など経緯と世界の取組みの概要」（原子力・量子・核融合事典編集委員会（編）『原子力・量子・核融合事典』第Ⅱ分冊）、二一三頁。
(19) 岡松暁子「国際原子力機関（ＩＡＥＡ）の安全基準と原発事故――国際法上の観点から」（『論究ジュリスト』一九、二〇一六年秋）、六七頁。

補論2　放射性物質の小史――ラジウム、ウラン、アイソトープ――

中尾麻伊香

はじめに

核の「平和利用」というと、核分裂の連鎖反応を利用した原子力発電がまず思い浮かべられるだろう。しかし、放射性物質の医学・生物学研究への利用もまた、核の平和利用とされてきたことを思い起こしたい。その平和利用の歴史は、核時代が幕を明けたといわれる一九四五年よりもはるか以前にたどることができる。すなわち、核開発は軍事利用から平和利用へと進展したのではなく、平和利用から軍事利用へと進展した側面を持つ。本論では、核開発時代を支えてきた放射性物質に注目し、その歴史を捉えていきたい。放射性物質は、どのように人類に見出され、どのように核時代を支えてきたのだろうか。

1　放射性物質の発見

今日最もよく知られている放射性物質は、ウランであろう。鉱物としてのウランは古くから利用されていたが、元素としてのウランは一七八九年、マルティン・ハインリヒ・クラプロート（一七四三〜一八一七）によって、ピッチブレンド（ウランを含む鉱石）から発見された[1]。その後、陶磁器の着色料としてのウランの用途が発展し、ボヘミアのガラス工業を支えるようになった。放射性物質としてのウランが科学者たちの関心を引くようになるのは一九世紀末のことである。

放射性物質が放射能を有することは、X線の発見に端を発する一連の研究によって明らかにされていった。一八九六年、アンリ・ベクレルはウラン化合物がX線と同様の放射線を発していることを発見する。一八九八年、マリー・キュリーとピエール・キュリーは、ヨアヒムスタール産のピッチブレンドからウランよりはるかに強力な放射能をもつ二つの新しい物質――ポロニウムとラジウム――を分離した[2]。放射性物質の自然放射（放射能）の源泉は一体何なのか、科学者たちは未知の放射能現象の解明に取り組んだ。キュリー夫妻は一九〇〇年、放射性物質が放射線を出す作用を「放射能」と名づけ、そのエネルギー源についていくつかの仮説を示した。アーネスト・ラザフォードとフレデリック・ソディは放射能をめぐる探究を進め、一九〇三年に、放射性元素の内部では絶え間ない原子の崩壊が行われており、それによってある化学元素から別の化学元素へと変換しているという見解にたどり着く。そして同時に、原子内部に莫大なエネルギーが秘められているという見解を示した。

放射性物質が生体に強い影響を及ぼすことも知られるようになる。キュリーや医師たちによる初期の研究で、ラジウムが病気の細胞を破壊し、皮膚疾患や腫瘍、その他の癌を治す作用があることなどが判明すると、ラジウムは医療界の需要を集めていく。そこで登場するのが、医療用のラジウムを精製、販売する会社である[3]。一九〇四年頃にラジウムの供給体制が整うと、その治療への応用も広まっていった。この年には医師たちによる、白板症、ケロイド、湿疹、肬、色素性母斑、乳癌への治療が発表されている。一九〇六年にはパリに「ラジウム生物学研究所（Laboratoire Biologique du Radium）」が設立され、ラジウム治療の組織的な研究がはじめられた。

未知のエネルギーを秘めた放射性物質――とりわけラジウム――は、摩訶不思議なものとして科学界・医学界はもとより世間の耳目を集めていった。医師やサイエンスライターたちは、ラジウムが人体に驚くべき効能をもたらすということを世間に語った。「ラジウム産業」が興隆し、ラジウムを売りにした健康商品が多数売り出され、世間においてラジウムは万能薬としてのイメージを獲得していった。

その希少価値と大きな需要により、ラジウムは地球上で一番高価な物質となった。同時に、ウラン鉱探索も進められた。ラジウムの値段の移り変わりを見ていくと、一九〇四年のラジウムの価格は、一グラムあたり一六万ドルという高額なものであった。ラジウムの価格は、アメリカにおける生産量が増えたことなどから、一九二〇年頃には一グラムあたり一二万ドルとなった。一九二一年に、一九一三年にベルギー領コンゴで発見されたウラン鉱山からラジウムを精製する工場がベルギーのオーレンに建設されると、ラジウムの生産量は急増し、その価格は一グラムあたり七万ドルへと急落した。一九三〇年にはカナダでウラン鉱山が発見され、ラジウムの値段は一グラムあたり二万ドルにまで下落した。一九三〇年代には、人工的に生成された放射性物質がラジウムの代わりに医療現場で用いられるようになることで、ラジウムの価値はさらに下落していった。

一九三〇年代になると、粒子加速器の登場によって、さまざまな放射性物質が生成されるようになり、放射性物質の産業利用が拡大していった[4]。一九三二年、コッククロフトとウォルトンは、リチウムに加速した陽子を衝突させて原子核の変換に成功したが、これは人工的に加速された粒子によって起こされた最初の核反応であった。

同様に、核反応を用いて人工的に元素を転換する実験が盛んになされるようになる。一九三四年、イレーヌ・キュリーとフレデリック・ジョリオ＝キュリーは、アルミニウムにアルファ粒子を照射することで自然界には存在しないリンの同位元素（30P）――人工放射能――を生じさせた。また、ゲオルグ・ド・ヘヴェシーは放射性同位体をトレーサーとして利用する方法を考案した。

人工的に放射性物質を生成する上で重要な装置となったのが、一九三〇年にアーネスト・ローレンスによって考案された円形の粒子加速器サイクロトロンである。一九三一年にカリフォルニア大学バークレー校に設置されたローレンスの放射線研究所は、サイクロトロンを用いてさまざまな放射性核種を生み出し、それらを用いた医学・生物学研究の拠点となっていった。ローレンスはサイクロトロンの医学分野への貢献を宣伝して資金を集め、その利用法を開拓していった。ローレンスの弟で医師のジョンは、サイクロトロンによって生み出される放射性同位体や中性子線を用いた臨床研究を進めた。彼は白血病治療のためにリン32を用いたが、これは臨床に人工の放射性同位体を初めて用いた例で、さまざまな放射性同位体を治療に用いる核医学と呼ばれる領域がこれ以降発展していく。同研究所は臨床・研究用の放射性同位体を国内外に販売する拠点ともなり、なかでもナトリウム24やリン32といった放射性同位体の主要な供給源となった。

このようにして、一九世紀末から二〇世紀初頭にかけてその価値を見出された放射性物質は、短期間のうちに、医療現場で欠かせないものとなった。さらには、装置の発展とともに人工的に生み出されるようにもなった。ラジウムを含む鉱石としてかつて注目されていたウランが再び注目を集めるようになるのは、第二次世界大戦前夜のことである。

2　核分裂発見とウランの独占

一九三八年の暮れ、ベルリンのカイザー・ヴィルヘルム化学研究所で原子核の実験をしていたオットー・ハーンとフリッツ・シュトラスマンは、中性子を照射したウランからバリウムが生じたことを確認した。リーゼ・マイトナーとオットー・フリッシュは、これがウランの中性子による核分裂であるという理論的考察に至る。核分裂発見のニュースは、瞬く間に広まった。核分裂は、ウランが莫大なエネルギー源となる可能性を示すものであった(5)。ウランは一挙に軍事的に重要な物質となる。

当時知られていていたウラン鉱山のなかで最も高品質のウランを生産していたのはベルギー領コンゴのシンコロブエ鉱山で、その権益を有していたのは、一九〇六年に設立されカタンガ州の鉱業権を独占していたユニオン・ミニエール・デュ・オー・カタンガ社であった。同社の責任者であったエドガー・サンジエは、一九三九年五月にウランが強力な爆弾になりうる可能性を複数の科学者からのアプローチで知ることとなった(6)。九月にドイツがポーランドに侵攻すると、サンジエはベルギーが侵略されたりブリュッセルとの通信網が切断されたりする可能性を考え、一二五〇トンの高品質のウラン鉱石をベルギー領コンゴからニューヨークスタテン島の倉庫へと送った。翌年ニューヨークに到着したウラン鉱石は、マンハッタン計画の責任者によってすべて買い取られることとなる。

一方、ニューヨークで核分裂発見のニュースを聞いたユダヤ人物理学者のレオ・シラードは、友人のユージーン・ウィグナーと共にローズベルト米大統領に原爆研究を促す手紙を起草した。この手紙でシラードらは、ドイツの科学者たちがウラン爆弾に関する研究を行っていることを警告し、ウラン鉱石の供給確保に格別の注意を払うようにと記している。この手紙はアインシュタインの署名を得て、一九三九年一〇月に米大統領に手渡された。これを受けて同月、アメリカで原子エネルギーの兵器利用の可能性を検討する第一回ウラン諮問委員会が開催され、六〇〇〇ドルの研究資金がつけられることが決定した[7]。

一九四二年、レスリー・グローヴス将軍を責任者とするマンハッタン計画が動き出す。すでに戦時体制となっていた一九四一年、バークレーの放射線研究所では、六〇インチのサイクロトロンでウラン238に重水素を当てる実験を行っていたグレン・シーボーグらによって新しい放射性物質プルトニウム239が生成された。このプルトニウムの量産とウランの連鎖反応の生成を目指して設置されたのがシカゴ大学の冶金研究所である。同研究所では、カリフォルニア大学病院で放射性核種を用いた臨床研究にあたっていたロバート・ストーンを部長とした放射性物質の人体影響研究も行われた。すなわち、一九三〇年代に放射性物質の供給源となった放射線研究所を拠点に花開いた核医学がマンハッタン計画にそのまま組み込まれていくことになる。一九四二年の一二月、冶金研究所でシカゴ・パイル一号と名付けられた原子炉が世界初の臨界（核分裂の連鎖反応が安定的に継続している状態）に達すると原爆計画はさらに拡大し、マンハッタン工兵管区という新しい軍事組織のもとにまとめられた。

グローヴスは、世界中で知られているウラン鉱石を可能な限り買い占め独占するというマーリー・ヒル地区計画（Murray Hill Area Project）を一九四三年春に立ち上げ、一九四四年六月には、アメリカとイギリスが世界のウラニウム鉱石を買い占めることを目的とした合同開発トラスト（Combined Development Trust）の契約を調印した。合同開発トラストはその年の一〇月までに六〇〇〇トンのウラン鉱石を集める。そのうち、三七〇〇トンはベルギー領コンゴから、一一〇〇トンはカナダの鉱山から、残りの八〇〇トンはアメリカから集められた[8]。

天然ウランから爆弾に利用できるウラン235とプルトニウム239を生産する作業は、テネシー州オークリッジで進められた。アメリカで二番目の原子炉、クリントン・パイルとしても知られるX-10黒鉛原子炉が一九四三年一一月に臨界に達し、翌年プルトニウムの生産をはじめた。一九四五年四月にはガス拡散法、電磁分離法、熱拡散設備という三つの手法で、ウラン235の生産がはじめられた。ワシントン州ハンフォードには、プルトニウム型爆弾のためのプルトニウム239を生産する三つの大きな水冷却炉が建設された。このようにして、広島と長崎に投下された原爆の燃料となったウラン235とプルトニウム239が生産された。これらはベルギー領コンゴのウランを使用したものであった。

3 独占から市場へ

戦後初期のアメリカでは、原子力の研究開発体制をめぐって、またその平和利用と軍事利用という異なる目的をめぐって、科学者、軍人、政治家の思惑が渦巻いていたが、その相反する思惑の象徴ともいえるのが原子力委員会の放射性同位体をめぐるプログラムであった。

一九四六年八月にアメリカで制定された原子力法は、原子力政策の担い手を軍から民へと移すことと、国際社会におけるアメリカの原子力の独占を守ることを目的としていた。これに伴い、アメリカの原子力開発の担い手は、陸軍の管轄するマンハッタン工兵管区から民間人が委員を務める原子力委員会（Atomic Energy Commission）へと移行する。原子力委員会の設立後、真っ先に発足したのが生物学と医学研究に使用する放射性同位体を外国に販売するプログラムであったが、これは米政府の原子力の平和利用を追求しようとする目的を反映していた。(9)原子力委員会は一九四七年から海外への放射性同位体の販売を開始し、オーストラリアを皮切りに、アルゼンチン、イギリス、デンマーク、イタリア、スウェーデンなど、世界各国に米国内で生産された放射性同位体が送られた。原子力委員会は一九五〇年の暮れまでに一万四五〇〇以上の放射性同位体の出荷を行い、九七五の海外の研究所がそれらの放射性同位体を受け取った。

生物学と医学研究のためと銘打った放射性同位体プログラムは、原子力の平和利用を印象づけるものであったが、放射性同位体の輸出は原子力法で禁じられている核情報の海外への拡散ではないのかという懸念がついてまわった。また、放射性同位体プログラムは、実質にはマンハッタン計画を引き継いでいた。そもそものプログラムは、原子力委員会が設立する前にマンハッタン工兵管区によって計画されたものであった。放射性同位体の供給源となったオークリッジの原子炉（X-10）は、戦時中からプルトニウムや原爆開発の研究に用いられたその他の放射性同位体を生産していたし、そこで生成される放射性同位体は、平和目的だけではなく戦争目的にも用いられるものであった。しかし一九四九年、ソ連が原爆実験に成功したことでアメリカの原子力の独占が崩れると、放射性同位体プログラムをめぐる状況は変化する[10]。ソ連の原爆実験成功は、アメリカが「平和のための原子力」政策を打ち出す大きな要因となったが、放射性同位体は原子力の平和利用を印象づけるものであった。さらに、アメリカが原子力を独占していないという事実は、放射性同位体の輸出が国家の覇権を脅かすものではないことを意味していた。

ウランもまた、一九四〇年代末まではアメリカとその同盟国であったイギリスが独占するものではなくなっていた。アメリカとイギリスの合同開発トラストは第二次世界大戦の終結後も継続しており、戦後もウラン鉱石を買い求め続けていた。一九四五年一二月にグローヴスは、合同開発トラストは世界で知られているウラン鉱石の九七パーセントとトリウム鉱石の六五パーセントをコントロールしているとロバート・パターソン陸軍長官に報告したが、それは事実ではなかった。ソ連はアメリカがコンゴのウラン鉱山を占領していることをはっきりと認識しており、ドイツとチェコスロバキアにおけるウラン鉱山に目をつけていた。フランスでは一九四五年に設立された原子力・代替エネルギー庁がウラン鉱石の探索を最優先課題としており、一八世紀末にウランが発見されていた鉱山を探索し、一九四八年にピッチブレンドを発見した。各国の努力によってウラン探索の技術が進歩したことで、一九五〇年代はじめには、南アフリカやカナダで大規模なウラン鉱が発見され、日本でも一九五五年の人形峠を皮切りにいくつものウラン鉱が発見されていった。合同開発トラスト改め合同開発エージェントは、アメリカ国内でのウラン鉱開発を進め、一九五〇年代の終わりまでに南アフリカとカナダとのウランの独占契約を打ち切るに至った(11)。

先述したように、原子力の独占を失ったアメリカがなおもその主導権を握ろうとして打ち出したのが、「平和のための原子力」政策であった。一九五三年、アイゼンハワー米大統領は「アトムズ・フォー・ピース」演説を行い、同盟国と友好国に対する核技術と濃縮ウランの提供と、核物質の流通を国際的に管理することを目的とした国際機関の設立を提唱した。また、一九五四年に改定されたアメリカの原子力法は、民間企業に原子力技術と核分裂物質のライセンスを認め、二国間で核物質・核技術を相手国に供与するという政策（二国間協定）をとっていく。「アトムズ・フォー・ピース」演説に基づき、一九五七年には国際原子力機関（IAEA）が設立された。

国際原子力機関の発展とともに、ウランの商品化という企業や国家の欲望であった。一九六〇年代半ばまでに、どのような売り手からも買い手からも売買できる、取引において自由であるという、その達成が阻まれていた欲望を表した「ウラン市場」というアイデアが生まれていた。そこで一九六〇年代半ばから、企業や国家機関、そして国際機関は、ウランの供給と需要をシステム化する方法の探究をはじめる。彼らは、予測、保存の見通し、契約、値段などに関する知識を考案し、原子炉を建設し、ウラン鉱石、イエローケーキ、四フッ化、六フッ化、濃縮などのスタンダードを定めていった。

このようにして、戦後短い期間のうちに、放射性同位体、核分裂性物質、核技術は、世界中に拡散していった。その拡散は、核を求めた国家、企業、個人の欲望によって促進されていた。

おわりに

一九世紀末に発見された放射性物質は、精製技術、核科学、人工放射能、トレーサー技術、加速器科学、核医学、原子炉技術、ウラン探索技術といったさまざま科学・技術の進展とともに、その用途を広げていった。それらは、科学的関心と市場における需要との双方によって駆動されてきたが、時代の要請に翻弄されるものでもあった。原爆開発における放射性物質の軍事利用は、放射性物質の平和利用の上に成り立っていた。そして戦後、放射性物質の平和利用は、軍事利用との表裏で進められてきた。放射性物質の歴史は、核の平和利用と軍事利用の切っても切れない関係を示している。

主要参考文献

ウェルサム、アイリーン（渡辺正訳）『プルトニウムファイル』翔泳社、二〇〇〇年。

尾内能夫『ラジウム物語――放射線とがん治療』日本出版サービス、一九九八年。

舘野之男『放射線医学史』岩波書店、一九七三年。

西尾成子編『放射能』東海大学出版会、一九七〇年。

山崎正勝、日野川静枝編著『増補　原爆はこうして開発された』青木書店、一九九七年。

Bothwell, Robert. Eldorado, *Canada's National Uranium Company*, Toronto; Buffalo: University of Toronto Press, 1984.

Creager, Angela N. H. Life Atomic: *A History of Radioisotopes in Science and Medicine*, Chicago; London: The University of Chicago Press, 2013.

Hecht, Gabrielle. *Being nuclear: Africans and the Global Uranium Trade*, Cambridge, Mass.: MIT Press, 2012.

Helmreich, Jonathan E. *Gathering Rare Ores: The Diplomacy of Uranium Acquisition, 1943-1954*, Princeton, N.J.: Princeton University Press, 1986.

Schwartz, Stephen I. *Atomic Audit: The costs and Consequences of U.S. Nuclear Weapons Since 1940*, Washington, D.C.: Brookings Institution Press, 1998.

注

（1） ウランという名は一七八一年にウィリアム・ハーシェルによって発見された冥王星（ウラヌス）にちなんでいる。

（2） ポロニウムはマリーの故郷であるポーランドに、ラジウムは光線・放射を意味するradiusというラテン語にちなんでいる。

（3） 最初に商品として売りだされたラジウムは一九〇一年、ドイツの医師ギーゼルによるものであった。キュリー夫妻の弟子のアンドレ・ドゥビエルヌが率いる中央化学製品会社でもラジウムの精製をはじめ、フランスの科学アカデミーは放射性物質の精製のためキュリー夫妻に二万フランの予算を提供した。一九〇四年一月には、精製して純度を高めた放射性物質を専門にあつかう雑誌「ル・ラジウム」が創刊された。同年フランス人実業家のアルメ・ド・リールはラジウムを作る工場を建設し、キュリー夫妻らの研究も支援した。

（4） 一九二〇年代の終わりに考案された粒子加速器は、高エネルギーの粒子をつくり出すことで、元素の核反応を起こすことを可能とするものであった。

（5） 原子内部に莫大なエネルギーが秘められていることは、二〇世紀初頭からキュリーらの実験やラザフォードとソディらの理論によって示されてきたが、そのエネルギーを人類が利用できるか否かについては、核分裂が発見されるまで科学界では可能性は低いと考えられていた。

（6） サンジエは一九三九年の五月、イギリスの化学者で国防研究に深く関与していたヘンリー・ティザードから、ウランが強力な爆弾になりうる可能性を聞かされた。ティザードはユニオン・ミニエール社のウラン鉱石を独占的にイギリス政府が買い付ける契約をもちかけたが、サンジエはこれを拒否した。その数日後には、フレデリック・ジョリオ＝キュリーからウラン爆弾計画への協力を求める手紙を受け取り、サンジエは同意したが、第二次世界戦争が勃発したためこの計画は立ち消えた。

（7） 一九四〇年にはヴァネヴァー・ブッシュを委員長としてアメリカの軍事研究を組織する国防研究委員会（ＮＤＲＣ）が設

置され、ウラン委員会はNDRCの小委員会として位置づけ直された。NDRCは翌年、より大きな科学研究開発局（OSRD）に吸収された。一九四一年一〇月、ローズヴェルト大統領は原爆開発計画を本格的に発足することを決定し、さらに多額の政府予算が原爆製造に関する研究に割り当てられた。

（8）カナダの鉱山の採鉱権を有していたのは、一九二六年に創業したエルドラド金鉱社（Eldorado Gold Mines）であった。一九四三年にカナダ国営となり一九四四年にエルドラド鉱業精製会社（Eldorado Mining and Refining）と名称を変更した。

（9）放射性同位体の販売は政府の管轄となっており、戦前に放射性同位体を海外にも輸出していたカリフォルニア大学の放射線研究所では、その販売が禁止されていた。マンハッタン計画において重要な役割を担った放射線研究所は、戦後も陸軍から研究資金の提供を受け続け、一八四インチのシンクロサイクロトロンを建設したが、その代償としてこの装置を用いた自由な基礎研究ができない状況におかれた。一九四八年一月、建設費用の一八万九八〇〇ドルをカリフォルニア大学が政府に支払うことで、その所有権が大学に取り戻された。

（10）一九四九年には、イギリス政府とカナダ政府も放射性同位体の販売を開始していた。

（11）合同開発トラストは一九四八年、「市場」に反するという意味合いを含意することを避けるため、合同開発エージェントへとその名称を変更した。

第Ⅱ部 核サイトの軌跡

HOBEG
NUKEM
Reaktor-Brennelement
Union GmbH
NTL Nukleare
Transportleistungen GmbH
ATOMWAFFEN-
FREIE ZONE
Rodenbacher Chaussee 6

第三章　英ドーンレイと「アトミックス」たちの遺産
——原子力研究開発拠点と立地地域の関係は如何に展開したか——

友次晋介

はじめに

英国グレートブリテン島のほぼ最北端、スコットランド・ハイランド地方ケースネス（Caithness）郡のドーンレイ（Dounreay）とよばれる地域に、かつて高速増殖実験炉（ＤＦＲ）や、高速原型炉（ＰＦＲ）、再処理工場を擁する、この国の原子力開発の中核的な研究拠点が存在していた。しかし、高速増殖炉の商用化の目標をロンドンの中央政府は一九九二年一一月に放棄し、一九九四年にはＰＦＲの運転を停止したうえ、同サイトに併設されていた再処理工場もその後に閉鎖した。これに伴って、ドーンレイはその活動の中心を、施設の除染と廃止措置に移行した。つまり、この地はかつての核の先進技術の拠点から、核の「遺産」整理のための拠点に変貌したのであった。

本章では、⑴中央政府や事業者がいかなる考えのもとで、上記の施設を立地しようとしたのか、⑵その結果として施設と立地地域の関係はどのような性質をおびたのか、そして(3)中央政府の政策変更に伴って、立地地域と中央の関係性はどう変容したのかを論ずる。

1　国策としての高速増殖炉建設

一九四六年〜四七年に英国を襲った厳冬は、エネルギー確保の重要性を同国に強く認識させた。また、わずか二年で頓挫したものの、一九五一年にイランが挑んだ石油国有化の試みは、当地における英国の権益を脅かし、石油の海外依存にリスクがあることをロンドンの為政者に再認識させた。このようななか、英国ではエネルギーの供給途絶の懸念を軽減する手段として原子力発電に期待が集まった。同国はアトリー（Clement Richard Attlee）政権期に核兵器の独力開発を決定しており、後継の第二次チャーチル政権期の一九五二年には初の核実験に成功していたが、ここに至る過程で得られた経験は、民生用の原子力開発にも貢献した。英国では主にアイソトープ生産を目的として、一九四七年にGLEEP実験用原子炉、翌一九四八年にはBEPO実験用研究炉の運転が開始[1]、さらに一九四九年にはプルトニウム生産と発電の併用を目的とした、俗にPIPPAとのコードネームで呼ばれる原子炉を建設することが決定された[2]。のちのコールダーホール原子力発電所とチャペルクロス原子力発電所がこれであった。

重要なのは英国の原子力開発のなかで、高速増殖炉が最終的に到達すべき目指すべき最大の目標に位置づけられた点であった。例えば、一九五二年五月に公表された内閣の「原子力に関する公式委員会」の覚書では、「既存の電源では増大する電力を賄えるかどうか疑問があり、したがって原子力発電の実現に努力することが最も望ましい」こと、そして「長期的にはその最善の方法は〝高速核分裂増殖炉〟であると信じられている」ことが明記されていた。[3] 英国にウラン資源が乏しかったため、発電しながら消費した以上の燃料を生成できるとされる高速増殖炉が重要と考えられたのであるが、それは国家の威信にも関わることでもあった。覚書では、高速増殖炉の実現について「単にイギリスの経済の利益からだけではない。克服しなければならない問題はあるとはいえ、アメリカ人に先んじて成功し、イギリス人の非凡な才能を世界に示すことが出来る領域だからである」と述べられていた。[4]

このような認識にたち同委員会は、先に述べたＰＩＰＰＡの設計計画、さらに重水炉ＨＩＰＰＯの建設、および高速増殖炉の実験炉の建設の三つを提案した。[5] まず、ＨＩＰＰＯは、カナダのチョークリバーにおける重水炉事故の情報がもたらされたこともあって放棄された。安全性の問題を考えれば、国の原子力研究所の本部のあったハーウェル（Harwell）での立地は難しく、さりとて代替地を人のいない僻地に求めるとなると建設費用が割高となるというのが計画放棄の理由だった。次にＰＩＰＰＡであるが、プルトニウムの生産を希望していた軍参謀本部（ＣＯＳ）が計画を引き継ぐことになった。ＣＯＳはこれによって、コールダーホール（ウィンズケールと合同してのちにセラフィールドと名を変える）で、二基のプルトニウム生産炉を建設することになった。したがって、一九五二年の時点では、純然たる民生利用の原子炉は高速増殖炉の計画のみであった。[6] こうして、アトリー、チャーチル両政権で科学アドバイザーをつとめたチャーウェル卿の下、最初に電気出力五万キロワットの実験炉の建設計画が具体化されることになった。こうして、民生原子力利用の到達点である高速増殖炉の研究拠点が構想されることになったのである。

しかし、まだ実験炉のレベルとはいえ、高速増殖炉の建設には安全性の観点から疑義も呈されていた。ノーベル賞を受賞した物理学者であり、黎明期の英国原子力産業の中枢も担ったジョン・コッククロフト卿は、チャーチルの性急な行動に不信感を抱いていた。一九五三年一二月に纏められた内部文書は、「コッククロフト卿が計画に不信感を抱いている。少なくとも一月に一度、〔専門家による―引用者。以下同〕会合を開く必要がある」と指摘していた[7]。コッククロフトは、政府の諮問会合において、ドーンレイの土地は獲得すべきであるし、設計研究も進めるべきではあるが、とくに冷却系の不具合によって起こりうる安全性の問題に関して、専門の技術委員会が意見を出すまでは建設は控えるべき、との慎重姿勢を明確にした[8]。

次節にて詳述するが、政府がドーンレイに立地したのも、安全性の観点から人口が集中する場所を避けた結果であった。言い換えれば、地域の選択によって生じる特有の危険性を局限化することが求められたのであった。それでもなお、コッククロフトにとって、まだ成熟していない高速増殖炉の技術に対する不安はぬぐえなかった。一九五四年の一月一二日の会合においてコッククロフト曰く、「〝地域上の〟危険性（"District"Hazard）に配慮がなされたとしても、事故によって〔高速増殖〕炉を破壊し、高価な資産が失われる可能性は残っている」のだから、大蔵省から決済をもらう前に専門家委員会を招集して議論することが適当であった[9]。

だが賽子はすでに投げられていた。当時、英国原子力公社（ＵＫＡＥＡ）にあって同国の原子力研究開発を指揮していたクリストファー・ヒントン卿（Sir Christopher Hinton）は、今になってこのような問題を持ち出され当惑していると述べた。議事録要旨によれば、「安全性に関していえば低レベル（low grade）の核爆発（Nuclear explosion）によるリスクは無視できるとすでに合意されていた」のであった[10]。ヒントンは、独立委員会が設計審査を行うことには同意したが、高速増殖炉の建設は既定路線であった。

2　実験炉施設の誘致活動と立地採択

高速増殖炉の実験炉の立地は当初、イングランドのウィンズケール（Windscale）にあった原子力研究所サイトが検討されていた。しかし、安全上の問題からこれは却下された。次に隣接するコールダーホール（Calderhall）・サイトが考慮されたが、これもすでに述べたとおりＰＩＰＰＡ計画として、二基のプルトニウム生産炉が建設中であったから除外された。この他にも、原子力施設の立地選定のために供給省（Ministry of Supply）がウェスター・ロス（Wester Ross: ハイランド地方の北西部地域）、および北ウェールズの調査を行った。

高速増殖炉建設の噂を聞きつけ、施設の誘致に奔走したのが、ケースネス（Caithness）郡およびサザーランド（Sutherland）郡区から一九五〇年に国会議員に選出されたデーヴィッド・ロバートソン卿であった。彼は、ヒントン卿にケースネス郡を訪れるよう打診し、これに成功した。一九五三年五月、ロバートソン卿はヒントン卿をケースネス郡のさまざまなまちや場所に連れていった。この時、ロバートソンが考えていた三つのサイトについては、ヒントンからすぐに不適格と言われてしまったため、粘り強くさまざまな場所に案内した。(11) その後、途中の内部の検討経過は詳らかではないが、一九五三年一一月、ハイランド地方ケースネス郡のドーンレイが選ばれたことが新聞報道によって公衆に明らかにされた。

絞り込みのためには幾つかの基準があった。ドーンレイが選択された後のことになるが、一九五四年二月九日付の、内閣原子力委員会への覚書草案には、サイト選択の基準が明確に説明されていた。これによると、まず、都市、重要港湾に近い場所、極端な僻地は除外されなければならなかった。次に教会、店舗、学校、娯楽施設が適度にあることが条件であった。さらに、水の確保の観点から海に近いことが求められた。加えて、地形についても選定基準があり、四〇〇エーカー以上の平坦な土地、海抜は五〇フィート以上が必要とされた。(12)

この覚書には付属書があり、固有の安全性を備えたウィンズケール・サイトおよびコールダーホール・サイトにおける原子炉とは異なり、高速増殖炉には、「想定されうる事故原因」が存在する、と明記されていた。(13) 要するに、インフラや人的資源などがあまりにないようでは困るものの、人間の数という点では適度に閑散としていることが肝要なのであった。それに、事故発生時の避難路が確保できることが条件でもあった。ドーンレイ地区の場合、人の住む付近のサーソー（Thurso）からは事故発生時にサイトから半径一キロメートル内を突っ切る幹線道路を閉鎖しなくてはならなかったが、別の道路から避難することは可能であると判断された。要するに当局は、明確な基準に基づき冷徹な判断をした結果として、ドーンレイを選択したのである。この結果、一九五四年三月一日第二次チャーチル内閣は、国会において正式にドーンレイで使わなくなった飛行場跡に高速増殖炉を建設することを宣言した。

一九五五年一月四日には、サーソーの公民館で開催されたタウンミーティングにヒントン卿が来訪した。六〇〇人の聴衆を前に彼は、「絶対に安全である、というようなものは存在しません。皆さんがすることにリスクのないものはないのです」としたうえで、原子力のリスクが他の産業より大きいというわけではないと述べた。さらに「わずかなリスクがあると考えていること、確かにこの事実によってのみ、我々はこの［ドーンレイの］ような遠隔地に工場を建設せしめるのです」と語った。[14]

だが、このような引用を行った、地元紙『ジョン・オ・グローツ』の記事の見出しは「ドーンレイは安全、原子力専門家語る――公衆の会合で心強い声明」であった。そして、この功労者としてロバートソン卿の写真が掲載されており、「原子力プラントをケースネス郡に誘致する上で主要な役割を果たした国会議員ロバートソン卿」と書かれていた。[15]実際にはドーンレイの選定過程にどの程度、まさに地元の議員であるロバートソン卿の働きかけが奏功したのかは全然明らかではない。筆者が確認した限りにおいて、ＵＫＡＥＡの内部文書にはロバートソン卿の働きかけが重視されたことを窺わせる記述は発見できなかった。しかし、表面的に立地地域が、自ら誘致して、そして勝ち取る、という体裁がとられたことは、事業者にとっては好都合であったに違いない。

ハイランド地方には原子力施設を受け入れる十分な理由があった。この地方はすでに百年来、長期にわたって衰退し続けてきた。かつて道路の造成に用いた舗装石の生産が盛んであったが、二〇世紀に入ると舗装石は廉価で簡単に用いることのできるコンクリートに駆逐されてしまった[16]。前の世紀からの酪農人口、漁業人口の減少はもっと極端であった。酪農は所謂「囲い込み」の影響が大きかった。近代的な大型化、集約化された酪農は、より多くの牧草地を必要とした。トラクターなどの近代農業器具の導入があり、人手を必要しなくなったため、かつての雇われの酪農従事者たちは仕事を失った。漁業は資源自体の枯渇と、国内外との競争によって、急速に漁場が失われており、漁船数は激減した。このようにすっかり疲弊した経済をドーンレイは刷新することが期待されていたのである。

ドーム（The Dome）とあだ名された球形のドーンレイ高速増殖実験炉（ＤＦＲ）、そしてドーンレイ材料試験炉（ＤＭＴＲ）は一九五五年内に着工した。ＤＭＴＲが先で一九五九年五月二四日に、ＤＦＲは一九五九年一一月一四日に臨界に達した[17]。また、ドーンレイでは、これらの原子炉から生じた使用済み核燃料の再処理が小規模ながら行われていた。ＤＭＴＲ用の再処理施設が一九五八年、ＤＦＲ用の再処理施設が一九六一年に操業を開始した。こうして、ＵＫＡＥＡのもと、ドーンレイ原子力開発施設（Dounreay Nuclear Power Development Establishment : ＤＮＰＤＥ）が形成され、英国における高速増殖炉の研究開発の中枢を担うことになった。

3　まちの発展――つくられた故郷

ＵＫＡＥＡの内部文書を見ると、彼らは、単に立地地域に補助金を与えるなどの直接的な「施し」を投下することで、受け容れをお願いするような事態を、慎重に避けようとしていたことが窺える。ＵＫＡＥＡは、隣接する地元サーソーと協同して発展を促す方法を模索し、彼らの自主的な側面が損なわれないように配慮していた。

例えば、一九五八年一〇月二一日付の覚書において、枢密院議長室（Lord Office）のスレーター（A.H.K Slater）は、補助金や補償などの直接的な経済的便益を与えるべきではないと述べる一方で、地元の要望を平板的に拒絶するべきではないとも書いていた。また、UKAEAの財務担当者には「ドーンレイの立地地域と協力して、経済的便益について探っていく責務があるという当然の帰結に対し、心の準備をすべきだ」が、地元経済を直接的に活性化させる一義的な義務はないことを明らかにするよう指示されていた。住宅政策の一部については、まさにこのような、抑制的ではあるが最低限の関与は行うという方針が適用されたのだった。例えば一九五八年夏の時点で、近接するサーソーのまちには、まず二〇〇の新規住宅が必要であった。しかし、サーソーはすでにほかの住宅供給の案件で、スコットランド特別住宅公庫を利用していたため、新規で融資を受けることはできなかった。そこでUKAEAは、サーソーの住宅建設を支援するため、特別にスコットランド特別住宅公庫の利用ができないか、共同折衝することでスコットランド保健省と合意した[18]。しかし、この融資に介入するにあたってUKAEAは、保証責任を負わない方針を確認していた。UKAEAの支援は、自治体ができないことだけに限定されるべきと明確に認識していたのである。「押し付けられた」のではなく、自らの誘致活動によって原子力施設の建設を勝ち取ったこと、そして、その結果外部から大勢の人間が自らの意思に基づいて、このまちに移住し、定着することが何よりも大切であった。このような歴史的ないきさつが、とりわけサーソーの原子力親和的な集合的アイデンティティの形成に寄与したのであろう。

それでも、UKAEAはドーンレイ原子力開発施設（DNPDE）に必要な新たな労働力を得るために、さまざまな特典を用意することは、やはり必要であった。全く新しく構想され、建設される施設には、UKAEAが転勤、配置転換などで中央から人材を連れてくるような形ではなく、あくまで当地で人を集める必要があった。そのため同公社は、新規採用する職員のために、引っ越しに必要な旅費の負担、住宅の家賃の負担といっ

写真１　造成された住宅*（St.Magnus Road、1960 年代初頭）
出典：ドーンレイサイト復旧会社（DSRL）提供

た各種の特典を提供した。こうしたバックアップによって、サーソーの人口は一九五五年に三三五〇人だったのが、一九六四年には九一九〇人と一〇年で激増した。一番の伸びを見せたのが一九五八年で二八〇〇人増であった。ハイランド地方ケースネス郡全体でみると、DNPDEの開所から一九六一年までに、一五〇〇軒の住居が建設された。このうち一〇〇〇軒はUKAEAにより提供、残りの五〇〇軒のほとんどはバラ（自治体の一種）によって準備された(19)。

新住民のほとんどはドーンレイで働くために北上してきた人々であった。彼らは街にスポーツや社交や芸術活動など、社会の新しい価値観、ライフスタイルを持ち込んだ。DNPDEで働くために移住してきた人間、そして、もとからのサーソーおよびその近辺の住民でも原子力関連の仕事を持つようになった人間を、地元では「アトミックス」（原子力っ子くらいの意味）と呼ぶようになった。一九六一年時点でDNPDEの職員約二四〇〇人のうち、一〇〇〇人は科学者、エンジニア、技師、事務員であった。半分がスコットランド出身者、残りの大半はイングランド、それに臨時職員としてウェールズ、アイルランド出身者が随時雇用されていた。

一九五五年から一九六〇年代前半までに、ＤＮＰＤＥでの就労に必要なインフラや仕組みが整備された。一九五五年九月には技術研修所が開所し、またスコットランドの現代建築の巨匠で、ニュージーランド国会議事堂（一九八〇年）や、イングランドのコヴェントリー大聖堂（一九六二年）を設計したことでも知られる建築士バジル・スペンス卿の設計によるハイスクールが一九五八年一〇月に開校、人材育成の基盤を整備した。レクリエーション活動も充実していく。一九五七年五月にはドーンレイ・スポーツ・ソーシャルクラブ協会が開設、翌五八年四月にはサーソーで同クラブのための建屋が確保された。このクラブの運動場と建屋はヴューフィフス（Viewfifth）と呼ばれて、「アトミックス」であっても、そうでなくても利用、参加することが可能であった。サーソーのまちの社会・文化・スポーツ活動の中心となった（近年まで残っていた）。

4　反核運動の勃興

萌芽的には一九六〇年代から、より明瞭には一九七〇年代後半から、スコットランドでは次第に、トランスナショナルな反核運動に呼応する形で、またロンドンの中央からの「押しつけ」への反発を強める形で（民生利用であれ、軍事利用であれ）、反核運動が勃興した。一九六一年、ポラリス核ミサイルを装備した英海軍原潜が配備されていた、スコットランドのホーリーロッホ（Holy Loch）において、反対運動を行っていた約三〇〇人が逮捕される事件が起きた。また、スコットランドの首都エジンバラ（Edinburgh）を拠点とする活動家ピーター・ロッシュ（Peter Roche）が一九七六年に設立した、「原子力の脅威を拒絶するスコットランドキャンペーン（ＳＣＲＡＭ）」は一九七〇年代、八〇年代におけるスコットランドにおける原子力反対運動をけん引した。[20] ＳＣＲＡＭはトーネ

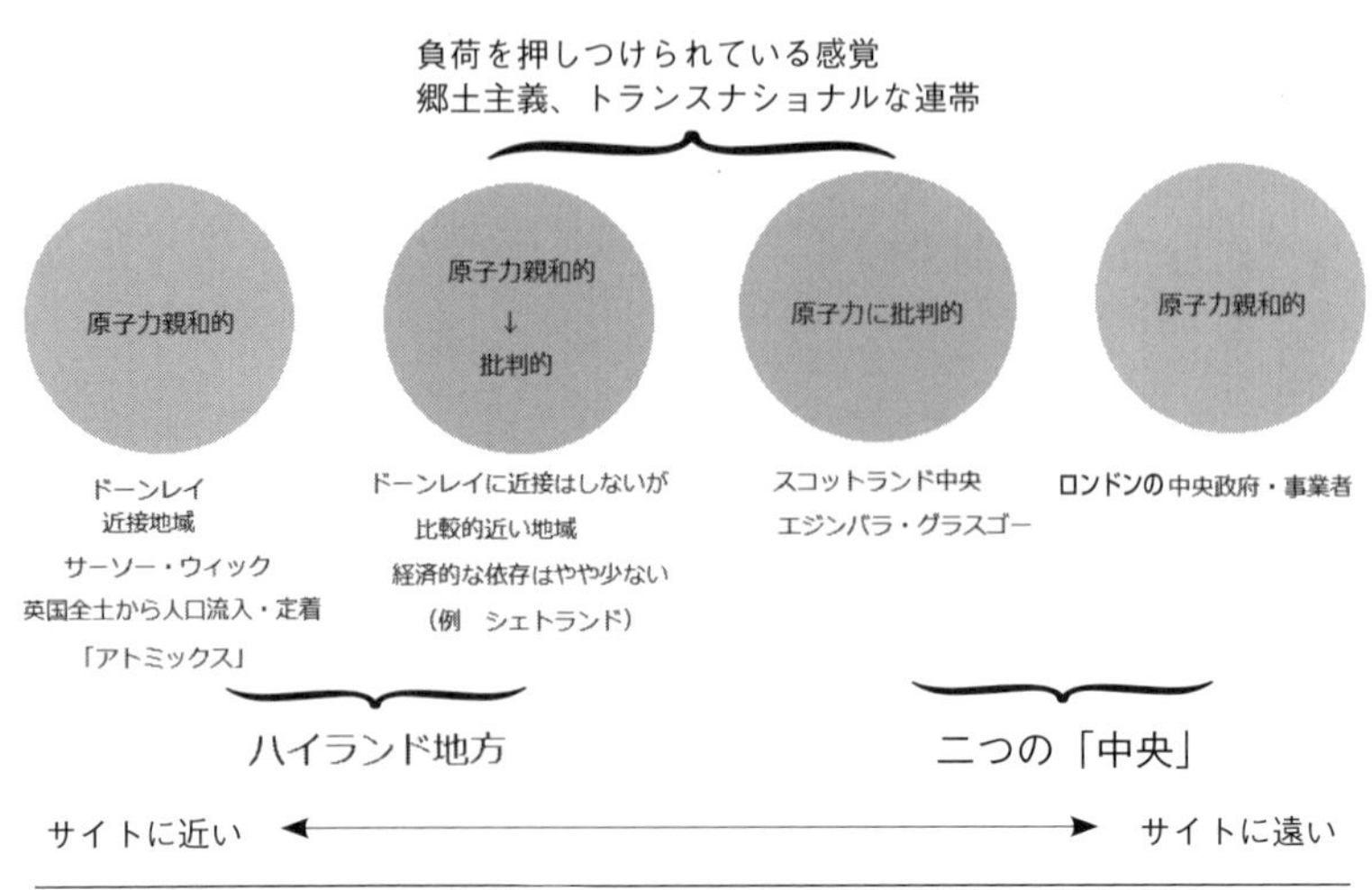

図１　1970～80年代ドーンレイにおける原子力施設への態度の傾向

出典:筆者作成

ス（Torness）原子力発電所の建設反対運動を皮切りとして、ドーンレイの核施設への反対運動も展開した。こうした運動は、とくにグラスゴー（Glasgow）やエジンバラといった大都市、「地方の中央」に顕著に看取された。

しかし、たとえ住民に幾分の動揺が認められるにしても、サーソーを初め、ドーンレイの原子力施設と生活圏との関係が不可分的に結びついている地域であればあるほど、この地での事業への支持は簡単には揺るがなかった。反対にドーンレイから離れるほど、あるいは、上位の行政区、つまり広域で見れば見るほど、反対は相対的に大きくなる傾向があった。図1に示したように、中央（ロンドン）、地方の中央（エジンバラ）、そして周辺（立地地域＝ドーンレイ）の間における原子力をめぐる温度差が生じだのがこの時代の特徴であった。

ドーンレイをめぐっては、環境運動が激化する直接的契機が三つあった。一つ目は、同地にある再処理施設において処理中のナトリウムが水と反応して、一九七七年五月に爆発事故を起こしたことであった。この事故は、ＵＫＡＥＡの事後の公表が遅れ、報道の後にしぶしぶ認める形となってしまったため、とくにエジンバラ（Edinburgh）での反対運動を刺激した。なかでも、前述のＳＣＲＡＭはドーンレイの対応への批判を強めた。とくに、スコットランド出身でのちの外相、労働党のロビン・クックはドーンレイを訪問後、エジンバラのＹＭＣＡでＳＣＲＡＭが開催していた公開の集会に合流、「英国では誰も原子力のことを気にとめていない」と述べて、聴衆の非難に同調した。[21]

二つ目は、セラフィールドの再処理施設周辺三キロメートル以内において、小児白血病の罹患率が全国平均よりはるかに高く、その原因は同施設から排出された放射性物質である可能性があると、英ヨークシャーテレビ局が一九八三年一一月に報じたことであった。この報道の反響は大きく、英国保健省は調査を行うために一九八五年一一月、ブラック卿を委員長とする専門家らによる諮問グループ「環境放射線の医学的側面に関する委員会」（ＣＯＭＡＲＥ）を設置した。ＣＯＭＡＲＥは一九八八年六月、ドーンレイの周辺で小児白血病の罹患率が全国平均より高いことを指摘した。その原因については確定的には言えないとしながら同委員会は、ドーンレイ原子力開発施設（ＤＮＰＤＥ）が一九七三年に、基準値を超えるストロンチウム90を約九カ月にわたって海に放出していたことに言及し、核施設から放出された放射性物質が罹患率の上昇の原因である可能性があることを示唆した。[22]

その後、ガードナー報告として有名な論文が一九九〇年に発表され、[23]論争にさらに拍車をかけた。これによれば、セラフィールド周辺の小児白血病の発生率が、全国の七倍に相当するとのことであった。結果そのものや、因果関係の推定についてはいまだ論争が継続されている。しかし、これら一連の事件をきっかけに、スコットランドの近隣、および英国全土にネットワークのある環境団体がドーンレイの周辺地域に押し寄せるようになった。

環境運動を刺激した三つ目の契機は一九八四年一月、英、仏、西独、ベルギー、イタリアの五カ国が、三つの高速増殖実証炉をそれぞれ、英、仏、西独に建設し、これによって標準設計を確立することで合意したことであった。[24]これによってＵＫＡＥＡはドーンレイサイトへの欧州実証再処理プラント（ＥＤＲＰ）の立地を検討した。

こうしたUKAEAによる動きは、立地地域に少なからず影響を与えたと思われる。かつてハイランド地方ケースネス郡内にあって、サーソーから少し離れた町でも、ドーンレイとは概ね良好な関係を保っていたが、こうした関係に微妙な変化が表れてきた。例えば、「ハイランド地方及び島嶼部」選出の欧州議会議員ウィニー・ユーイング、オークニー・シェトランド地域評議会の評議員でかつ同地域から選出された国会議員（自由党）であったジム・ウォレスは、EDRP計画には明確に反対であった。[26] 多国籍の再処理プラントを建設する場合、他国の「核のごみ」を一時的にせよ引き取ることになる。ドーンレイが核のゴミ捨て場になってしまうというのが、彼らの反対の理由であった。

しかし、サーソーはドーンレイとともに発展してきたまちであり、また依然としてそこで働く「アトミックス」たちのまちであった。そしてドーンレイのために自らの意思によって流入し、そして定住した住民のまちでもあったのである。したがって、原子力施設に対する支持、あるいは支持とまではいかないまでも原子力に対する耐性は極めて強かった。だが一方で、少し離れた周辺地域はドーンレイに経済的に大きく依存してはいたものの、それでもその割合はサーソーに比べると小さかった。そこでこうした地域は、ドーンレイへの不信を次第に強めていった。

なかでもオークニー諸島（Orkney Islands）、シェトランド諸島（Shetland Islands）の反発は大きかった。これが明らかになったのは、EDRPをめぐる公開審問の場であった。英国では一九四七年都市農村計画法（一九九〇年に更新）に基づき、発電所や再処理施設など、地域の環境と景観に影響を与える開発行為に関して、自治体の審査が行われるが、強い反対意見があった時など、所掌する大臣が必要と認めた場合は、公開審問を開催することになっている。[26] この際、市民団体は、自らの反対意見を裏付ける資料として、研究者、専門家に独自に安全評価を依頼し、公開審問の場で発表することがある。EDRPのドーンレイ立地をめぐっては公開審査が開催されたが、その開催前から、前哨戦として反対派と行政の角逐が見られた。

サーソーにおける公開審問を管掌するスコットランドの担当大臣（英国の内閣内に設置）は、環境問題と安全性の問題について、地元への影響の観点からのみ検討し、国のエネルギー政策といったより大きな問題については取り扱わないこととしていた。ところが前述のユーイングとウォレスらはこれに異議を唱え、地元サーソーで公開審問にかける前に、エジンバラで事前公開審問を開催して、「国のエネルギー政策の観点」も盛り込むように主張したのだった。原子力サイトを包含している、より大きな行政区分、ケースネス郡で活動していた「憂慮するケースネス再処理グループ」（三五〇人の署名を集めた）や、「原子力の成長に反対するハイランド連合（HANG）」「ドーンレイ拡大反対キャンペーン（CADE）」などの団体も現れた。

これに対し、同郡でも最もドーンレイに近いサーソーおよびウィック（Wick）の経済界は、欧州実証再処理プラント（EDRP）の誘致を支持した。「ウィック・サーソー貿易評議会」は「必要な安全措置が取られることはもちろんのこととして、健全なエネルギー政策の枠内での原子力開発の継続を一貫して支持してきた」として、誘致に明確な賛意を表明した[27]。また、「親原子力グループ（Pro-Nuclear Group：PRONG）」という団体も専門的な知見を提供するなどして反対派に対抗した（ドーンレイの職員が代表であった[28]）。

一九八六年四月にサーソーで開始された公開審問は一一月一九日まで続き、これまでの最長の会期となった。スコットランド政府のマルコム・リフキンド国務大臣は、公開審問における反対派の公述人の主張を一部受け入れた。しかし、EDRPに関する最終的な決着がつく前に、次節に述べるとおり英国政府が高速増殖炉の開発路線を事実上放棄してしまったため、この構想自体も放棄された。

一九七八年にＵＫＡＥＡで作成されたと思われる内部文書ではＤＦＲについて、「海外、例えばフランス、ドイツ、イタリア、日本などの燃料試験の試験台の役割を果たすことによって、目に見えない形で輸出プログラムに貢献しているのである」とその意義が強調されていた。[29] ＤＦＲでの運転実績で自信をつけたＵＫＡＥＡは、高速増殖炉の商用に一歩でも近づきたいという意向を強くした。そこで、同公社はドーンレイにおいてまず、新たに電気出力二五万キロワット（グロス）の高速原型炉（ＰＦＲ）を建設することを決定し、内閣の承認も得た。このことは一九六六年二月九日に国会にて報告された。着工は同年の一月一日、一九七四年三月一日に臨界に達した。実用化を射程に入れた研究開発が実施されるとともに、七五年一月一〇日に電力系統に接続され、少量ながら電力供給も行った。

5 高速増殖炉路線の発展と廃棄

英国では、以上二つの高速増殖炉（実験炉＝ＤＦＲ、原型炉＝ＰＦＲ）の経験を踏まえ、少なくとも表面的には商用を目指すべき段階に到達したと判断された。一九七九年九月六日にマーガレット・サッチャー首相がドーンレイおよびサーソーを訪問した。サッチャーは「偏見なく、個人的には、それ［高速増殖炉］を進めるよう取り計らいたい」と述べた。[30] 彼女は慎重に言葉を選びながらも、高速増殖炉を商用化するという大目標を維持していることを示唆していた。記者から「商用高速炉（ＣＦＲ）の政府決定はすぐなのか」聞かれたサッチャーは、「個人的には進めるべきというのが私の考えだが、政府が合意によって［実現性を］調査することになっており、その結果について事前に私が判断するものではないだろう」と答えた。このやり取りからも窺えるとおり、サッチャー政権はこの段階では商用炉（ＣＦＲ）の建設を（少なくとも表向きには）真剣に考えていたと思われる。

ところが、明確な転換点は不明であるが、だいたいこの時期を前後として、商用高速炉（ＣＦＲ）という表現が次第に商用実証炉（ＣＤＦＲ：Commercial Demonstration Fast Reactor）という、意味を曖昧にするような奇妙な名称が使われるようになった。「商用」に踏み切ることを明示するということは、電力会社がそのコストを引き受けなければならないということを意味する。しかし、それは困難であった。事業者は採算の取れることが明らかでないものには投資できないからである。ハイランドカウンシル（一九七五年から行政区が再編された）が一九七八年一一月に纏めた、「ハイランドカウンシル西ケースネス地域プラン」では、ドーンレイの施設の一部閉鎖に伴って生じていた雇用減少を緩和する必要性を認め、〝ＣＤＦＲ〟の誘致を支持することが明確にされていた。[31]だが、すでにＵＫＡＥＡは高速増殖炉の両用化に確固とした見通しをすでに持てなくなりつつあった。そのため、当局者は立地に期待を抱く地域との関係をどのように整理するのか、という問題に直面せざるを得なくなっていく。

予兆は早い段階で表れていた。ＵＫＡＥＡ傘下のリズリー研究所のＡ・Ｍ・アレンによる一九七八年二月付の報告では、「将来のドーンレイの規模は、高速増殖炉の燃料サイクルに関する我々の提案が受け入れられるかどうかにかかっているが、私が思うに商用実証炉が（本当に）そこに建つかどうかということの検討もなしに、ドーンレイは拡張されるという共通認識がある。我々が望む以上のことをしないということをはっきりさせないといけない。一九六〇年代初頭のように現地への投資をふやすべきかどうか。私にはわからない」と述べられていた。[32]期待はされ続けてはいたが、具体化への道筋がつかない状況であった。

こうしたなかで英国は高速増殖炉の構想自体を（一挙にではなく）段階的に放棄する途をとっていく。まず英国政府は、自国が単独で高速炉の開発と建設に注力することを諦め、多国間で高速増殖炉の開発を行う道に舵を切った。先述のとおりで英国は、西独、フランス、ベルギー、イタリアと一九八四年一月に政府間合意を締結した。

この合意では、三つの高速増殖実証炉をそれぞれ、英、仏、西独に建設し、このことを通じて標準設計を確立することになっていた。ところが、この合意も事実上放棄されてしまう。これら締約国では、財政面から高速増殖炉の開発が次第に困難になったためである。このようななか、先の合意で第一段階として個別に立てることになっていた開発計画はいったん廃棄され、一九八七年、欧州高速炉電気事業者グループ（ＥＦＲＵＧ）として知られる新たな増殖炉開発に関心を有する電気事業者のグループが新たに組織された。しかしＥＦＲＵＧは、基本設計が終わった段階で、各国の計画推進への熱意が失われてしまい、計画はほとんど棚晒しにされたまま、自然消滅した。一九八六年四月に発生したチェルノブイリ原子力発電所の大事故の影響も、高速増殖炉の推進のモメンタムを喪失させる一因であったであろう。より構造的な要因としては、一九八〇年代には石油危機の教訓として、省エネルギー対策が各国で取られていたことから、各国では電力需要はそれほど伸びなかったこともある。[33]英国も例外ではなかった。これに加え、同国では北海油田の発見によって、原子力発電を強力に推進していくという熱意自体が減退したことも大きい。英国では、最終的な到達目標であった高速増殖炉の実用・商用化に見通しがつかない以上、ドーンレイに存在意義を見つけることは次第に難しくなっていった。

6　原子力の脱政治化と動き始めた熟議システム

一九九二年九月にサーソー・ハイスクールを視察に訪れたある日本人の一人は、「ほとんどの生徒、教師が原子力に絶大な信頼を置いている」と帰国後に書き残している。[34]この中等学校の多くの親がドーンレイサイトに関連した仕事をしていることと、生徒が当地の仕事に関しての情報を得るために担当者に会っていることで、「ドーンレイを通じて原子力を知っている」ことが原因であったと分析している。[35]この人物はまた、同月イングランドの都市マンチェスター（Manchester）の郊外ボルトン（Bolton）にあるタートン（Turton）ハイスクールを訪れていて、ここでは原子力に肯定的な意見を持つのは、約一四〇人の生徒中で一人しかいなかったことが印象的であったという。[36] 以上の見聞はもちろん体系的に実施した調査に基づくものではない。しかし、一九八〇年に欧州で初めて非核宣言をした自治体として記憶されているマンチェスターの近郊と、かつて先進的な原子力研究拠点の立地地域であったサーソーの地元の原子力への一貫した支持が見事に対照をなしているこの観察は興味深いものがある。

一九九六年秋にUKAEAが委託し、マーケットリサーチ・スコットランド社が実施した世論調査では、ケイスネス郡とサザーランド郡の住民からランダムに抽出した一〇〇三人のうち六三パーセントが、地元経済にドーンレイの施設が果たす役割について、「かなり重要である（Quite Important）」「極めて重要である（Very Important）」と答えている。[37] このように一貫した原子力への支持、耐性を見せているのは、これまで見たように、同地が原子力施設を自ら受け容れた歴史的な経緯が大きい。サーソー、ウィックに近いドーンレイサイトが選択された要因は、当地の政治家の働きかけよりも、むしろロンドンの原子力当局の冷徹な計算、地元住民が自ら運命の選択を行ったように仕向けたことがあった。

しかし、理由は何であれ、兎にも角にもこのように積み重ねてきた研究開発拠点としてのドーンレイの存在意義は、高速増殖炉の商用化という原子力当局の最終・最大の目標が喪失されたという、やはり中央の事情によって潰えた。ドーンレイでは一九九四年にPFRが閉鎖され、一九九六年には再処理施設も運転を停止した。同地の研究拠点としての役割は事実上終焉した。これを受け、UKAEAは二〇〇〇年に環境復旧計画を発表した。これによって同サイトは更地になることが決定された。次いで二〇〇四年には英国で、エネルギー法（Energy Act 2004）が成立、これに伴って「原子力の遺産」（Nuclear Legacy）と称される原子力債務を安全で経済的に、か

写真２　子どもキュレータークラブのポスター

出典：筆者撮影

ドーンレイサイトに関わる子どもたちの絵が配置されている。左上から時計回りに、高速増殖炉、原子力施設における作業、ヴューフィフス（Viewfifth）におけるリクリエーション活動、造成されたアパート群。

つ環境に配慮した形で管理する原子力廃止措置機関（ＮＤＡ）が発足した。二〇〇八年からは競争入札によって、ドーンレイサイト復旧会社（ＤＳＲＬ）が同サイトの管理をＮＤＡから受託している。

一方、同法により、旧原子力施設の立地地域も、除染、廃止措置後のまちづくりのグランドデザインを自ら考えていくことが求められるようになった。「アトミックス」たちも非「アトミックス」も、核施設なき後の立地地域、周辺地域の雇用をどのように描いていくか、という問題を一致して考えていく必要に迫られるようになったのである。かつて原子力に携わっていなかった大人たちは、アトミックスたちの子弟が将来、職にあぶれることがないように考えていかなければならなくなった。すでに核施設は整理することが決まっていたので、原子力は政治的な争点ではもはやなくなった。

同法に基づいて、「ドーンレイ・ステークホルダー・グループ」が発足した。メンバーは新たに発足した「ドーンレイ環境復旧会社」の職員、ハイランドカウンシルの関係者、旅行業関係者、島嶼部の者、シェトランドやサーソーの関係者、港湾関係者、商工関係者などである。このグループは、現在の環境復旧計画をめぐって生じているさまざまな課題や、解決のための作業進捗、まちの将来の展望を自由に議論し、随時報告書にまとめることになっている。この組織自体ではまとまりを欠き、最初は機能しなかった[38]。そこで、同グループの活動を補うために、その後、ケースネス&北サザーランド再生パートナーシップ（Caithness & North Sutherland Regeneration Partnership）が発足した。こちらは、非公開であり、まちや職業団体の有力者で構成されている。彼らは「同業者」を説得することができ、また他の業種の人にも顔が利く。メンバーはステークホルダーグループのメンバーとも重複していることがある。このような仕組みが整備され、現在では議論を尽くして、将来に向けてさまざまな問題に一定の方向を打ち出せるような仕組みが整備されつつあるという。

こうした実際上の問題に注力するまちの仕組みができつつある一方で、原子力の「光」の部分への記憶の継承、ある意味での「神話化」も進められている。アトミックスたちの多くはかつての栄光にノスタルジーを感じているためである。ドーンレイサイト復旧会社（ＤＳＲＬ）が一部資金を提供し、博物館の整備、及び「子どもキュレーター」という活動も進められている。前者（博物館）は原子力活動に関わるさまざまな説明パネル、写真、機器類や、これらとは別に土地の古代史に関わるものに大別される。後者（子どもキュレーター）については、プロの画家が子どもたちにさまざまな絵を書かせている。このなかには、原子力とともに生きた証を示すようなものも含まれている。

原子力とともに生きた時代、生活を、歴史文化遺産として肯定的に継承する役割を果たしている。地元のコミュニティがこのような活動を行ったとしても、もはや大規模な反対運動が巻き起こることも、エジンバラやグラスゴーのような大都市から環境団体が抗議に訪れることもないであろう。それは、サーソーやウィックでは、原子力はすでに過去のものだからであり、仮にこの論争的な技術をあまり快く思っていなかった者がいたとしても、彼らにはこれに反対する名分はもはやないからなのである。

注

(1) Sean Francois Johnston, *The Neutron's Children: Nuclear Engineers and the Shaping of Identity*, Oxford: Oxford University Press, 2012, p.114.

(2) Alistair Fraser, Fast reactor-50 years of building, (UKAEA, 2007) (http://www.dounreay.com/UserFiles/File/archive/Reactors/Dounreay%20Fast%20Reactor/Fast_reactor-50_years_of_building.pdf) および、IAEA Power Reactor Information System (PRIS) Database, United Kingdom. (https://www.iaea.org/pris/CountryStatistics/CountryDetails.aspx?current=GB) 二〇一六年一一月一五日閲覧。

(3) Cabinet Official Committee on Atomic Energy, The UK Nuclear Reactor Development Programme, Note by Atomic Energy Board, May 1952, AB16/1638 The National Archives, U.K. (NAUK).

(4) *Ibid.*

(5) *Ibid.*

(6) *Ibid.*

(7) Extract from Minutes of A.E.K. 1st Meeting of January 7, 1954. Item 9 The Fast Reactor, AB16/1638, NAUK.

(8) *Ibid.*

(9) Christopher Hinton, Department of Atomic Energy Industrial Group Headquarters to Sir William Penny, Atomic Weapon Research Establishment, January 12, 1954. AB16/1638, NAUK.

(10) *Ibid.*

(11) DOUNREAY 1953 - DECISIONS AND DELAYS, Highland Archives

(12) The Fast Reactor Project, Memorandum by the Lord President of the Council, Date unknown, AB16/1638, NAUK.

(13) Appendix to The Fast Reactor Project, Memorandum by the Lord President of the Council, Date unknown, AB16/1638, NAUK.

（14）"Dounreay is safe, says atonic expert: Reassuring statement at the public meeting" *John o' Groats*, January 7. 1955.

（15）*Ibid*.

（16）Iain Sutherland, Dounreay: An Experimental Reactor establishment,（The Northern Times, Wick; 1990）. pp.11-13.

（17）IAEA PRIS DATA BASE（二〇一六年九月一三日アクセス）

（18）Finance Branch, Dounreay Housing, Hostels, Canteen, and Recreation, August 22, 1958, AB16/1638, NAUK.

（19）Pamphlet, Dounreay Experimental Reactor Establishment, Date unknown, AB17/75, NAUK.

（20）Scottish anti-nuclear power campaign in Torness, 1977 Global Nonviolent Action Database,（http://nvdatabase.swarthmore.edu/content/scottish-anti-nuclear-power-campaign-torness-1977）（二〇一六年一一月一五日閲覧）。

（21）*Ibid*.

（22）"More cancer near Scots atom plant" *Guardian Weekly*, June 19, 1988.

（23）Gardner MJ; Snee MP; Hall AJ; Powell CA; Downes S; Terrell JD（1990）"Results of case-control study of leukaemia and lymphoma among young people near Sellafield nuclear plant in West Cumbria. BMJ". 1990;300: pp.423-429.

（24）Alistair Fraser, European Demonstration Reprocessing Plant（EDRP）（UKAEA 2007）（www.dounreay.com/UserFiles/File/archive/History/EDPR.pdf）.

（25）"Nuclear dustbin" project ends 35 COSy years of peace focus on opposition to proposed plutonium reprocessing plant at Dounreay. Scotland. *The Guardian*, June 10, 1985.

（26）英国の公開審問については、吉居秀樹「「Big Public Inquiry」：イギリスにおける公共の巨大プロジェクト計画策定過程での新しい手続の模索」（『福岡大学大学院論集』18（1）一九八六年）、一～二六頁、The Scottish Government, *A Guide to the Planning System in Scotland*,（Edinburgh 2009）（http://www.gov.scot/Resource/Doc/281542/0084999.pdf）Friend of Earth Scotland *Planning System A Community Guide*（2008）（http://www.foe-scotland.org.uk/planningcommunityguide）スコットランドに限らない概説である。

（27）Submission by the Wick and Thurso Trades Council on the proposal to site the European Demonstration Reprocessing Plant at Dounreay, February 17. 1986, C/P/380/98, The Highland Council Archive Service.

（28）Submission to the local public inquiry into the siting of the European Demonstration Reprocessing Plant at Dounreay, The Pro-Nuclear Group, March 18. 1986, C/P/380/98, The Highland Council Archive Service.
（29）Dounreay Fast Reactor, Date Unknown, 1968 AB65/597, UAUK.
（30）Prime Minister's Visit to Dounreay, Thursday 6, September 1979, Note of the Meeting with the Press, AB45/248, NAUK.
（31）Highland Regional Council West Caithness Local Plan, Written Statement, November 1978. AB65/1718, NAUK.
（32）A.M. Allen address to unknown, February 22. 1978, AB48/1707, NAUK.
（33）西堂紀一郎・ジョン・イー・グレイ『原子力の奇跡――国際政治の泥にまみれたサイエンティストたち』日刊工業新聞社、一九九三年、一七二頁。
（34）一九九二年九月にサーソー・ハイスクールとタートン・ハイスクールを視察した人物（匿名）へのインタビュー（二〇一六年一二月二日実施）、およびその人物のメモ。
（35）同上。
（36）同上。
（37）Market Research Scotland, *Attitudes and Perceptions of Dounreay Amongst the People of Dounreay and Southerland*（*1996 Autumn*）*Research Report*, P778/3/70, The Highland Council Archive Service.
（38）Eann Sinclair 氏（ドーンレイ・ステークホルダーグループのメンバー）へのインタビュー（二〇一五年九月一五日実施、二〇一六年一二月二三日実施）。

第四章　フランス・マルクールサイトの歴史
――核軍事利用から民生利用への変遷――

小島智恵子

はじめに

二〇一六年一月現在、世界では四三四基の原子力発電が稼働可能であり、総発電量は三億九八八六万キロワットである。このうち、フランスは五八基を所有し、その総発電量は六五八八万キロワットで世界第二位である。[1]さらにフランスは核保有国であり、フランスの原子力産業は四〇万人の雇用を抱えていること、フランスの総発電量における原子力発電の割合は約七五パーセントを占めていることより、フランスは原子力大国と呼ばれている。[2]

本章では、まずフランスの原子力発電開発の歴史を概観する。次にフランス・マルクールサイトを事例とし、フランスの原子力開発において果たしてきた役割を史的に分析する。そしてマルクールの視察をもとに、その現状を報告する。

1　フランスの原子力開発概略史

本節では、フランス原子力庁（ＣＥＡ）が設立された一九四五年から現在までのフランスの原子力民生利用開発の歴史を第Ⅰ期から第Ⅵ期に分け、各時期の特徴を述べる。[3]

フランス人科学者による原子核分裂研究

中性子をウランに照射し、原子核分裂が生じた場合、エネルギーと同時に二、三個の中性子が原子核から放出される。その放出された中性子が別のウランに当たると、また原子核分裂を起こし連鎖的に原子核分裂が生じる。この「連鎖反応」と呼ばれる現象が起こりうるということは、一九三九年三月にフランスのフレデリック・ジョリオ＝キュリー、ハンス・フォン・アルバン、リュー・コワルスキーによって最初に発表された。[4]第二次世界大戦中、アルバン、コワルスキー、ベルトラン・ゴルドシュミットは、フランスから重水を持って渡英し、原爆開発に携わり、マンハッタン計画ではイギリスチームの一員としてカナダで原子炉とプルトニウム抽出の研究を行った。[5]フランスではこのように、大戦前と大戦中に原子力の先端研究に携わった秀逸な科学者が存在した。そこで大戦後の荒廃したフランスでは独自に原子力開発を行うことは困難な状況であったにも関わらず、原子力開発に取り組むことができたのである。

第Ⅰ期　一九四五～一九五〇年：フランス原子力庁（ＣＥＡ）設立と科学者中心の時代

一九四五年一〇月一八日シャルル・ド・ゴールは原子力開発を担う機関としてフランス原子力庁を設立した。

原子力庁の長としてフランス政府は、政府出身の行政財政上の責任者と科学技術上の指導権をもつ責任者の二人の長を設けた。前者は当時の復興相ラウル・ドートリであり、後者はジョリオ＝キュリーであった。

原子力庁は、大戦中ジョリオ＝キュリーがモロッコに隠していたウラン約一〇トンを保有し、当時の原子力研究に必要なウランの約三年分を確保した[6]。また、ノルウェーの重水製造施設の製品数トンが優先的にフランスに引き渡された。その結果、フランス初の原子炉ＺＯＥは[7]、核燃料として酸化ウラン、減速材として重水を用いる重水炉に決定され、アメリカの原子炉とは異なるタイプのものであった[8]。

一九四八年一二月一五日にはシャティヨンでＺＯＥが稼動し始め、その成功は国中で大きな話題となった。一九四九年には、サクレイに国立原子力センターの建設が開始され、ＺＯＥに続く第二の重水炉建設も決定された。

一方、この頃になると科学技術上の指導者であったジョリオ＝キュリーの言動が大きな問題となってきた。冷戦が激化するなか、共産党員であったジョリオ＝キュリーの政治的活動が活発になり、特にジョリオ＝キュリーが原子力の軍事利用に反対していた点が、フランス政府から批判をあびた。そして一九五〇年四月二八日フランス政府は、「ジョリオ＝キュリーの科学的業績がいかに赫々たるものであっても、彼の共産党大会採択諸決議条文支持とその意思表示によって原子力庁の現職にとどめておくことは不可能になった」とし、原子力庁科学部門長官ジョリオ＝キュリーの解任を決定した[9]。原子力庁は、ジョリオ＝キュリーの解任によって大きな衝撃を受け、それまで極めて急速であった発展にブレーキがかけられることになった。

第Ⅱ期　一九五一～一九六〇年：原子力五ヵ年計画とフランス電力（ＥＤＦ）の参加

ジョリオ＝キュリーの後任決定にあたっては政府の意見が分かれていたが、一九五一年四月にフランシス・

ペランがその職に委嘱された[10]。同年八月には原子力庁の行政財政上の責任者であり、原子力の重要性を理解した最初の政治家ドートリが急逝し、再び原子力庁は政治的抗争の場と化す危険にさらされた。しかし新進政治家で原子力開発に熱心な国務大臣ガヤールによってその危機は回避された。ガヤールは、それまで石油問題の専門家で優れた鉱物技術者であったピエール・ギヨマをドートリの後任に任命し、ペランはギヨマと協力し、フランス最初の原子力五ヵ年計画を立案した[11]。一九五二年七月には国民議会でこの原子力五ヵ年計画が承認されたがその予算は三七七億旧フランであった[12]。同年一〇月にはサクレーで重水炉第二号ＥＬ２が稼動し、ジョリオ＝キュリー解任後の原子力開発沈滞ムードが原子力推進へと一転した。さらに一九五五年八月に開催された第一回原子力平和利用国際会議（以下ジュネーヴ会議）が原子力開発を助長した。フランスでも将来のエネルギー供給を補完する用途として原子力の役割が大きいとの気運が高まり、同年に原発諮問委員会（ＰＥＯＮ）が発足した。

一九五六年一月にはマルクールでプルトニウム生産炉である黒鉛減速ガス冷却炉（ＵＮＧＧ）G1が稼動開始した。G1の施工者は原子力庁であるが、一九五二年から原子力発電開発参加を決定したフランス電力（ＥＤＦ）もG1を協力開発し、ＳＡＣＭ社、アルストム社、ＳＦＡＣ社、ラトー社などの企業も開発に参加した。

一九五六年のスエズ紛争の結果、世界で原子力開発に拍車がかけられた[13]。フランスでも、原子エネルギーを確保し、他国へのエネルギー依存を避けるという考えが強まり、一九五七年七月に第二次原子力五ヵ年計画が承認された。予算は約五〇〇〇億旧フランとなり[14]、第一次原子力五ヵ年計画予算の約一三倍になった。第二次原子力五ヵ年計画で予算が増加した理由の一つとして、原子力庁での軍事研究開始があげられる。プルトニウム生産炉G1と同タイプで発電設備も備えるG2は一九五八年、G3は一九五九年にマルクールで稼動を開始した。そこで生産されたプルトニウムは軍事研究の端緒となり、一九六〇年二月一三日、サハラ砂漠にてフランスは初の原爆実験を行なった[15]。第Ⅱ期に原子力庁が軍事研究を開始したことは、核兵器を保有することに反対していたジョリオ＝

キュリーが原子力庁の科学技術部門長であった第Ⅰ期からの大きな転向である。[16] またフランス初の原爆実験に使用されたプルトニウムはマルクールで生産されたことから、マルクールは核軍事利用の象徴的存在であったと言えよう。

第Ⅰ・Ⅱ期は、世界の原子力ブームや冷戦の影響下にはあったがフランス独自の原子炉開発が行われてきた。それに対し一九六〇年代半ば以降は、アメリカの原子力産業の動向にフランスの原子力政策は大きく影響を受けた。

第Ⅲ期　一九六一〜一九六九年：原子力庁とフランス電力の対立と米国技術導入

フランスは原子力開発当初から、原子炉のタイプとして黒鉛減速ガス冷却炉を採用しており、原発諮問委員会の一九六四年の報告書では、以後も黒鉛減速ガス冷却炉を開発すべきだと提案している。[17] 一方アメリカではウェスティングハウス社が加圧水型軽水炉（以下ＰＷＲ）を、ゼネラル・エレクトリック社が沸騰水型軽水炉（以下ＢＷＲ）を開発していた。フランスがＰＷＲ・ＢＷＲといった軽水炉を選択しなかった理由の一つは、軽水炉は核燃料として濃縮ウランを用いるからであった。当時濃縮ウラン精製は軍事機密であり、西側諸国ではアメリカしかその生産技術を持ち得なかった。原子力開発において自主独立を尊重したフランスは、濃縮ウランをアメリカに依存することを避け、天然ウランを核燃料として使用する黒鉛減速ガス冷却炉開発の道を選んだのである。

スエズ紛争後、サハラ石油資源の発見、タンカー運賃の低下、アラブ産油国の態度の軟化などによって石油の供給が過剰になり、原子力開発は一時停滞した。[18] しかし一九六四年には情勢が変わり、先進国における原発の経済性が主張されるようになった。一九六四年末に開催された第三回ジュネーヴ会議では、米英で稼動中の原発のデータをもとに、大都市の電力需要を賄う能力のある動力炉の経済性は、一九六〇年代末に運転を開始すれば、火力発電よりも優れたものになることが指摘された。一九六五年末には、原発の経済性に対する確信はアメリカの電力業界へ広がり、一九六六年以後原発ブームがアメリカの電力業界を席巻し、一九六六年の原発設備発注は一〇〇億フランに達した[19]。同時にアメリカの原子力産業界は、世界に向けて軽水炉の販売を積極的に行い、アメリカは一九六〇年代半ばから一〇年間に二三五基の原発を受注した[20]。

この流れにフランスも巻き込まれ、一九六〇年代後半に一九七〇年代の原子炉の建設について従来どおり黒鉛減速ガス冷却炉とするか、ＰＷＲを採用するかについて大論争が起きた[21]。それは黒鉛減速ガス冷却炉を支持する原子力庁とＰＷＲを支持するフランス電力との対立でもあった[22]。結局、原発諮問委員会はＰＷＲを選択したが[23]、その理由はＰＷＲが世界で最も運転経験をもつ炉型であり、アメリカがＰＷＲの多くの発注を得てコストダウンが期待されたこと、濃縮ウランについてはアメリカの独占が将来ヨーロッパでの濃縮事業の発展によって緩和さると期待されたことなどであった[24]。

フランス独自で開発した黒鉛減速ガス冷却炉開発を終了することになったことは、原子力庁とそれを支持したド・ゴールの原子力開発支配の終焉と重なる。ド・ゴールの後一九六九年に大統領に就任したジョルジュ・ポンピドゥーは、フランス電力と原発諮問委員会が選択したＰＷＲを支持し、以後アメリカの技術がフランスに導入された。

第Ⅳ期　一九七〇～一九九〇年：オイルショック以後の原発増加

一九七〇年にフランス電力はアメリカに初のＰＷＲを発注した。一九五八年に設立された米仏資本のフラマトム社（現アレヴァ社）がウェスティングハウス社とのライセンス契約をもとにＰＷＲ建設の技術開発を行い、ＰＷＲの建設を一手に引き受け、以後五年間に総発電量八〇〇万キロワットのＰＷＲを建設する計画を立てた[25]。

一九七〇年に準備が進められていた第五次原子力五ヵ年計画には、フェッセネムとブジェに六基の軽水炉とヨーロッパ濃縮ウラン工場を建設することが含まれていた[26]。このように一九七三年の第一次石油危機の直前にフランスでは軽水炉増産計画が準備されていたのである。

一九七三年の第一次石油危機の際、フランスの海外エネルギー依存度は約八〇パーセント、一次エネルギーのうち石油依存度は約六〇パーセントであった。一九七三年の石油輸出国機構（ＯＰＥＣ）からの石油輸入額は一四五億フランであったが、翌年には四三〇億フランに増大した。一九七四年三月に、ピエール・メスメル首相は今後二年間に九〇万キロワットの軽水炉を一六基建設し、一九七八〜八〇年の完成を予定するという計画を発表した。同年に大統領がポンピドゥーからヴァレリー・ジスカールデスタンに変わっても原子力推進政策がとられ、一九七五年に先のメスメル案は承認された。この勢いは一九七八年の第二次石油危機によって拍車がかけられ、フランスでは原発建設ラッシュが続き、一九八〇年代初頭には一八基の原発が稼動し、三三基が建設中であった[27]。一九七三年のフランスでの総発電電力量に対する原発による発電量の割合は八パーセントであったが、一九九〇年には七五パーセントとなり、その間毎年一九・七パーセントの割合で上昇した。一方、石油による発電は同期間に四三パーセントから四パーセントへと減少したが、これらはまさに石油危機の際にフランス政府が推進した原子力政策の結果であった[28]。

同時にフランスは、再処理・高速増殖炉研究にも力を入れた。この分野の研究は、アメリカでもまだ進んでいなかったので、フランスは野心的に取り組んだ[29]。再処理工場については、一九五八年以来マルクールでフランス初の再処理工場であるＵＰ１が稼動していたが、一九六〇年代後半からラ・アーグの再処理工場で、低・中レベル放射性廃棄物処理の研究が進められるようになった。そして一九七六・七七年にはラ・アーグで高レベル放射性廃棄物処理が開始された。高速増殖炉については、一九七三年末にマルクールにて出力二五万キロワットの原型炉フェニックスが運転を開始した。さらに一九七七年にはクレイ‐マルヴィルに出力一二〇万キロワットの実証炉スーパーフェニックスの建設が始まり、一九八五年に稼動し始めた。

第Ⅳ期の原子力推進政策を経てフランスは原子力大国となった。一九八一年の大統領および国民議会選挙の際には、この極端な原子力政策への批判の声があがり、同年一〇月に新登場したフランソワ・ミッテラン政権は、エネルギー需要低下に見合う原発計画の削減を行った。しかし同政権も原子力推進の基本的方針は変えず、一九八六年に起きたチェルノブイリ原発事故後も原子力推進政策をとった。[30] 一方、当局のチェルノブイリ原発事故に関する情報提供に不信感を抱いた科学者を中心に、フランスでは一九八六年五月に市民の放射線防護を目的とした環境保護ＮＧＯ放射能に関する独立情報研究委員会（ＣＲＩＩＲＡＤ）が創設され、以後、ローヌ河周辺の原発やマルクールなどの核施設の放射能汚染を監視し、地域自治体などの放射能測定依頼や分析なども行っている。[31]

第Ⅴ期　一九九一～二〇〇〇年：原発開発停滞期

一九八六年にチェルノブイリ原発事故が起こり、また一九九〇年代には核実験禁止の議論が進められ、一九九六年九月に国連総会において包括的核実験禁止条約（ＣＴＢＴ）が採択されたことなどから、原子力開発は停滞期に入った。実際一九九〇年代の新規原発開発国は、メキシコ（一九九〇年）、中国（一九九四年）、ルーマニア（一九九六年）の三国のみであった。フランスに関しては、一九八〇年代までに電力需要を賄うほとんどの原発建設が終了し、フラマトム社への原子炉発注量が激減した。総発電電力量に対する原発による発電量の割合も、一九九〇年に七五パーセントに達して以後は変わらず、フランス電力は原子力関連の技術者の新規雇用を中止した。[32]

また雇用減少以外にも原子力開発に対するネガティブな状況が生じてきた。高速増殖炉研究に関してフランスは世界で指導的役割を果たしてきたが、一九八五年に臨界に達した高速増殖炉実証炉スーパーフェニックスについては廃炉が決定したのである。スーパーフェニックスで起きた一九八七年と一九九〇年のナトリウム漏洩事故と発電機の故障をふまえ、社会党のリオネル・ジョスパン首相は、緑の党との公約に基づき、一九九七年六月にその廃止政策を打ち出した。一九九八年一二月には閉鎖政令が公布され、一九九九年一二月一日には炉心からの燃料取出作業が開始された。なお、スーパーフェニックスの解体と廃炉作業は二〇一六年一二月現在でも継続して行われている。[33] またスーパーフェニックスの廃炉に伴い、一九九四年に二〇年間の設計寿命に達した高速増殖炉原型炉フェニックスは、安全上の改造・補強工事を行って二〇〇九年まで寿命が延長されることになった。

さらに使用済核燃料の処理・処分の問題に対応するため、一九九一年一二月には放射性廃棄物管理の研究に関する法律（バタイユ法）が制定された。バタイユ法成立の背景には、一九八七～八九年にかけてフランス政府が放射性廃棄物の深地層処分研究施設を四ヵ所設置することを住民の合意なしに決めたことがある。そのため地元では非常に激しい反対運動が起き、その計画は中止された。その後、国会議員のクリスチャン・バタイユを中心とした調査が行われバタイユ法の制定に至った。この法律はフランスの放射性廃棄物全ての管理に関するものであり、地層処分の可能性についてもふれている。この法律では、科学的鑑定を保障するため、安全庁・放射性廃棄物管理機構（ＡＮＤＲＡ）から全く独立した専門家からなる国家評価委員会（ＣＮＥ）が設置された。[34] このようにフランスでは、一九九〇年代から放射性廃棄物のバックエンド（廃炉・放射性廃棄物の処理など）の問題に直面したが、フランス政府の想像以上に最終処分地の選定は困難を極めたのであった。

なお、バタイユ法では、深地層処分に加えて長寿命放射性核種の分離・核変換、地上での長期貯蔵についても研究を行うことを決めた。これらの研究は一九八〇年代当初からフォントナイ‐オ‐ローズのアトラントと呼ばれる研究所で開始されていたが、一九八五年からそれがマルクールに移転を開始した。そして過去に生産された使用済核燃料の長期貯蔵のための研究機関という新しい使命をマルクールが担うことになった。

第Ⅵ期　二〇〇一年以降：原子力ルネサンスと福島第一原発事故

二〇〇一年に登場したアメリカのブッシュ政権が、原子力発電に対する積極的な政府支援政策の発表を契機に、「原子力ルネサンス」がアメリカの原子力産業界で唱えられるようになり、世界の原子力産業界に広まった。原子力ルネサンス論とは、化石エネルギー価格の高騰と地球温暖化防止のために化石エネルギーの消費を抑制する必要があり、そのことが原子力発電の推進を導くという主張である。[35] 二〇〇五年八月にアメリカで成立した包括エネルギー法も、電力会社に原子力発電所の新設を促すため、資金と制度の両面で強力に支える内容であった。二〇〇六年二月、米国エネルギー省（ＤＯＥ）は、核不拡散対策と使用済み核燃料の再利用を兼ねたかたちで他国に原子力発電用の燃料を提供する新たな国際的な枠組み構想「国際原子力エネルギー・パートナーシップ」（ＧＮＥＰ）を発表した。これは日本・イギリス・フランスといったパートナー国に適正な価格で原子力発電用の燃料を供給するというものであるが、アメリカが核燃料再処理路線への方向転換を示したとも読み取れる。[36]

フランスでは原子力ルネサンスの追い風を受け、海外市場の開拓を強化した。フランス電力は欧州に限らず、北米、アジア、アフリカなど計二二ヵ国に七五社のグループ企業を持ち、三五ヵ国で電力関連サービスとコンサルティング事業を展開しているが、特に原子力市場を開拓したのは中国であった。フランス電力は原子力企業グループのアレヴァ社と一体となり、原子力発電運転技術を同社が提供し、アレヴァ社が機器などのハードを供給する方法で、原子力事業をトータルで提案する体制を整えた。[37] なおアレヴァ社は二〇〇一年に設立したフランス政府の持ち株会社であり、ウランの採鉱や使用済み核燃料の再処理を行ってきたコジェマ（ＣＯＧＥＭＡ）と原子炉を製造してきたフラマトム社をグループ化した巨大原子力企業である。アレヴァ社は海外への原発輸出に意欲的であり、フランス大統領がその売込みの先頭に立っている。二〇〇七年一一月にアレヴァ社CEO他フランスの大企業のトップ四〇人を引き連れて中国を訪問したニコラ・サルコジ大統領は、最新のPWRを二基、八〇億ユーロの納入契約を結んだ。その他、サルコジ大統領はアラブ首長国連邦、アルジェリア、リビアなど訪問する国々で原子力協力関係を取りつけた[38]。二〇一一年三月に起きた福島第一原発事故直後、サルコジ大統領とアレヴァ社CEOのアンヌ・ロベルジョンが来日し、アレヴァ社の浄化装置を売り込んだことは話題となった[39]。

一方、二〇一一年三月の福島第一原発事故後、二〇一二年五月に実施されたフランス大統領選挙でサルコジに僅差で勝利した社会党のフランソワ・オランドは減原発を主張し、オランド大統領政権下で二〇一五年七月に「エネルギー移行法」が制定された。同法は、社会党のオランド大統領が二〇一二年の大統領選で公約に掲げた、再エネの導入拡大、省エネの推進、原子力発電比率を現行の七五パーセントから二〇二五年に五〇パーセントにすること、国内最古のフェッセネム原子力発電所の閉鎖などを法制化したものである。しかし、オランド大統領の任期が切れる前にフェッセネム原子力発電所が閉鎖されることはなく、オランド大統領が不出馬を表明した二〇一七年四・五月に行われるフランス大統領選挙結果に今後の原子力政策が委ねられることになる。二一世紀に入り、フランス政府は再生可能エネルギー発電も積極的に導入する姿勢を見せてきたが[40]、フランスの原子力開発史をふまえると、フランス政府の方針は、国内外で原子力の安全性に対する信頼を獲得した上で、海外の原子力市場への進出を継続すると考えられる。その際、新規原発開発国には原発を輸出し、日本や欧州をはじめとする原発保有国には、バックエンド技術を提供するという戦略をとると予想される。

フランス国民の原子力に関する意識調査としては、環境・持続可能エネルギー省が行ったものがある。「フランスの電源構成の四分の三を原子力が占めていることは、全ての点を考慮して、どちらかと言えば利益か不都合か」という質問に対し、福島第一原発事故直後の二〇一一年七月実施の調査結果では、「どちらかと言えば不都合」が五〇パーセントに急上昇したものの、二〇一二年一月には「どちらかと言えば利益」の回答が四七パーセントに上昇した。ここ一〇年間は「どちらかと言えば利益」とする割合は四〇パーセント後半から五〇パーセント前半で推移しており、福島第一原発事故の心理的影響は一時的なものであったとも思われる。[41] しかし、フランスの民意に福島第一原発事故が大きな影響を与えたことには変わりがないだろう。[42] フランスでは、一九七〇～八〇年代にかけて操業した原子力発電を二〇二〇年代に建て替える計画であるが、それに対するフランス国民への対応がフランスの原子力政策の最大の課題である。[43]

2　マルクールサイトの歴史

前節ではフランスの原子力発電開発の歴史を取り上げ、フランス初の原爆実験ではマルクールで生産されたプルトニウムが使用されたこと、フランス初の使用済核燃料再処理工場UP1がマルクールに建設されたこと、高速増殖炉原型炉フェニックスがマルクールで稼働したこと、使用済核燃料の処理・処分研究を行うアトランタがマルクールに移転されたことを述べた。

このようにマルクールでは一九五〇～六〇年代には軍事研究、一九七〇～八〇年代には民生利用として核燃料サイクルと高速増殖炉開発、さらに一九九〇年代以降には使用済核燃料の処理・処分研究が展開されてきたが、この過程はフランスの原子力政策の変遷を象徴している。

本節ではマルクールでの原子力開発の歴史を、三つの分野について述べる。①軍事用プルトニウムの生産と再処理工場、②高速増殖炉フェニックス、③使用済核燃料の処理・処分研究と廃炉措置である。そして最後に、視

察をもとに 使用済核燃料の処理・処分研究所アトラントと高速増殖炉原型炉フェニックスの廃炉についても報告する。

軍事用プルトニウムの生産と核燃料再処理工場

軍事研究の開始

一九五〇年四月に、核兵器開発に反対していたフレデリック・ジョリオ＝キュリーが原子力庁科学部門長官を解任された後、原子力庁では原子力の軍事開発が開始された。ジョリオ＝キュリーに代わって原子力庁科学部門長官になったフランシス・ペランほか多くの科学者は、原子炉の平和利用を擁護したが、後にフランスの原爆開発で中心的役割を果たすイヴ・ロカールは、国益のために原子力の軍事利用を行うべきであると考えた[44]。国務大臣フェリックス・ガヤールは、「フランスが近代国家でいられるかどうかは、我々次第である」と言い[45]、「原子力の使用がフランスの将来を決定する」と訴えた[46]。その結果、プルトニウム生産と発電研究のため、一九五二年七月に第一次原子力五ヵ年計画が三七七億旧フランの予算で承認され、民生・軍事の二つの目的のために年間五〇キログラムのプルトニウム生産を目標として掲げた。この五ヵ年計画では、三基の原子炉建設が予定されていたが、その内二基がプルトニウム生産用の黒鉛減速ガス炉G1・G2であり、建設責任者はエコル・ポリテクニク出身のピエール・タランジェであった[47]。

マルクールサイトの決定

プルトニウム生産炉はG1・G2・G3と続いたが、このGシリーズとそれらの原子炉で燃やした核燃料からプルトニウムを抽出する核燃料再処理工場のサイト候補として、まず水の豊かなローヌ河流域が検討された。同時に乾

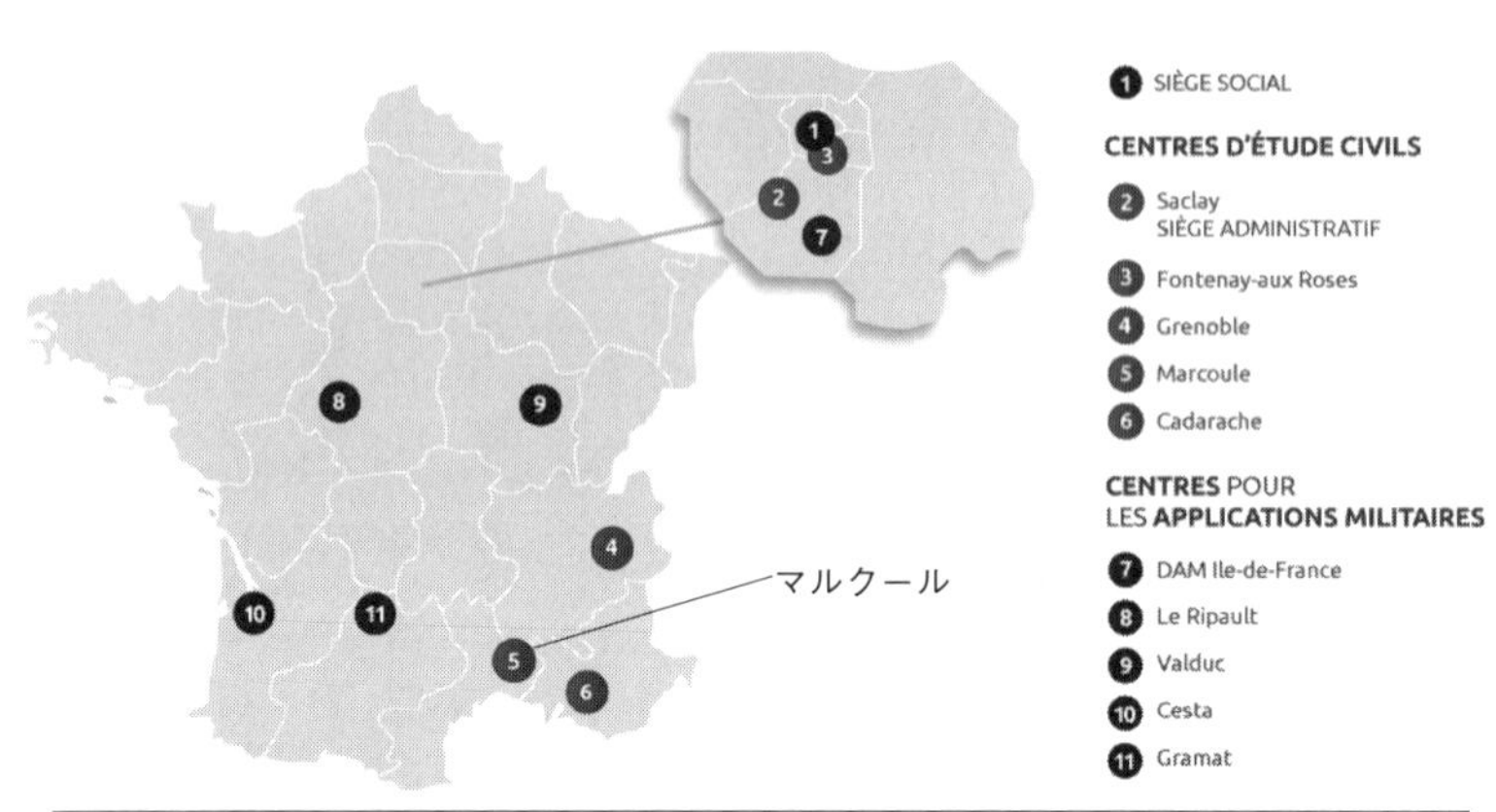

図１　フランス原子力庁ホームページに示されている現在のフランスの原子力施設

①が本部、②〜⑥が民生利用施設、⑦〜⑪が軍事利用施設であり、マルクールは⑤である。
出典：http://www.cea.fr/Pages/le-cea/les-centres-cea.aspx　2016年12月1日閲覧

燥した北風（ミストラル）が吹く地方ということでマルクールが候補にあがった。さらに地盤が強固であること、洪水を免れるためにある程度の高台に建設する必要があるといった条件をふまえ、G1建設責任者のタランジェ自ら視察を行い、一九五二年の一二月にマルクールがサイトに決定した（図１）。

一九五三年一月にサイト建設が開始されると、二月に七七人のブドウ栽培者が建設反対声明文を提出した。反対者のルイ・アングルザンは「ヒロシマ原爆投下八年後に原発施設を建設することは目に余る」と抗議した。しかし一九五三年四月には、原子力庁による土地買収成立の政令が発効され、同年七月と一〇月のユゼス地方裁判でも原子力庁側が勝訴し、ブドウ栽培の権利が保障されるというかたちで示談が成立した。土地の誘致に尽力したのは、元軍人のロベール・コルゾンであった。コルゾンは、一九五二年来、マルクール地方在中で地方の名家出身者と結婚したため多くの土地を所有していた。一九五三年六月にはマルクールのプルトニウム生産施設開設準備の責任者となり、開設準備の間、マルクールで最も大きな影響力を持つ人物であった(48)。

プルトニウム生産施設の建設

一九五五年五月には、一九五二年の第一次原子力五ヵ年計画が修正され、プルトニウム生産炉G3の建設と、その使用済核燃料を再処理して軍事目的のプルトニウムを得るための予算を国防省から得た。そして一九五五年一〇月にマルクールにプルトニウム生産施設が開設し、エコル・ポリテクニク出身のモーリス・ジェルヴェ・ドルヴィルが所長に就任した。

原子力庁は、マルクールのプルトニウム生産施設建設に関して、部門ごとに一企業に仕事を任せ、それらを統合して仕事を進めるという方法を取った。例えば、G1の原子炉に関しては、シュナイダー社系列子会社のSFCA、核燃料はSACM、制御・電源装置はアルストム社、コンクリートはラ・キトラ社、放射性廃棄物保管所は、サン・ゴバン社を採用した。それらの会社が他の会社を使用した結果、プルトニウム生産施設建設には三五〇社が参加した。この企業連携は、シノン、サン・ローラン、ブジェといったその後のフランスの原発建設においても行われ、マルクールがその原型を作ったと言える。

原子力庁と企業は猛烈な速さで建設を進めた。一般に、建設工事には遅れが生じるものだが、研究・部品生産・建設を同時に進行させ、G1に関しては一九五四年五月の建設開始から一九五六年一月にG1が臨界に達するまで六日間の遅れが生じただけであった。G2の建設は一九五五年九月に開始されたが、計画の詳細が決定したのは一九五六年二月であった。そして一九五八年七月にG2が臨界に達し、一九五九年六月にG3も臨界に達した。当時、建設に参加していたSACMの責任者ゲイ・リシャールは、当時の様子を「月曜日から土曜日まで一日一二時間労働で、時には日曜日にも働いた。まさに戦争特需であり、予算の上限はなかった。企業もコストがいくらかかるのかを知らずに、とにかく短期間に計画を終えることが本質であった」と述べている。G2建設のために原子力庁の機材がマルクールに運ばれる写真が一九五七年二月二六日のル・ミディ・リーブル誌に掲載されたが（写真

写真１　「原子力のムカデ」

出典：*Le Midi Libre*, 1957 年 2 月 14 日

1)、長々と連結されたトラクターは、「原子力のムカデ」と呼ばれた。

黒鉛減速ガス炉開発より困難であったのはプルトニウムの抽出であり、フランスで初めて実験的に数ミリグラムのプルトニウムを得ることができたのは一九四九年一一月であった。一九五二年からベルトラン・ゴルドシュミットとピエール・ルニョによりプルトニウム抽出研究が進められ、一九五三年に実験的なプルトニウム工場がシャティヨンに建設されたが、そこでの研究は一九五八年七月にマルクールで稼働を開始したフランス初の再処理工場ＵＰ１に引き継がれた。

初めてG1の使用済核燃料がＵＰ１に持ち込まれたのは一九五八年七月であり、それをもとに一九五九年二月に最初のプルトニウムインゴットが作られた。フランス初の原爆実験は一九六〇年二月一三日にサハラ砂漠にて行われたが、この原爆にはG1の使用済み核燃料をＵＰ１で再処理して抽出されたプルトニウムが使用された。このようにマルクールのプルトニウム生産施設なくしては、フランス初の原爆実験は可能ではなかった。

マルクールサイトの衰退

フランス初の原爆実験の際には、マルクールのプルトニウム生産施設が最重要施設であり、黒鉛減速ガス炉と再処理工場の開発ではパイオニア的役割を果たした。一九六〇年に原爆実験が成功した後、マルクールでは一九六四年に民生利用目的で、フランス電力のシノン原子炉の使用済核燃料の再処理も行うようになり、[50]一九六五年にはプルトニウムインゴットを一〇〇〇～一二〇〇グラム生産した。[51]

ところが一九六〇年代半ばから、原子炉のタイプに関する論争が起こったことを契機に、マルクールサイトは斜陽化していった。一九七〇年代以降開発すべき原子炉として、原子力庁は黒鉛減速ガス冷却炉、フランス電力は軽水炉を選択すべきであると主張した。炉型についての議論が進むなか、原爆実験のために準備された黒鉛ガス冷却炉G1の人員が一九六六年には八二名から五七名に削減され、最終的にG1は一九六八年一〇月に廃止された。炉型論争の結果、一九六九年にフランスは軽水炉を採用することを決定したが、UP1は黒鉛減速ガス炉用の再処理工場であったため、軽水炉導入決定により大打撃を受けた。

さらに他の地域に原子力施設が建設されていくにつれ、徐々にマルクールの存在が薄くなっていった。一九六〇年には、ラ・アーグにフランス第二の再処理工場UP2の建設が開始し、一九六七年に稼働となった。UP2稼働後は、それ以前にマルクールのUP1で処理されていたフランス電力のシノン原子炉の使用済核燃料もラ・アーグで処理されるようになった。一九六一年にはピエールラットでウラン転換工場が稼働し、一九六二年にはカダラシュで、フランス初の高速増殖炉ラプソディー用の核燃料としてプルトニウム生産が開始された。その結果、一九七一年までにマルクールサイトの二〇〇の職が、一九七一年から一九七五年の間に三〇〇～四〇〇の職が廃止されることになり、有能な技術者たちが他のサイトに異動していった。このような状況を初代マルクールサイト所長のジェルヴェ・ドルヴィルは、マルクールの「暗黒の時代」と呼んだのであった。マルクールでのポスト廃止に対してデモやストライキが起こった。特に一九六八年は、UP1が最初に再処理を行ってから一〇周年記念の年であり、原子力庁のトップダウン方式を批判し、仕事時間の減少、安全性の確保、定年制度に関する要求が出され、五〇〇〇人から六〇〇〇人の労働者がデモを行った。そして、一九五五年から一三年間所長を務めたジェルヴェ・ドルヴィルは、一九六八年一二月所長を辞任することになった[52]。

高速増殖炉フェニックス

モベール革命

一九六八年一二月には、ドルヴィルの後継者、ミッシェル・モベールがマルクールに到着し所長職を引き継いだ。エコルポリテクニク出身で当時四〇歳のモベールは、それまでとは全く違った方法でマルクールサイトを運営していった。原子力庁本部の方針に従いながらもマルクールの従業員たちと常に話し合いを持つ姿勢を貫き協力体制を確立した。そしてマルクールでの研究結果を情報処理、物理化学、医学関連の多方面の産業に提供することで、国防省やフランス電力以外の顧客開拓に努め、新組織運営に挑んだ[53]。

さらにモベールは、パイオニア的地位を確保するため、高速増殖炉原型炉フェニックスをマルクールに建設した。フェニックスは一九六八年に建設が着工し一九七三年に臨界に達したが、その期間は丁度モベールの所長任期と重なっていた。

フェニックス開発の歴史

フランスで高速増殖炉研究が開始された背景には、マルクールに建設されたG1と密接な関係がある。高速増殖炉の父として知られるジョルジュ・ヴァンドリエスによれば、一九五六年にマルクールで臨界に達したG1を作製した物理学者と技術者が中心となりサクレイで高速増殖炉の研究を行ったとのことである。[54]ヴァンドリエスはG1の中性子研究に携わっていたが、G1成功後に研究グループが解散されることを惜しんで、同じメンバーが高速増殖炉研究を開始したとインタビューで答えている。[55]G1開発時にフランスでは濃縮ウランを得ることができず、またフランス政府は核燃料をアメリカに依存することを望まなかったので、G1の核燃料は天然ウランであった。またG1の目的はプルトニウムの生産であったので、G1研究からウラン238に高速中性子を吸収させてプルトニウムを得る高速増殖炉研究へと移ったのは自然な流れであった。そして一九六二年から高速増殖炉試験炉ラプソディーの建設が開始され、カダラシュにて一九六七年一月に臨界に達した。

マルクールでは、一九六八年に建設が開始した高速増殖炉原型炉フェニックスが、一九七三年八月に臨界に達した。当時フル出力で安定して稼動していた高速増殖炉はフェニックスのみであった。[56]実際、フェニックス計画の長であったレミ・カールは、インタビューのなかで、フェニックスの成功によってフランスが高速増殖炉研究の頂点に立ったと感じたと述べている。[57]高速増殖炉研究先発国であったアメリカにおいては、一九七〇年代後半から高速増殖炉研究が停滞する一方、後発国であったフランスでは高速増殖炉実証炉スーパーフェニックスの研究が一九七〇年代初めから開始されていた。カールの発言は、軽水炉に関してはアメリカから輸入したけれども、軽水炉より高い技術が要求される高速増殖炉では、フランスがアメリカに勝ったという主張にもとれる。

一九七四年から稼働を開始したフェニックスは、冷却材のナトリウム漏れ事故などを経て三五年間使用された唯一の高速増殖炉原型炉であり、[58]アメリカ原子力学会により一九九七年度の原子力歴史的建造物に認定された。[59]フェニックスは一九九四年に二〇年間の設計寿命に達したが、高速増殖炉実証炉スーパーフェニックスの廃止に伴い寿命が延長されることになった。スーパーフェニックスは、クレイ‐マルビルで一九八五年九月に臨界に達したが、一九八七年と一九九〇年のナトリウム漏洩事故と発電機の故障などにより、一九九七年六月にその廃止政策が出され、一九九八年一二月には閉鎖政令が公布された。そのためフェニックスに関しては一九九四年以後は安全上の改造・補強工事を行い二〇〇九年まで寿命が延長されることになったのである。二〇〇三年に運転が再開されたフェニックスでは、主としてマイナーアクチノイドや長寿命放射性廃棄物の核変換実験、将来のガス冷却高速炉開発のための照射実験を実施した。つまり、本来ならスーパーフェニックスが行う予定だった実験をフェニックスが肩代わりしたということである[60]。

その後、二〇〇九年に稼働を停止したフェニックスは、二〇一〇年から使用済燃料の取出しとナトリウムの抜き取り、ナトリウム処理施設などの準備を開始した。その後の廃炉経過については、以下で事例研究として扱う。

使用済核燃料の処理・処分研究と廃炉・廃止措置

使用済核燃料の処理・処分研究

一九八六年四月にはチェルノブイリ原発事故が起こり、また一九九〇年代には核実験禁止の議論が進められ、一九九六年九月に国連総会において包括的核実験禁止条約（ＣＴＢＴ）が採択されたことなどから、一九九〇年代には世界の原子力開発が停滞期に入った。フランスでも新規原発建設の必要性がなくなり、原子力関連の雇用が減少したが、バックエンドに関する新たな原子力産業が芽生えた時期でもあった。使用済核燃料の処理・処分の問題に対応するため、一九九一年一二月には放射性廃棄物管理の研究に関する法律（バタイユ法）が制定された。そして使用済核燃料の深地層処分に加えて、長寿命放射性核種の分離・核変換、地上での長期貯蔵についても研究を行うことを決めた。これらの研究は一九八〇年代当初からパリ郊外のフォントナイ・オ・ローズにてアトラントと呼ばれる研究所で開始されていたが、一九八五～九二年にかけて、アトラントはマルクールに移転していった。そして過去に生産された使用済核燃料の処理・処分・長期貯蔵のための研究をマルクールが担うことになった。一九九九年に最初の使用済み核燃料が到着し、二〇〇五年には主に超ウラン元素の化学・物理化学研究を行うLN1研究施設も建設され、二〇〇八年末には汚染有機廃液の無機化研究のためのDELOS施設も稼働を開始し、現在アトラントは五つの建物で構成されている。そして世界最先端の使用済核燃料の処理・処分・長期貯蔵に特化した研究所として、アメリカ原子力学会により二〇一三年度の原子力歴史的建造物に認定された[61]。

アトラント視察

本項では、二〇一五年三月にマルクールを訪れ、アトラントの一部を視察した際に得た情報をもとにその概要を記載する。なお、撮影は禁止であったので、写真に関しては、フランス原子力学会（SFEN）ホームページ掲載の『原子力総合誌 *Revue générale nucléaire*』から引用する[62]。

アトラントは核燃料サイクルを選択したフランスにとっては不可欠の研究所であり、核燃料の再処理に関する先端研究を行っている。二万五〇〇〇平方メートルの敷地に五つの建物が立っており、各々の建物では核燃料サイクルの段階に従って、使用済核燃料中の核物質の溶解、核物質の浄化、再利用可能な粉末状核物質への変換とそれを用いたMOXタイプの新核燃料作製、最終処分核燃料廃棄物を閉じ込めるガラス固化の研究がなされている。アトラントには、技術者、研究者など二〇〇人の実験担当者と安全確保のために七〇人の従業員が働いている。

アトラントでの研究方針は四つあり、第一は、アレヴァ社に技術提供をしてラ・アーグの再処理工場とマルクールのMOX燃料工場メロックスの運営を最適化することである。実際、アトラントの施設説明では、「マルクールはラ・アーグの母である」と言っており、ラ・アーグで生じた技術的問題をマルクールで分析し、その結果をラ・アーグにフィードバックすることを強調していた。第二は、将来の高速炉に備え、核燃料サイクルを効率化

写真２　グローブボックス

出典：http://www. ＳＦＥＮ .org/fr/rgn/atalante-linnovation-au-coeur-du-cycle-du-combustible-nucleaire, 2016 年 12 月 15 日閲覧

し、プルトニウム抽出設備を小型化して化学物質の排出量を減少させることである。第三は、マイナーアクチノイドの核変換処理である。高レベル放射性廃棄物には、半減期の長いネプツニウム、アメリシウム、キュリウムなどのマイナーアクチノイドが含まれているが、これら長寿命で有害な放射性核種を非放射性核種あるいは短寿命核種に変換する研究である。第四は、長寿命放射性廃棄物のガラス固化に関する物理化学的研究である。

実験作業には常に放射線被ばくの危険がともなうため特別な装置が必要であり、その典型例はグローブボックスである（写真２）。放射性物質は外気と遮断された透明な密閉容器内にあるが、容器にグローブが直結しているので、そのなかに手を入れて外気を遮断した作業が可能となる。アトラントには二五〇のグローブボックスが設置されている。

ガンマ線のような強い放射線を出す放射性物質を扱う場合には、グローブボックスでは、放射線を防護できないので、放射性物質は厚いコンクリートや鉛の壁で囲んだスペースに置き、実験者はのぞき窓からなかを確認しながら、遠隔操作装置で作業を行う。アトラントには、五九の部門で遠隔装置付きの一一室を使用している。

廃炉・廃止措置

軍事目的でマルクールに建設されたG1は一九六九年、G2は一九八〇年、G3は一九八四年に廃炉が決定した。また高速増殖炉原型炉フェニックスも二〇〇九年に稼働停止となり、現在は廃炉措置中である。またフランス初の再処理工場UP1も一九九七年に稼働停止となり、現在は廃止措置中である。マルクールサイトの施設図を見ると、その多くが廃炉・廃止措置中であることがわかる（図2）。このように核の軍事利用目的で建設されたマルクールサイトは、現在、民生利用の最終段階である原子炉の安定化と廃炉、再処理工場の廃止措置の研究拠点と化したのである。

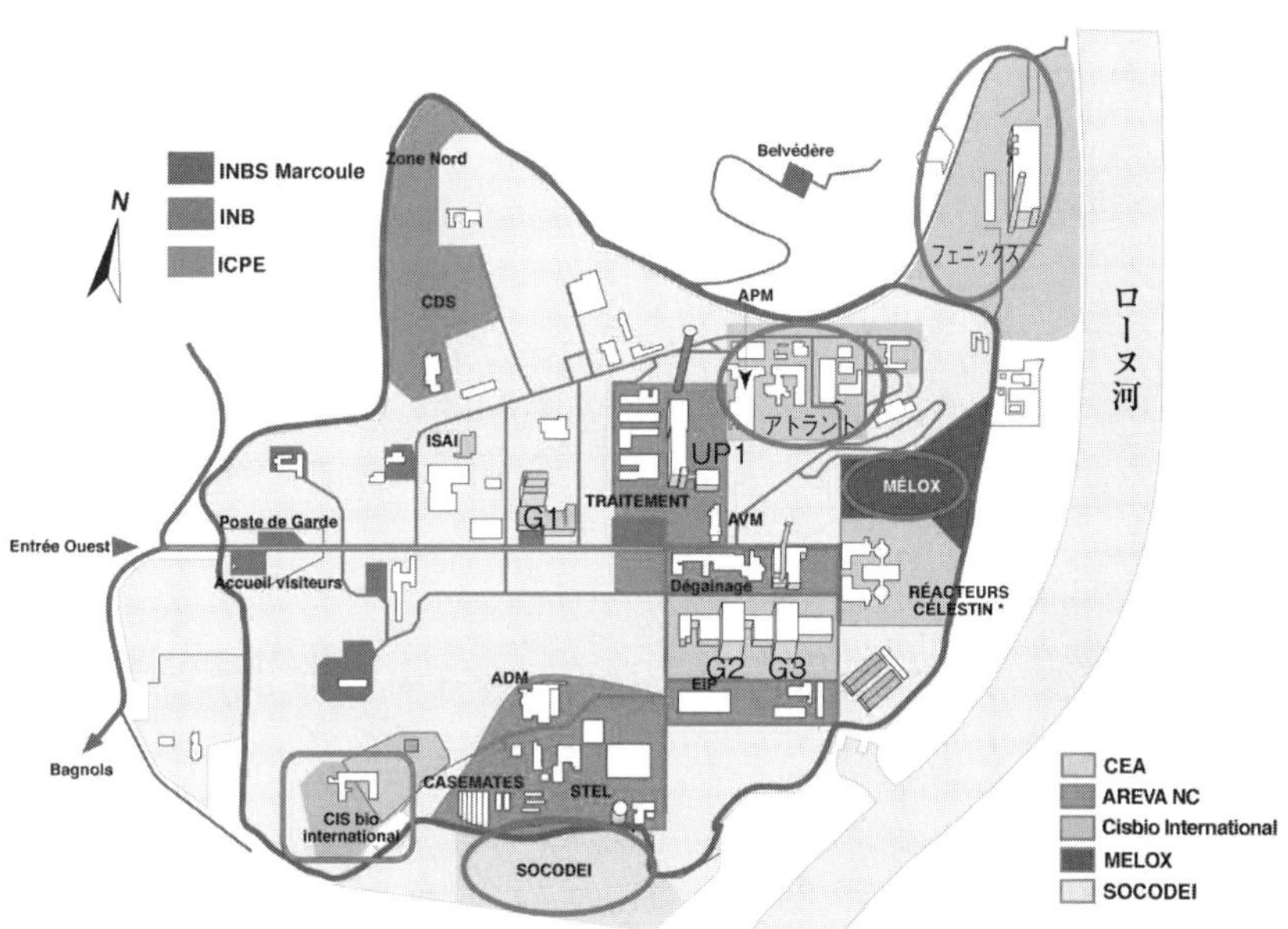

図２　マルクールサイト施設配置図

中央にG1、右下にG2・G3、右上にフェニックス、中央右にUP1が建設された。右側を流れているのがローヌ河である。

出典：http://www.iterentreprises.com/sections/iter/actualites/rdv-business-iter-5-mai/ C E A -presentation/unknown-2_6.jpg, 2016年12月15日閲覧

フェニックス視察

ここでは、二〇一五年三月にマルクールを訪れ、フェニックスの廃炉状況を視察した内容を基にマルクールでの廃炉・廃止措置の事例としてその概要を記載する。なお、写真については視察の際に撮影が許可されたものを掲載する。

原子力庁はフェニックスの廃炉を六つの段階に分けて行う計画である。[63] 第一段階は、炉心から核燃料、中性子制御装置、炉心部分の取り外しできる部分を取り出すことであり、核燃料については二〇二五年、その他の装置については二〇三一年までに行うことを目標にしている。第二段階は、二〇二五年までに二次系の解体を行うこと、第三段階は、二〇三七年までに冷却材のナトリウムやナトリウムが付着した金属を除去すること、第四段階は、二〇三九年までにタンク内に残留するナトリウムを処理すること、第五段階は、二〇四三年までに炉心と一次系の解体を行うこと、そして第六段階は、二〇五〇年以降に建物と土地を浄化することである。当初の予定では、二〇三〇年頃までにフェニックスを廃炉にする予定であったが、二〇一六年六月五日に発表された政令では、二〇四五年頃に解体を終了する予定であるとのことであった。今後もフェニックスの廃炉計画は遅延が生じると予想される。

二〇一五年三月には、発電部分と停止している炉心部分、炉心制御室などを視察した。発電部分の蒸気発生器については、まだ残っていたが（写真3）、タービンは全て除去されており、他の発電所で再利用されるとのことであった。炉心制御室は、当時の状態のままであった（写真4）。稼働時に原子物理学に関わっていた研究者は三〇名程度、その他エンジニアや管理職なども含め最盛期には全体で三〇〇名程度がフェニックスに従事していたとのことである。

フェニックスの廃炉とは、既存の原子炉を壊すだけではない。マルクールにはフェニックスの廃炉のために新

写真３　フェニックスの蒸気発生部分

出典：2015 年 3 月 13 日筆者撮影

写真４　フェニックスの制御室

出典:2015 年 3 月 13 日筆者撮影

しい施設を建設予定である。一つは、回収ナトリウムの安定化処理に必要な施設である。そこではNAOH法を用い、放射性のナトリウム22を塩化ナトリウムのかたちで減少するまで保管してその後処分を行う。もう一つは、ナトリウムが付着した金属などを保管する倉庫である。冷却材が水である軽水炉とは異なり、高速増殖炉の場合には冷却材のナトリウムが放射性物質となるため、廃炉の際にこのような施設が必要となる。二〇一六年に日本では高速増殖炉原型炉もんじゅの廃炉が決定したが、フェニックスの廃炉技術をフランスが日本に提供すると申し出ることは想像に難くない。

おわりに

本章では、フランスの原子力発電開発の歴史をふまえ、原子力の軍事利用から民生利用へと転向したマルクールサイトの歴史が、フランスの原子力政策の縮図となっていることを示した。すなわち、軍事研究からスタートし、民生研究としては核燃料サイクルと高速増殖炉開発を推進し、原子力開発停滞期以降は、使用済核燃料の処理・処分研究と廃炉・廃止措置に研究を移行していったのである。

日本では二〇一六年に高速増殖炉もんじゅの廃炉が決定し、マルクールに建設予定のASTRID高速炉研究に参加することが検討されている。過去においても日仏共同研究は、マルクールで推進されてきた。本章で扱ったマルクールの事例研究が、原子力における日仏研究協力を再検討する一つの契機となれば幸いである。

注――――――

（1）　一般財団法人日本原子力産業協会：Press Release 二〇一六年三月三一日、http://www.jaif.or.jp/cms_admin/wp-content/

uploads/2016/03/doukou2016-press_release.pdf（二〇一六年九月一五日閲覧）。

（2）電気事業連合会：海外電力関連情報フランスの電気事情、5、原子力開発の動向、https://www.fepc.or.jp/library/kaigai/kaigai_jigyo/france/detail/1231555_4779.html（二〇一六年九月一五日閲覧）。

（3）なお、本節の一九七〇年代までの歴史は拙論の一部をもとに書かれている。小島智恵子「フランスに於ける初期の原子力発電開発史」（『総合文化研究』、第一〇巻第二～三号、二〇〇四年）、八五～一〇一頁。小島智恵子「フランスの原子力発電開発史」（『科学史研究』、四三巻二三〇号、二〇〇四年）、一〇六～一一〇頁。

（4）F. Joliot-Curie, H. von Halban, L.Kowarski: *Nature*, 143, 1939, pp. 470-471.

（5）B.Goldschmidt: *Les rivalités atomiques 1939- 1966*, Fayard, 1967, pp. 65-93.

（6）B.Goldschmidt: *Piomners de l'Atome*, Stock, 1987, pp. 364-365.

（7）ZOEの意味は、puissance Zero, Oxyde d'uranium et Eau lourde である。

（8）一九四二年一二月二日にアメリカで世界初の原子炉シカゴパイルCP－1が成功したが、CP－1減速材として黒鉛を用いていた。

（9）Goldschmidt 1967, p. 188.

（10）ペランは一九七〇年までCEAの科学技術上の責任者を務めた。フランス原子力庁年次報告書（以下 *Rapport d'activité du CEA*,（1970）p. 2.

（11）Goldschmidt 1967, pp. 192-194.

（12）F.Perrin: "Le plan quinquennal du Commissariat à l'Energie Atomique", Atomes, avirl 1953, pp. 111 -112.

（13）例えばイギリスでは、一九五七年の原子力予算を一九五五年の三倍に拡大した。Goldschmidt 1967, p. 228.

（14）"Les programmes atomiques français au conseil économique", *Ruvue française de lénergie*, n°90, octobre , 1957, p. 30.

（15）実際に *Rapport d'activité du CEA* に軍事的応用が加わるのは一九五九年からであり、また軍事予算が明記されるのは一九六〇年の報告書からである。

（16）一九五四年一二月には原子力庁内に軍事利用担当部局の萌芽として「総合研究局」が設置されていた。文献 Goldschmidt 1967, p. 209. しかし、一九五六年後半までは核武装をすべきだという考えは一部の意見であった。L.Scheinman: *Atomic En-*

ergy Policy in France under the Fourth Republic, Princeton Univ. Press, 1965, pp. 97-98.

(17) H.Morsel: *Histoire de l Électricité en France, tomeIII*, Fayard, 1996, p. 719.

(18) 例えばイギリスでは一九五七年スエズ紛争の直後に原発開発計画を拡大し、一九六五年までに国内の電力需要の四分の一を賄う計画を立てたが、一九六〇年には当初の規模まで縮小した。バートランド・ゴールドシュミット著、一本松幹雄訳『回想アトミックコンプレックス――核をめぐる国際謀略』電力新報社、一九八四年、一五六頁。

(19) Goldschmidt 1967, p. 268.

(20) J-C.Debeir, J-P.Deléage, D.Hémery: *Les Servitudes de la puissance*, Flammarion, 1986, p.269.

(21) 当時フランスではこの論争はguerre des filières（炉型戦争）と呼ばれた。この論争については以下に詳しく説明されている。G.Hecht:*The Radiance of France*, The MIT Press, 1998, pp. 271-323.

(22) これに対する反論は*ibid.*, p. 272., Morsel 1996, p. 721.

(23) ＰＥＯＮ: "Les perspectives de développement des centrales nucléaires, avril 1968", *Les Dossiers de l'* énergie, tomeI, p.57, Morsel 1996, p. 721.

(24) ゴルドシュミット、前掲書、一九七頁。

(25) フランスは当初ＢＷＲも発注していたが、一九七五年にはＢＷＲ開発を放棄することに決定した。Framatom 社史*Framatom*, Albin Michel, 1995, p. 50., P.Bonnet: *Pourquoi l'*énergie nucléaire?, Eyrolles, 1982, p. 123.

(26) G.Capelle-Blancard, S.Monjon:"L'ndustire nucléaire en France", *Le nucléarie* à *la croisée des chemin*, Institut française des relations internationales, 1999, p. 31.

(27) *Ibid.*, pp. 32-33.

(28) Morsel 1996, pp. 683-684.

(29) *Framatom*, Albin Michel, 1995, pp. 121-123, Bonnet, p.131.

(30) ゴルドシュミット、前掲書、二八〇～二八一頁。

(31) ＣＲＩＩＲＳＤの公式サイトはhttp://www.criirad.org/である。また創設者の一人は生物学者のミッシェル・リヴァジであるが、リヴァジは現在、ヨーロッパ・エコロジー党の欧州議会議員である。

（32）原子力庁の付属機関である国立核科学技術研究所（ＩＮＳＴＮ）の所長ロラン・テュルパン氏に対して筆者が二〇〇九年一〇月二日に行ったインタビューに基づく。

（33）スーパーフェニックスの解体と廃炉の技術の最新情報については、下記の文献に記載されている。J.Guidez: *Superphénix*, Atlantis Press. 2016, pp. 365-378.

（34）ＣＯＥ‐ＩＮＥＳ国際シンポジウム〝最終処分地における参加型意思決定過程〟報告書、二〇〇七年九月六日於東京工業大学百年記念館、三頁。

（35）吉岡斉「世界の原子力発電の動向と日本の原子力政策の方向性」（『都市問題』、第一〇〇巻第一一号、二〇〇九年）、七四頁。

（36）電気新聞海外原子力取材班『原子力ルネサンスの風』電気新聞ブックス、二〇〇六年、四一～四四頁。

（37）*Ibid.*, pp.66-69.

（38）矢沢潔『原子力ルネサンス』技術評論社、二〇〇八年、八八～八九頁。

（39）東京電力福島第一原発で、導入費六〇億円とされる高濃度の放射能汚染水を処理するアレヴァ社の浄化装置は、二〇一一年九月以降、使われなくなっていた。「仏社六〇億円装置、退役　高濃度廃液に難・低稼働率　福島第一原発」「朝日新聞」朝刊二〇一一年一一月三〇日。

（40）二〇一〇年三月一〇日に原子力庁は一九四五年創設以来、初めて名前を変更した。原子力庁 Commissariat à l'énergie atomique から原子力・代替エネルギー庁 Commissariat à l'énergie atomique et aux énergies alternatives になった。Areva Actualité：Le CEA cHANGe de nom et devient le Commissariat à l'énergie atomique aux énergies alternatives（二〇一三年三月一三日）. http://www.areva.com/FR/actualites（二〇一六年九月一五日閲覧）。

（41）大西健一「原子力大国フランスの電力事情」（『場・ba』vol.6、二〇一三年）一四頁。

（42）Ｃ・ルパージュ『原発大国の真実』長崎出版、二〇一二年、二三～四五頁。

（43）フランスにおける原子力と民主主義の関係に関する史的分析は下記の文献でなされている。S.Topçu：*La France Nucléaire*, Seuil. 2013.

（44）Scheinman 1965. L.Scheinman, pp. 123-124.

（45）Le CEA: *L'atome de la recherché à l'industrie*, 282/Découvertes Gallimard（1996）p.52.

（46）Hecht 1998, p. 60.

（47）D.Mazzucchetti：*De divergences en convergences*, Romain Pages Éditions, 2005, p. 6.

（48）*Ibid.*, p. 15.

（49）*Ibid.*, pp. 14-17.

（50）*Rapport d'activité du CEA*, 1964, p. 32.

（51）*Rapport d'activité du CEA*, 1970, p. 30.

（52）Mazzucchetti 2005, pp. 77-81.

（53）*Ibid.*, pp. 83-93.

（54）G.Vendryes:*Superphénix pourquoi?*, Nucléon, 1997, p. 27.

（55）筆者によるヴァンドリエスへのインタビュー　二〇〇六年六月二一日。なおこのインタビューの全文日本語訳は以下に研究資料として掲載されている。

小島智恵子「高速増殖炉の父・Georges Vendryes 氏へのインタビュー：フランスは原子力開発をどの様に推進してきたか」（『総合文化研究』第一七巻第二号、二〇一一年）六五～八六頁。

（56）A.Ferrair, N.Sugier, L.Vautrey:'Le développement des réacteurs à neutrons rapide, les programmes français et étrangers', *R.G.N.*N°6, 1979, p. 586.

（57）筆者によるカールへのインタビュー（二〇〇六年七月四日）。なおこのインタビュー全文日本語訳は以下の論文中で掲載されている。小島智恵子「フランスに於ける高速増殖炉開発の歴史」（『総合文化研究』第一五巻第一号、二〇〇九年）一～三九頁。

（58）フェニックスは稼働期間中にナトリウム漏れを三二回起こしているが、その詳細については以下の文献に書かれている。J.Guidez：*Phénix*, EDP Sciences, 2013, pp. 211-219.

（59）J-F. Sauvage: *Phénix, une histoire de coeur et d'énergie*, CEA Valrhô, 2009, p. 137.

（60）筆者はマルクールでフェニックスの再稼働準備と再稼働後の二〇〇二～二〇〇八年の間、その責任者であったジョエル・ギデ（Joël Guidez）に対して二〇一五年一一月二日にインタビューを行ったが、その際に同氏はスーパーフェニックスの廃炉に伴い、そこでの研究を再稼働後のフェニックスが受け継いだと述べている。

（61）American Nuclear Society：http://www.ans.org/honors/recipients/va-nuclandmark（二〇一六年一一月一五日閲覧）。

（62）フランス原子力学会：http://www.sfen.org/fr/rgn/atalante-linnovation-au-coeur-du-cycle-du-combustible-nucleaire（二〇一六年一一月一五日閲覧）。

（63）Actu-Environnement：'Nucléaire : le démantèlement du réacteur Phénix est lancé', le 7 juin 2016, http://www.actu-environnement.com/ae/news/decret-demantelement-reacteur-marcoule-26950.php4（二〇一六年一一月一五日閲覧）。

第五章　西ドイツ「原子力村」の核スキャンダル
——核燃料製造企業の立地都市ハーナウのイメージ——

北村陽子

はじめに

「連邦共和国は、フリック化し、バルシェル化し、ハーナウ化する」[1]。一九八〇年代の西ドイツでスキャンダルとして取りざたされた出来事に、フリック社による違法な政治献金（verflickt）、シュレスヴィヒ・ホルシュタイン州首相ウーヴェ・バルシェル（キリスト教民主同盟）による州議会選挙での社会民主党やほかの政党候補に対する事実無根の個人攻撃（verbarschelt）、そして原発への核燃料製造企業群による二重帳簿・贈収賄・違法操業など数々の不祥事があった。法を犯した企業群はハーナウ市に立地していたため、このスキャンダルは「ハーナウ化する（verhanaut）」と称されたのである。

本章は、「核の平和利用」である原子力発電に不可欠な核燃料を製造・輸送する企業群が立地した都市ハーナウが、「夢の産業」の一端を担っていたというポジティヴな自負心をもっていた一九六〇年代から、いくつもの違法行為の発覚によってスキャンダルにまみれた様をあらわすことばに名をとどめるに至った経過を示すものである。たとえば一九八四年一〇月二一日付の『フランクフルター・ルントシャウ』紙の記事には、「ハーナウの核燃料企業なくして原子力経済は立ちゆかない[2]」と目されるほど、西ドイツの原子力産業に不可欠な位置を占めるという自信を示していた。その立場はしかし、「原子力の平和利用」が無害ではないことを世界に知らしめたチェルノブイリ原子力発電所の事故後に一変した。西ドイツでも連日、原子力発電所の所在地や建設予定地、さらには最終処分場候補地などで、原発停止を叫ぶ集会やデモ行進が見られた。ハーナウ市でも一九八六年一一月八日に、核燃料企業の閉鎖を要求する大規模なデモが行なわれ、その際参加者の一人ロベルト・ユンクから「ハーナウには死の工場がある[3]」とまで言われるなど、厳しい立場におかれるようになったのである。

本章で原発立地自治体ではなく、核燃料を製造する企業群の立地自治体を例にとったのは、原発のある自治体での情勢についてはすでにいくつかの研究がある[4]一方で、ハーナウ市では「核の平和利用」への疑念からの抗議運動が盛り上がったことに加えて、企業群の汚職が次々と明らかになって最終的に操業停止・企業解体に追い込まれる事態に発展したが、このような動きがあったことは、本田宏氏の二〇一六年の論説で、あらためてクローズアップされるまで、日本ではほとんど忘れられていたためである[5]。本章の関心は、このような原子力産業への毀誉褒貶を如実に体験した都市ハーナウのイメージ変遷を明らかにして、西ドイツにおける「核の平和利用」がどのように受容されていたかを明示することにある。

1　原子力の時代——核燃料製造企業の設立

「原子力村」の設置

アメリカ合衆国大統領アイゼンハワーが国際連合の総会で一九五三年一二月に行なった「アトムズ・フォー・

ピース（核の平和利用）」演説は、西ドイツ国内で原子力発電の実用化に向けた動きを促した。その一環として、「核の平和利用」への人びとの忌避感を薄れさせることを意図した巡回展覧会が、アメリカ政府の後援により一九五四年のベルリンを皮切りに翌年までに順次西ドイツの各地域で開催された。[6] 展覧会会場で行なわれたアンケートの結果を見てみると、「アメリカ合衆国が原子力を平和的に利用しようとするありのままの姿を見せている」という項目に関して、ベルリンでは九一パーセント、フランクフルト・アム・マイン（以下、フランクフルト）では七一パーセントが支持していた。[7] 原子力を軍事目的の原爆ではなく、電力として「平和的」に利用することをめざすとする合衆国の主張を浸透させる巡回展の目的は、ある程度達成されたと言えよう。

西ドイツで原子力研究が解禁されたのは、国家主権の回復や再軍備およびＮＡＴＯ加盟を認めたパリ条約の締結された一九五五年五月であった。同時期に西ドイツ国内の化学産業、電機産業、鉄鋼業界といった電力消費量の多い業界企業は、原子力開発の展望を探るための研究班を設置した。[8]

そこに参加した企業のうち、フランクフルトに本社を置く冶金企業のデグッサ（Degussa：ドイツ金銀分離工業、Deutsche Gold- und Silber-Scheideanstalt）社は、一九五五年八月にジュネーヴで開催された国際原子力会議にも研究の代表者を派遣し、[9] 同年九月には原子力発電に必要となる核燃料製造部門を設置している。[10] この部門の実験室は、フランクフルトから東に三〇キロほどのハーナウ市郊外のヴォルフガング地区に開設された。当時まだ人口が一〇〇〇人ほどのヴォルフガング地区は、一八七五年に火薬工場が操業をはじめて以降、工業地区として発展し、一九三一年には人工皮革製造工場も開設されている。一九三三年九月には恐慌のあおりで苦境にあった工場を冶金工業で有名なデグッサ社が引き受けることとなった。[11] このデグッサ社には一九三三年以降、ナチ政権による企業の「アーリア化」の過程で、いくつかの企業が傘下に組み込まれており、ドイツで最初にウラン精製を行なったアウアー社の株式も一九三四年にデグッサ社が取得している。第二次世界大戦中のデグッサ社は、ユダヤ人から奪った金銀を加工し、飛行機・潜水艦・魚雷に必要な部品やナトリウム、それに防毒マスクを製造・販売したほか、強制・絶滅収容所での囚人殺害に使用されたツィクロンBの製造にも携わっていた。[12]

一九五五年一〇月、西ドイツ国内の原子力に関する研究開発を、連邦、州、民間企業が協調して進めるため、連邦原子力問題省が設置され、翌年一月にはドイツ原子力委員会が発足している。[13] 連邦レベルでの原子力問題についての研究開発が推進されるなか、デグッサ社は戦時中に傘下のアウアー社が進めたウラン精製の経験をもとに、原子力発電への核燃料提供に名乗りを挙げる機会をうかがっていたことが、一九五六年一月の株主総会で社長のヘルマン・シュロッサーの次の発言から分かる。「……ドイツのなかで、唯一われわれの企業だけが一九四五年［筆者注：以前］から、ウランを製造していたという事実がまず指摘されなければならない、たとえそれが現在必要とされる精製度に達していなかったとしても……さらにわれわれは核物理学の分野で、独自にあるいは他社と共同ですでにいくつかの興味深い実績を発展させてきたし、また得てきている。こうした共通の基盤の上に、われわれはいまドイツで始まっている核物理学の発展に参加するべきだと考える」。[14] この発言は、戦後の西ドイツの核武装議論の展開を追ったノールによれば、原子力発電所のための核燃料製造という目的に加えて、いずれは遠心分離技術を応用した同位体分離の可能性をも念頭に置いた、原子力産業への積極的な参加と、可能ならばその分野をリードしたいという希望の表明であるともとれる。[15]

核燃料の研究開発をすすめていたヴォルフガング地区にあるデグッサ社の実験室には、当初五人の研究者、二二人の研究員、三人の実験補助、一人の助手が集っていたが、一九五七年ころから自らの実験室を、郊外にある核物理学研究所という意味合いで「原子力村 Atomdorf」と命名した。国内外からの視察が月に数件はあり、その際には「原子力村」案内日程と題した内部文書が回覧されるなど、「原子力村」はむしろ誇らしげに語られていた。[16] すでに建設されていた実験用の原子炉に安定的に核燃料を供給するため、デグッサ社のこの実験室に対して、連邦政府は一九五九年一〇月に安定的に核燃料を供給するための資金援助を決定している。[17]同年一二月、「原子力の平和利用およびその危険防護に関する法律」（以下、原子力法）が制定され、西ドイツ国内に原子力施設の設置が正式に進められることとなる。

原子力に対する恐れの成長

一九五〇年代の西ドイツ内では、一方で一九五七年三月のヨーロッパ原子力共同体（ユーラトム）結成を契機に、フランス、西ドイツ、イタリア、ベネルクス諸国との「核の平和利用」の機運が高まっていた。他方で同年四月五日に連邦首相コンラート・アデナウアーが記者会見のインタビューに答えて、原爆も通常兵器と変わらないと述べたため、原爆開発に意欲があるのかと受け取られて物議を醸した。[18]これに対して四月一二日、オットー・ハーンやカール・フォン・ヴァイツゼッカーら一八人の西ドイツの物理学者が、政府の核武装に反対し、核兵器に関する一切の研究に与しないことを主張した「ゲッティンゲン宣言」を出して反駁している。また社会民主党とドイツ労働総同盟は、「原爆死反対闘争 Kampf dem Atomtod」を組織して、核兵器の使用に反対の意を表明した。[19]核の軍事利用つまり核兵器の利用には、このように学術分野や左翼陣営からの批判があったが、他方で平和利用についいては、これらの動きに隠れて、「ゲッティンゲン宣言」に署名した研究者たちも含めて、多くが容認する態度を示した。同年七月に原子力の平和利用促進と軍事転用の阻止をめざす国際原子力機関ＩＡＥＡ（本部ウィーン）が設立されたことも、原子力利用を平和目的に限って進めるレトリックを国際的に浸透させたものと理解でき、西ドイツでもこの影響を多分に受けているといえる。

国内の「核の軍事利用」に対する反対の声があるなかで、西ドイツ連邦議会が一九五八年三月に連邦軍の核武装を決議したことは、西ドイツにおいて「核」をどう利用するのかについて、人びとに複雑な思いをもたらした。一九五〇年代にエネルギー源としての原子力の研究開発が進められた一方、広島と長崎に落とされた原子爆弾の印象が強かったため、軍事利用が人類の惨禍をもたらすのではないかという恐れもまた大きかった。たとえば一九五九年に実施されたアレンスバッハ研究所の世論調査によれば、原子力に無条件で賛成したのは回答者の八パーセントにすぎず、これに対して原子力はいつか核戦争につながると恐れている回答者は一七パーセントにのぼった。[20]

あるいは漠然とした不安を感じる人も多かったようである。デュッセルドルフ在住のハンス・ヴェルナーがヘッセン州知事に宛てた一九五九年一二月一五日付の手紙は、「原子力の平和利用」は汚染につながるのではないかという懸念を表明している。それによれば、ヴェルナーは九月に二週間ほどヘッセン州で休暇を過ごしたときに、雲があまりにも多く、これは今までにない気象ではないかと考え、また新聞で日照不足は放射能のせいではないかという文章を目にしたために質問状を送ったという。[21] 荒唐無稽ともいえるこの漠然とした不安は、平和利用といっても「核」そのものを何かしら恐ろしいものと感じたり、軍事転用されるのではと恐れる人びとが多かったことの証左であろう。

核燃料関連の企業設立、原子力への期待

「核の平和利用」が人びとに無条件に受け入れられたわけではなかったとはいえ、西ドイツ政府の方針は、「核の平和利用」を積極的に推進するものであった。そのため、商業用の原子力発電所を建設し、それらへの核燃料の供給を安定的に行なうことが最優先課題であった。デグッサ社はヴォルフガング地区の実験室での成果をもとに、一九六〇年四月一日にニューケム社（Nukem：原子力化学冶金有限会社、Nuklear-Chemie und -Metallurgie GmbH）[22]を発足させた。核燃料の製造、再処理、燃料サイクル、放射性廃棄物の貯蔵を業務とするニューケム社

写真１　核燃料製造企業が立地するヴォルフガング地区の入り口。
核燃料製造および関連する企業名の下に、「核兵器のない地区（Atomwaffenfreie Zone）と記されている。

出典：Initiativgruppe Umweltschutz Hanau, *Atomzentrum Hanau. Tödliche Geschäfte*, 1987, S. 56.

（資本金四〇〇万マルク）に出資したのは、デグッサ社（六七・五パーセント）、リオ・ティント社（二二・五パーセント）、マリンクロット社（一〇パーセント）であり、同年一一月にはデグッサ社の持ち分一五パーセントは金属工業社に移譲されている。[23]

このニューケム社は、ヴォルフガング地区に次のような関連子会社を単独で、あるいは他企業と合同で設立していった。まず一九六三年に軽水炉用および高速増殖炉用のプルトニウムの燃料棒を製造するアルケム社（Alkem：アルファ化学冶金有限会社、Alpha Chemie und Metallurgie）が、ニューケム社（四〇パーセント）、AEG社（三〇パーセント）、ジーメンス社（三〇パーセント）の出資によって設立された。また一九六六年には、放射性物質の運搬をヨーロッパ内外に行なうトランスニュークリア社 Transnuklear が、ニューケム社三分の二、フランスのトランスヌークリア社三分の一の出資比率で設立されている。ニューケム社が一〇〇パーセント出資したホーベク社（HOBEG：Hochtemperaturreaktor-Brennelement GmbH）は、実験炉と高温ガス冷却炉のための核燃料や燃料要素、それにフィルターや太陽電池などの特殊物質の製造を行なうことを業務として一九七二年に、そして燃料要素を製造してドイツに限らずヨーロッパ全体に供給する原子炉燃料ユニオン株式会社ＲＢＵ（Reaktor Brennelement Union GmbH）が一九七四年に、それぞれ設立されている。[24]

これら核燃料製造企業群が立地したヴォルフガング地区は、一九七二年に隣接するグロースアウハイムに合併されたのち、一九七四年にはグロースアウハイムとともにハーナウ市に合併されている。[25] この合併によって、ハーナウ市が原子力企業の立地自治体として知られるようになっていくのである。

ヘッセン州の教育省は、連邦政府の後押しを受けて設置されたデグッサ社の実験室が州内にあることを鑑みて、すでに一九五六年一月には州内の四大学で核物理学の研究を推進する方針を示した。[26] 将来的に地元の人材を活用した原子力産業の興隆をめざすという企業群立地自治体の強い意気込みが感じられよう。

ハーナウ市の地元新聞『ハーナウアー・アンツァイガー』は、一九六四年に「ヴォルフガングから国の支援のもと、原子力の平和利用を行なう」と題して、一地方自治体の企業が「原子力の平和利用」に貢献し、国内のエネルギー不足の解消にも役立っているという市民の強い自負心をうかがわせる記事を掲載している。[27] また、アルケム社が一九六九年からプルトニウム精製をはじめたことは、立地自治体にとっては「西ドイツで唯一」という冠詞がつくことで、都市の「魅力」がより増すこととなった。精製工場は、新聞記事によれば、「一グラムのプルトニウムは一七万三〇〇〇マルクかかるが、石炭三トン分のエネルギーを生み出している。シアンカリの三万倍有毒であるため、工場には特別のフィルターを取り付けられている。工場はまるでミルク製造工場のように清潔だ」[28]。これらの新聞記事からは、メディアを通じて「核の平和利用」が「安全である」というアピールが繰り返し行なわれた実情が見て取れる。

　エネルギー不足を解消し、発電コストも総体で見ればそれほど多くないと考えられた原子力は、一九六〇年代を通して重要な発電源と考えられ、そうした原子力発電所に核燃料を提供する企業群が立地したヴォルフガング地区、そしてハーナウ市は、西ドイツ国内の重要な産業が立地するという自意識を少しずつ高めていったのである。

2　環境意識の高まり

石油危機――原子力発電の需要増加

西ドイツのエネルギー供給は、一九六〇年代から徐々に石炭から石油へと比重を移し始めていた。石炭に関して、一九六五年以降国内採掘の割合が五割を切り、他方でエネルギー生産にしめる石油の割合が一九五七年の六パーセントから一九七二年には五五パーセントにまで増加している。ところが翌年の一九七三年に石油輸出国機構が減産を発表したため、世界中で「石油危機」と呼ばれる経済的な混乱が引き起こされた。それは西ドイツにも国全体のエネルギー政策のみならず経済全般に深刻な打撃を与える問題であった。この過程で、先述のように「一グラムのウランは三トンの石炭を節約する」[29]と言われた原子力への期待が高まり、石油危機以降は原子力由来のエネルギー増産が求められた[30]。そのため、原子力発電所用の核燃料を製造するニューケム社をはじめとするヴォルフガング地区の企業群は、当時ヘッセン州の経済の主柱へと急成長したのである。

　この点は、一九七五年五月一五日のヘッセン州の商工会議所の総会において報告された、ニューケム社の実績が明白に示している。従業員数でいえば、一九六〇年には一四五人だったのが、その後の一五年で一五〇〇人にまで増えたこと、そして一九七三／七四年の石油危機が、州内の就業率を一・四パーセント減少させたにもかかわらず、ニューケム社だけはおよそ一〇パーセントの増加を示したという[31]。

そのような原発によるエネルギー増産が期待されるなか、一九七五年七月一五日の原子力法改正法は、核燃料製造の工場設置に原発と同じく立地する州の認可を要件とするよう手続きが厳格化された。この手続きの厳格化は、当時ニューケム社の製造工場拡張の話が持ち上がっているなかで、「雇用の危機？」（『ハーナウアー・アンツァイガー』紙[32]）につながるのではないかという恐れを抱いた州議会議員のことばに代表されるように、地元企業の「発展」を阻害するものととらえられた。なぜなら、ニューケム社をはじめとしたハーナウの企業群は、行政の慣行上「核物質の取扱い認可」を得ていただけで、工場自体の安全性に関する審査を受けないまま操業を続けていたからである[33]。

具体的に変更されたのは、ニューケム社以下の核燃料製造企業およびその輸送作業に当たる企業に対しても原子力発電所の設置許可と同様に、あらたな工場の設置に際して次のような認可手順が義務づけられた点である。まず企業は新設もしくは拡張するための設置申請を州の許可行政庁（内務省もしくは経済省）に提出する。この申請のうち、とくに安全基準に関しては、独立した鑑定機関である州の技術監査協会が審査に必要な調査を委託することとなる。並行して州の許可行政庁は、申請書類を連邦内務省に提出し、連邦内務省は安全審査を諮問機関である原子炉安全委員会と放射線防護委員会に委託する。原子炉以外の部分、たとえば水や土地の利用に関しても問題がないかどうかを、州の許可行政庁は関係する州の省庁と協議するほか、連邦内務省も連邦レベルの関係省庁と協議する。また既存の施設に関しては、さかのぼって安全審査を申請し、操業の認可を得る必要がある。

こうした安全審査が進められるなかで、州政府にはさらに市民の意見を聴取することが義務づけられた。まず計画の公示（Bekanntmachung）、申請書および関係資料の縦覧（Auslesung）、縦覧期間中の異議申し立て（Einwendung)、それを審議する聴聞会（Erörterungstermin）を開催する。聴聞会の後は、安全審査の結果をふまえて設置の可否を決定する。州が許可しても連邦が許可しなければ設置は却下されるが、州が却下した案件に連邦が設置許可を与えた場合、州は原子炉とは関係しない建物の構造や土地・水の利用、それに人員配置などの認可権をもった。[34]いずれにしても州の決定権が大きいものであったといえる。ただし、産業界からの懸念により、この厳格な法規制を、すでに操業している工場については適用を延期して、現行の操業認可を一九七七年一〇月三一日まで有効とする妥協案が成立した。[35]

原子力法の改正によって原子力発電所のみならず、核燃料製造工場の新規建設や各省庁の手続きが厳格化された背景には、一九七〇年代に環境意識が高まったことがある。これによって、一九五〇年代以降地域ごとに散発的に生じていた原子力発電所の関連施設への抗議運動が、全国的な反原発運動に発展していった。一九七五年二月にヴィール村（西ドイツ南西部のバーデン・ヴュルテンベルク州）で原発建設予定地を占拠した運動は、地元以外から抗議活動に参加する若者があらわれた最初の大きな運動である。これ以降、ブロクドルフやカルカーなどほかの原発建設予定地でも、こうしたアウトノーメとよばれる若者たちが、ときに暴力行為も辞さない形で抗議運動を展開していくことになる。[36]

原発立地自治体のみならず、原発に核燃料を提供する製造工場が立地したヴォルフガング地区、のちにはハーナウ市でも、原発に対する抗議運動の影響を受けて、政治的な環境運動であるエコロジー運動が展開された。一九七七年二月、ハーナウ市の三〇人ほどの若者たちによって、「原子力の平和利用」に反対する「ハーナウ環境保護イニシアティブ」(Initiativgruppe Umweltschutz Hanau) が結成されたのである。とはいえこのイニシアティブは結成直後にはそれほど大きな影響力を持っていたわけではなかった。実際、一九七八年にニューケム社が事業拡大のために工場の増設を発表した際、地元住民たちは、環境汚染という視点からではなく、「森林を切り開いての会社拡張反対」（『ハーナウアー・アンツァイガー』紙、一九七八年五月一〇日）[37]を主張したのである。

原子力の安全性の観点からではなく、地元ヴォルフガング地区における森林破壊に反対する声の高まりを考慮して、ニューケム社は一九七八年に製造工場の一部をバイエルン州のアルツェナウ村に移転することを発表した。この地域を管轄するバイエルン州労働局北部支部が、同年三月七日付で移転による労働市場の変化に関する見解をまとめたところによれば、バイエルン州には工場移転により全体で二五〇のあらたな雇用が生み出されるという。[38]これに対してヘッセン州政府は、「三〇ヘクタールの森林は一五〇の新たな雇用を生み出す」（『フランクフルト一般新聞』一九七八年三月三〇日）と主張して、ニューケム社の移転を阻止したい考えを表明している。しかし現実には「ハーナウの企業はアルツェナウで雇用を始めた――ニューケムはバイエルン州に原子力関連ではない業務を移転[39]」（一九七八年六月一日付『ハーナウアー・アンツァイガー』紙）することとなった。

一九七九年三月二六日に起きたスリーマイル島の原発事故は、西ドイツ全体で反原発運動を展開する人びとに共同歩調をとらせるようになった。とくに事故以前から計画されていた最終処分場のゴアレーベンに反対する抗議活動はさらに強まった。デグッサ社の本社があるフランクフルト市ではスリーマイル島の原発事故の早期収束に加えて、電力連合クラフト・ユニオン社やニューケム社など西ドイツの原発関連企業を地球上から追放することと、ビブリス原発（ヘッセン州）を即時停止することを要求する五〇〇〇人規模の集会が、同年四月七日に市庁舎前で開かれている。[40]とはいえ、ハーナウ市でもこのような原子力関連施設および企業への反対が大きなうねりとなったとはいえず、一九七九年一一月一六日付の『ハーナウアー・アンツァイガー』紙に掲載された記事のように、「原子力はクリーンで環境に優しい[41]」という「原子力の平和利用」が繰り返し肯定されていた。

「原子力の平和利用」が安全で安心だと無批判に喧伝された状況は、一九八〇年八月二九日付の『フランクフルター・ルントシャウ』紙がアルケム社の違法操業を報じたことで一変する。報道によれば、アルケム社は一九七五年以降、原子力法改正法にもとづく認可を得ないままプルトニウムを精製していたという。[42] さらに一九八一年に入ると、連邦内務省から操業停止が勧告された。これら一連の報道後、ハーナウ市では何度か抗議運動が行なわれ、その最大のものは一九八一年六月末に市内外からおよそ一〇〇〇人が参加した抗議デモであった。[43]

ハーナウ市の核燃料製造工場に対する抗議活動への参加者は、たしかに原発あるいはその関連施設建設予定地での抗議運動に比べてそれほど多くなく、ハーナウ市の経済ジャーナルにあるように、「ハーナウとその近郊では大きな抗議運動は実際のところ生じなかった」[44]（一九八三年第一号）かもしれないが、それでも市のみならず州の経済の主柱でもあるニューケム社の関連企業に対する反対運動がその立地自治体で生じたことは、過小評価されてはならない。現に『フランクフルター・ルントシャウ』紙が一九八二年一月二二日付で報じた世論調査によれば、西ドイツ国民の多くは原子力の必要性を理解しつつも、恐れる面もあるという複雑な心境であったという。[45] そしてこの矛盾するような意識は、より多くの人びとに「原子力の平和利用」に疑念を抱かせるようにもなったのであり、原子力に関連することから、核燃料製造工場でも抗議活動が展開されたのである。

「原子力の平和利用」に対する懐疑

一九八三年、ニューケム社は原子力法が改正される以前から計画していたヴォルフガング地区の工場増設を、一九八三年五月九日にヘッセン州経済省に申請した。申請後の拡張計画に関する公示、資料の縦覧および異議申立期間を経て、同年一〇月二五日に開かれた住民を交えた聴聞会の席上で、申請書にあった生成過程で生じる放射線量の数値が、一〇〇〇分の一も低く見積もられていたことが指摘された。この過小報告を聴聞会で指摘されたニューケム社社長のカール・ゲアハルト・ハックシュタインが、数値は「書き間違い」であったと釈明したことに対して、出席者は故意に数値を低く見積もったのではないか、またほかの数値も改竄されているのではないかと疑問を抱いた。さらに認可を審査する委員会に、「原子力の平和利用」推進を掲げるドイツ原子力会議（Deutsches Atomforum）に所属するアンゲリカ・ヘッカー博士が名を連ねていることは、審査の公平性が担保されないのではないかという疑義を出席者に生じさせた。(46) このように、工場増設の申請書類に不審な点があると唱えた出席者は一四四〇人にものぼり、(47) 加えて州の安全審査をする委員会の中立性が疑問視されたことから、(48) ニューケム社は申請書を再提出する事態に追い込まれた。その後あらたな申請書をもとに、一九八四年六月に二度目の聴聞会が開催されたが、この席上では、環境保護を訴えて結成されたヘッセン州の緑の党の代表たちが、あらためて工場拡張に反対意見を表明し、住民たちも工場増設に対する不安を次々に口にした。(49)

住民の間で核燃料製造企業への不信と不安が積み重なっていった一方で、州首相のホルガー・ベルナー（社会民主党）は、一九八四年七月四日に州議会で「労働、環境、そして社会的責任」と題した演説を行なっている。石油危機後の一九七六年に就任したベルナーは、環境意識が高まっていることを認識した上で、州政治にとっては雇用の確保こそがより重要な政策であると強調し、(50) ハーナウ市の企業群の即時閉鎖を要求する州内の緑の党や環境保護グループの主張を批判したのである。企業利益の重視を党是とする自由民主党選出のヘッセン州議会議員も、核燃料製造企業に懐疑的な緑の党(51) の姿勢に対して、もしこれらの企業を操業停止あるいは閉鎖したとしたら、原子力を利用できなくなるだけではなく、西ドイツが産業社会たることをやめてしまうことにつながる、と懸念を表明した。(52) 同年七月には、州内の産業振興を重視する点からも、認可権をもつ州経済大臣ウルリヒ・ステーガーがニューケム社の工場増設の許可を与えるとの見方が報じられている。(53)

ハーナウ環境保護グループは、一九八四年九月、かねてから原子力法改正法に抵触すると連邦内務省からも指摘を受けていたアルケム社の違法操業を提訴した。(54) 住民グループと同調する緑の党に対して、州政府の政権与党である社会民主党は、アルケム社の違法操業はないと否定し、緑の党から出されたニューケム社およびアルケム社の即時操業停止と工場増設の却下の要請をはねつけた。[55] 立地自治体であるハーナウ市の市議会も、緑の党が求める企業の操業停止は受け入れられないという立場をとった。[56]

ヘッセン州内での原子力をめぐるこのような対立構図は、西ドイツ全体でも同様に確認される。一方では本章「はじめに」で紹介した『フランクフルター・ルントシャウ』紙の一九八四年一〇月二〇日の記事にあるように、「ハーナウの核燃料製造企業なくして原子力経済は立ちゆかない[57]」という、電力供給や産業全体に占めるハーナウ企業群の重要性を強調する議論があった。他方で、社会民主党の青年部のうち、ハーナウ市近郊の地域を管轄するマイン・キンツィヒ郡支部は、徐々に原子力から撤退することが党大会で主張されていたはずであるとして、ヘッセン州経済省にその旨を申し立てて、工場増設を認可しないよう訴えた。[58] 州政府の与党である社会民主党が、原子力発電を経済や雇用の面からむしろ推奨しているのと対照的である。また『日刊紙』の一九八四年一〇月二九日付の記事のように、「ハーナウは原子力マフィアの中心だ[59]」という核燃料製造企業への強い批判も見られた。

とはいえ、一九八四年に実施されたアレンスバッハ研究所の世論調査によれば、「原子力の平和利用」に賛成の回答者は六九パーセントと、容認する姿勢が強かった。逆に西ドイツが「原子力から撤退する」ことに賛成したのは回答者の一六パーセントにすぎなかった。むしろ「原子力発電所は環境に害を及ぼさない」と考えたのは、回答者の四〇パーセントにのぼり、スリーマイル島の原発事故があった一九七九年の調査時には二五パーセントにとどまっていたのとは大きく異なる。[60] 総じて西ドイツ内の意見は、一九八四年段階では「原子力の平和利用」に賛成または容認する声が大きく、原発は環境を汚染しないと考える傾向があったといえる。

こうした世論もあって、州政府は一九八四年一一月二八日にニューケム社の工場増設を認可した。[61] 原発あるいは関連施設の設置認可の最終決定は州政府にあるため、手続き上これで工場増設が可能となったが、ニューケム社の「書き間違い」以降、企業の報告する数値に住民側が不信感を抱くようになっている現実を無視した形での認可に、市内外で抗議の声が大きくなったため、州首相ベルナーは連邦政府も認可の決定に関与することを要請し、その点を詰めるべく連邦内務省に話し合いを申し出た。しかし連邦内務大臣ヴォルフガング・ショイブレ（キリスト教民主同盟）は、ベルナーからの再三にわたる話し合いの申し入れを、「その必要はない」として却下した。[62]国策としての原子力利用の促進が、州政府の認可によって最終的に決定される齟齬を是正するよう申し入れた州首相ベルナーに対して、連邦政府は拒絶を示したのである。

環境保護意識が高まったことを背景に、ヘッセン州ではすでに一九八二年から州議会に議席を得ていた緑の党が、一九八五年に社会民主党政権と連立を組むこととなり、それに際してあらたに州の環境・エネルギー省が設立された。初代大臣には緑の党所属で核燃料製造企業に批判的なヨシュカ・フィッシャーが就任している。フィッシャーの起用は、ヘッセン州という地域政治のなかでエコロジーの視点がより強くなった当時の状況を反映したといえよう。続いて連立与党は、ヘッセン州の原子力政策への勧告をまとめる委員会を設置した。両政党から四名ずつの委員が選出されたことから「二かける四」（ドッペルフィアラー）と呼ばれたこの委員会は、アルケム社について、軍事転用可能な物質を製造する作業を続けているとして、安全性の認可申請が却下される可能性を指摘した。[63]しかしこれらの企業群に対する雇用上の期待がなくなったわけではなく、違法操業で提訴されているにもかかわらず、また「二かける四」委員会の指摘にもかかわらず。「アルケム社の職場は労働政策的に維持することが望まれる」[64]という声がなお聞かれ、アルケム社を含めた核燃料製造企業群が州政府によって操業停止を命じられることもなかった。

なお一九八五年はグリム兄弟の兄ヤーコプの生誕二〇〇年の年に当たり、これ以降毎年五月から七月にグリム兄弟祭（Brüder Grimm Festspiele Hanau）が生誕地ハーナウで開催されるようになった。ドイツ・メルヘン街道の起点都市で毎年グリム童話にちなんだ野外劇が行なわれるようになったことで、核燃料製造企業の所在地というハーナウ市のイメージに、あらためて文学の色彩が加えられることになった。

チェルノブイリ原発事故の影響

一九八六年四月二六日、当時のソ連邦にあったチェルノブイリ原子力発電所で最大想定規模の事故が発生した。この事故ははじめ、発生したこと自体明らかにされなかったが、報道されるやいなやヨーロッパはもとより世界中で放射線被曝という目に見えない危険性に対する驚きと不安を呼びおこした。この事故をきっかけとして、今や原子力発電所は安全ではなく、原子力発電は環境に害をもたらしうることが誰の目にも明らかになった。西ドイツ各地で反原発運動がさまざまな形で生じ、子どもの健康を心配した親たちの組織の結成や、原発関連施設付近での即時停止を訴えるデモ行進など原発への不安を多くの人が行動に移した[65]。西ドイツ内の各地の原子力発電所では安全性の確認作業がすぐにも着手され、ハーナウ市の核燃料製造企業群も放射線防護の観点から、同様に施設の安全性の点検が行われた。

このような状況のなかで、ヘッセン州の商工会議所は一九八六年五月三〇日付で、なおも「原子力の平和利用」を肯定する声明を報道機関に配信した。「原子力は雇用と安定的な電気料金を保証する[66]」と題したこの声明は、産業振興のためには原子力を放棄するわけにはいかない、とする同会議所の見解を示している。原発事故直後であっても、原子力の有用性を技術や安全の側面からではなく、経済的な側面から判断する姿勢が産業界には根強かったことを示しているといえよう。あるいは一九八六年六月一九日付の『フランクフルト一般新聞』で報じられた「感情が現実を凌駕してはならない[67]」という原発反対派への批判は、原発の即時停止を主張する反対派の主張を批判し、原子力の経済性を見極めるべきだという立場が産業界に根強いことを示している。

しかし住民たちのなかには、こうした原子力の平和利用を擁護する主張に対して、「経済性より安全性を優先」[68]するべきだという意見もあり、またヘッセン州環境大臣のフィッシャーは、同年八月には、州経済大臣のシュテーガーと州首相ベルナーに対して、ハーナウの核燃料製造企業群をすぐにも閉鎖するよう要求した。[69]

ハーナウ環境保護グループは一九八六年一〇月八日、議会内にハーナウ核燃料製造企業群の認可に関する状況と現状を調査する委員会を立ち上げるよう緑の党の州議会議員団に要請した。ニューケム社やアルケム社が一九七五年の原子力法改正法にもとづく安全性の認可を得ていないのにウランやプルトニウムを精製していたこと、RBUが放射線を含んだ冷却水を地下水に流し込んだこと、といった違法行為に対して、どの主体がどのように責任を取るのか、管轄官庁である州の経済省や環境省が黙認したり秘匿したりできないようにするにはどうしたらよいか、といったことを裁定する組織が必要だというのである。[70]しかしRBUに対してこうした違法行為をもとに認可を取り下げることは、連邦レベルでの同意がなければできないことがすぐにも明らかにされた。同年一〇月九日付の『キンツィヒタール報道』紙によれば、連邦環境大臣ヴァルター・ヴァルマン（キリスト教民主同盟）の同意なくRBUの操業停止を州政府レベルで決定することはできないという。[71]この点を勘案して州首相ベルナーはハーナウ市長ハンス・マーティン（社会民主党）に宛てて、「操業停止は社会契約的に行なわれるべきだ[72]」として、ハーナウの核燃料製造企業の雇用は守られること、原子力以外に新しいエネルギー供給源に乗り換えるにしても雇用が確保される形でなされるべきであること、と書き送っている。

西ドイツ国内の原発立地自治体はもとより、各地で原発に反対する大規模な抗議デモが相次いで行なわれたなかで、核燃料製造企業群が立地するハーナウ市では、一九八六年一一月五日に州首相ベルナーが、州議会においてハーナウの核燃料製造企業群を閉鎖させず、雇用を守ると言明した。そしてこれら企業群の閉鎖を要求する緑の党に対して、住民たちの反対運動を原子力発電所の運転停止の足がかりにしようとするのはあまりにもお粗末

写真２　1986 年 11 月 8 日のデモの様子

出典：HHStAW, *3008/1.*

で、エネルギー政策的にもお話にならないと一蹴した。(73)

この立場表明に対して、一九八六年一一月八日に二万五〇〇〇人が参加する大規模なデモがハーナウ市で行なわれた。このデモには核燃料の製造過程から放射性の汚染物質が工場周辺に出ているのではないかと恐れた地元住民をはじめ、市内外の反原発活動に取り組む人びとや各地の原子力発電所の抗議運動に参加した若者グループであるアウトノーメたちも、ヘッセン州警察の報告によれば「全国からバス三六台を連ねて」加わり、「全国的にハーナウ核燃料製造企業に抗議の声」が挙がった。(74)とくに黒い覆面をかぶり暴力行為や破壊行為を繰りひろげたアウトノーメたちは一五〇〇人にものぼり、最後には盗難ピストルを使った発砲事件まで起こしている。(75)「デモの後に暴力行為――数千人がヘッセン核燃料企業の停止を要求」したこのデモにはユンクも参加しており、参加者に向けて「非暴力か暴力か、重要なのは抵抗することだ」「君たちを破壊するものを破壊せよ」と呼びかけた。(76)これらデモ参加者は、同日夕刻に市中心部からヴォルフガング地区まで行進して、核燃料製造の即時停止を工場の敷地前で要求している。[77]
西ドイツ各地から反原発を訴える人びとが集結したこの大規模デモは、しかしハーナウ市の企業群を操業停止に至らせることはなく、一九八七年一月一八日付の『フランクフルト一般新聞』が報じているように、原子力発電所に核燃料を供給する企業群が立地する「ハーナウ「原子力村」はドイツ核工場の中心[78]」であり続けた。

3　「核スキャンダル」の発覚――「原子力村」の終焉

アルケム社の違法操業とトランスニュークリア社の贈賄

一九八七年二月九日、州首相ベルナーは州環境大臣フィッシャーを解任した。フィッシャーと緑の党の州議会議員団が、アルケム社の操業許可を取り消さないのならば連立を解消すると政権与党の社会民主党に迫ったためである。フィッシャーは自らの要求を拒否したベルナーを、史上初の赤緑連合（社会民主党と緑の党の連立政権）を崩壊に導くと批難し、むしろ自ら辞職することを党の会合で宣言したのである。[79]
州政権内部でのこうした対立をよそに、一九八五年に住民グループによって安全性の認可を得ないままの違法操業のかどで提訴されていたアルケム社は、一九八七年に法廷で審理されはじめた。この裁判と並行して、精製工場の安全管理が不十分であり、ニューケム社やアルケム社での事故により、プルトニウムを取り扱った従業員が被曝した事実が明らかになった。この事故の状況を調査するにつれ、核燃料の取扱いについて、さらに二つの事実が発覚した。一つはアルケム社においてプルトニウムの取扱い記録が改竄されていたこと、また二年間RBUで紛失に気づかれていなかった濃縮ウラン二五キロが入った二つの容器がアルケム社で見つかったことである。さらに使用済み核燃料に加えて作業員が使用したマスクや防護服など放射線によって汚染された物品も含め

写真３　ハーナウ市ヴォルフガング地区

警察のヘリコプターから撮影、1987 年 3 月 26 日
出典：*Sonderheft Lichtbildmappe*, in: HHStAW, *476, 6Js 3930/85.*

て輸送する国内事業のおよそ六割を担っていたトランスニュークリア社が、ベルギーのモル社（Mol）やスメット・ジェット社（Smet-Jet）、スウェーデンのストズヴィク・エネルギー社（Studsvik Energieteknik AB）およびダルマ社（Aktiebolaget Dalma）といった受け入れ企業に賄賂を渡していたことが一九八七年四月に明らかになったほか、放射性物質の輸送書類を改竄していたことなどが、次々に白日の下にさらされた。[80][81]

トランスニュークリア社に関しては、一九八七年一月二日にあらたに商業部門のトップに就任したハンス＝ヨアヒム・フィッシャーが、ヘッセン州財務省の求めに応じて、一九八一年と一九八五年の同社の収支報告を提出するために書類を集めていたところ、さまざまな形で偽造された領収書を発見した。それらは高すぎる金額を記載したもの、白紙のもの、名宛て人が架空のものなどである。これに関しては、書類の日付から当時の技術部門を統括していたペーター・

フィゲンから、後任となった当時の社長ハンス・ホルツに裏金作りが伝えられて継続していたことが明らかになっている。H＝J・フィッシャーをはじめとするトランスニュークリア社の幹部は同年三月一三日に緊急の会議を開いたが、続く数日でさらに二〇〇万マルクの虚偽申告があったこと、ホルツが私腹を肥やしていたこと、輸送業務の顧客であるプロイセン・エレクトラ社に巨額の違法献金があったこと、そのほかの顧客にもテレビや車、また家のリフォームのかたちで賄賂が贈られたこと、が明らかとなった。これまで伏せられていた事実がトランスニュークリア社の幹部たちに知れ渡ったため、ホルツは薬剤による自殺未遂をおこした。また心労で倒れたH＝J・フィッシャーは、病床で財務省の官吏とともに賄賂の受領者名簿を確認させられた。

トランスニュークリア社のこの受領者名簿に載っていたのは、プロイセン・エレクトラ社、ライン・ヴェストファーレン電力会社（RWE）、バイエルン電力会社各社の社員、さらにはビブリス、ブロクドルフ、シュターデの原子力発電所の放射線防護監督官、フィリップスブルク、ネッカーヴェストハイム、ウンターヴェーザー原子力発電所の職員、ベルギー、スウェーデン、スイスの関連企業の幹部であり、彼らには贈り物や現金が渡されている。[82]

リストの詳細はすぐには報道されなかったものの、ハーナウ企業群が行なった違法操業や賄賂などの犯罪行為を、社会民主党の州政権が適切に対処できなかったため、一九八七年四月に前倒しして行われた州議会選挙では、戦後一貫して与党であった社会民主党がその座をキリスト教民主同盟に明け渡すことになり、州首相には初代の連邦環境大臣を務めたヴァルマンが就任した。トランスニュークリア社の幹部であったフィゲン、ホルツ、そしてホルツのもとで裏金口座を管理していたハンス＝ギュンター・クナックシュテットは、同年四月初めに解任された。さらに同四月二七日には、五〇〇万マルク以上の賄賂をトランスニュークリア社から受け取っていたプロイセン・エレクトラ社のクラウス・ラムケが線路に飛び込んで自殺した。[83] そして一連の贈収賄事件の捜査が進むなか、一九八七年一二月一五日、取り調べのために拘置されていたトランスニュークリア社社長のホルツが自殺した。連邦環境大臣クラウス・テプファー（キリスト教民主同盟）はその二日後の同月一七日、トランスニュークリア社の操業許可を取り消している。[84]

ハーナウ企業群の解体

二人の自殺者を出したトランスニュークリア社の事件は、一九八七年一二月末に、同社の敷地内から違法に保管されていた核廃棄物五〇缶が見つかったことで、あらたなスキャンダルに発展した。[85] その数は日を追うごとに増え、最終的には二四三八缶にものぼった。[86] 日々増え続ける違法に保管された核廃棄物に、ハーナウ市長マーティンは、都市イメージを心配した。[87]

加えて一九八八年一月には、ニューケム社とトランスニュークリア社が、核不拡散条約に抵触したのではないかという嫌疑がもちあがった。その内容は、核兵器を製造できる物質をリビアあるいはパキスタンに輸送したのではないかというものである。不祥事の連続であったハーナウ企業群に対する世論が厳しくなったため、連邦環境大臣テプファーは一九八八年一月一四日付で、ニューケム社が事態を解明するまで操業を認めないとする、事実上の事業停止処分を与えるべきだと示唆した。[88] これら一連のスキャンダルは、ヘッセン州のほかの都市にとって、「ヘッセンはハーナウだけではない」[89]として差別化を図る必要に迫られる事態を生じた。企業群が立地する都市ハーナウにとっては完全に「イメージ喪失」[90]であった。ハーナウ市の住民たちは都市の「良いイメージを心配」[91]し、また「マルクト広場に核燃料製造工場はない――八万五〇〇〇人都市ハーナウは否定的な印象を払拭したい」[92]と考えたのである。こうした否定的な印象の払拭をはかりたい市民たちは、一九八八年一月一七日に開催された反原発デモを、都市イメージの悪化に拍車をかけるものと考え、五〇〇人の参加者に対しても冷淡な反応を示したという。[93] デモの翌日、緑の党を除く州内の政党は、ニューケム社の操業停止やほかの不祥事によって危うくなっている雇用を、親会社が維持すべきだと強調し、[94] 企業群設立の中心となったデグッサ社に救済を求めている。実際、州政府は操業停止中のニューケム社を含めた企業群を維持したい[95]と考えていた。とはいえそれは実現困難な希望であり、一九八八年七月には「ニューケムから一〇〇〇人解雇――核燃料製造企業は過去を清算する[96]」こととなった。

操業を停止せざるを得なくなったニューケム社は、一九八八年になおまだ株を保有していたデグッサ社が引き継いだが、すぐにジーメンス社が株式の四〇パーセントを保有するようになって事業を引き継いだ。ジーメンス社は一九九一年にすべての事業をアルツェナウに移転して、[97] 核燃料を世界各地に供給するようになった。いくつもの不祥事が明るみに出たトランスニュークリア社は解体され、[98] 核廃棄物の輸送業務は、当時まだ国営であったドイツ鉄道が引き受けることとなった。外国にあったトランスニュークリア社の関連会社（合衆国、スペイン、日本、ベルギー、アルゼンチン）は売りに出された。[99]

違法操業に関するアルケム社の裁判は、一九八八年七月一二日、当時の社長でありキリスト教民主同盟選出の連邦議会議員でもあったアレクサンダー・ヴァリコフ、州環境大臣カールハインツ・ヴァイマル（キリスト教民主同盟）、州環境省事務官マンフレート・ポップの責任を追及する裁判が結審した。安全基準に問題のある古い構造物は認可されえないものであり、また原子力法の改正にともなって、認可はすべてあらたに必要となるが、それについての申請が出されていなかったことは法の規定に違反するとの判決が出されたが、訴追された個々人の責任はないものとされた。[100] 同年一〇月三日、ジーメンス社に合併されたアルケム社とRBU社は、その企業活動を終えた。[101] ホーベク社が一九九五年四月一二日付でアルツェナウに本社を移転したことで、[102] 核燃料製造企業群はハーナウ市から姿を消すこととなった。[103]

核燃料製造企業がなくなったヴォルフガング地区の跡地利用として、デグッサ社は二〇〇二年、一〇〇パーセント子会社である産業地区ヴォルフガング（Industriepark Wolfgang）を設立した。この地区には、材料技術、特殊化学、バイオ化学の企業が集積するようになった。これに隣接する跡地については、二〇〇三年ころに中国に売却する旨が当時の首相シュレーダーによって言及されたが、二〇〇四年二月に「核戦争を防止する医師団」（Internationale Ärzte für die Verhütung des Atomkrieges, IPPNW）が、「ハーナウを買おう」イニシアティブを設立し、土地の購入資金を募った[104]。ところが敷地内からなお核燃料が発見されたため、中国への売却は立ち消えになり、外国への売却がなくなったことで使命を終えたイニシアティブも解散された[105]。残された核燃料が二〇〇五年に撤去されたのち、ほぼすべての建物が解体されて、あらたに技術地区 Technologiepark が建設された[106]。かつての核燃料製造企業の立地場所であったハーナウ市は、原子力産業の興隆および凋落と運命を共にしたが、それら核関連の痕跡がなくなった現在、市を表象するのは原子力ではなく、グリム童話とあらたに成長した総合的な化学産業である。

注

（1）„Die Atomstadt wünscht sich Sonne. Hanau-ein Jahr nach dem Sturm über Nukem“, in: *Die Zeit* vom 16. Dezember 1988.

（2）“Die Nukem und ihre weit über das Land strahlenden Töchter,” in: *Frankfurter Rundschau* vom 21. Oktober 1984.

（3）“In Hanau Fabriken des Todes”, in: *Frankfurter Rundschau* vom 10. November 1986.

（4）Tresantis (Hg.), *Die Anti-Atom-Bewegung. Geschichte und Perspektiven*, Berlin/Hamburg: Assoziation A 2015; 青木聡子『ドイツにおける原子力施設反対運動の展開』ミネルヴァ書房、二〇一三年を参照。

（5）本田宏「ドイツの「原子力村」と安全規制の政治争点化（Ⅰ）（Ⅱ）」『北海学園大学法学研究』五二（一）、二〇一六年一～四三頁、五二（二）、二〇一六年、一四五～一八八頁。本田氏の論説は、州政治の力学を背景にした「原子力村」ハーナウの分析であり、都市イメージの変遷を考察する本章にとってもたいへん有益な論点を提示してくれる労作である。

(6) 竹本真希子「一九八〇年代初頭の反核平和運動——「ユーロシマ」の危機に抗して——」(若尾祐司・本田宏編『反核から脱原発へ』昭和堂、二〇一二年)、一五五〜一八四頁、ここでは一五八〜一五九頁。

(7) Institut für Stadtgeschichte Frankfurt am Main, *Amerika Haus, V 113-753*, Report Nr. 208, Series No. 22, Feburary 15. 1955.

(8) 本田宏「ドイツの原子力政策の展開と隘路」(若尾・本田編『反核から脱原発へ』二〇一二年)、五六〜一〇四頁、ここでは五七頁。

(9) Manfred Stephany, *Zur Geschichte der Nukem 1960 bis 1987*, Norderstedt: Books on Demand GmbH 2005, S. 13-15. なお、本章のこれ以降のニューケム社ほかの企業群の設立に関しては、本田「ドイツの「原子力村」(Ⅰ)」二〇一六年、一九〜二三頁も参照。

(10) Evonik Industrie AG, Konzernarchiv, *PRE 317*.

(11) Rolf Hohmann, *Wolfgang. Geschichte einer Industriegemeinde, Hanau*: Hanauer Anzeiger Druck- und Verlaghaus 1987, Zeittafel: Ilse Werder, *Wolfgang. Geschichte, Gegenwart und Ausblick*, Hanau: CoCon-Verlag 2013, S. 74-82.

(12) Peter Heyes, *Die Degussa im Dritten Reich. Von der Zusammenarbeit zur Mittäterschaft*, München: C.H. Beck Verlag 2004, S. 18, 92-94.

(13) 本田「ドイツの原子力政策」二〇一二年、五七頁。

(14) „Hauptversammlung der Degussa vom 26. Januar 1956", in: Evonik Industrie AG, Konzenrarchiv, *D 7/28*; Stephany, 2005, S. 16.

(15) Michael Knoll, *Atomare Optionen. Westdeutsche Kernwaffenpolitik in der Ära Adenauer*, Frankfurt am Main: Peter Lang 2013, S. 213.

(16) Evonik Industrie AG, Konzenrarchiv, *SM 01/18*.

(17) Hessisches Wirtschaftsarchiv in Darmstadt (HWA) Industrie- und Handelskammer (IHK), *119/1519*.

(18) Knoll, *Atomare Optionen*, 2013, S. 146.

(19) 北村陽子「フランクフルト・アム・マインにおける反原発市民運動」（前掲若尾祐司・本田宏編『反核から脱原発へ』、二〇一二年）、一八五～一九六頁、ここでは一八七～一八九頁。

(20) ヨアヒム・ラートカウ、ロータル・ハーン、山縣光晶ほか訳『原子力と人間の歴史――ドイツ原子力産業の工房と自然エネルギー』築地書館、二〇一五年、六九頁（Joachim Radkau / Lothar Hahn, *Aufstieg und Fall der deuschen Atomwirtschaft*, München: Oekom Verlag 2012）。

(21) Hessisches Hauptstaatsarchiv in Wiesbaden（HHStAW）, *502 / 12863*.

(22) デグッサ社の実験室が「原子力村 Atomdorf」と呼ばれたことをふまえて、新規設立の核燃料製造企業の名称を、英語に置き換えて表現した Villuratom にしたいという案もあった、Evonik Industrie AG, Konzenrarchiv, *RFI 3.6/414*.

(23) HWA IHK, *119/1519*.

(24) *Aufbruch. Vor 25 Jahren hat für uns die Zukunft begonnen*, Frankfurt am Main: Brönners Druckerei 1985, S. 51, 61, 71, 97.

(25) Hohmann, *Wolfgang*, 1987, Zeittafel.

(26) „Zur Planung kernphysikalischer Massnahmen an den hessischen Hochschulen“（Stand: April 1956）, in: HHStAW, *502/12863*.

(27) „Atom für den Frieden aus Wolfgang unter der Staatslupe. ‘Nukem’ der einzige Hersteller für Brennelemente in Deutschland–Eine Energielücke kann gestoppt werden“, in: *Hanauer Anzeiger* vom 22. Februar 1964.

(28) „1969: Produktion von Plutonium. Die kleine Gemeinde Wolfgang wird um eine ’Attraktion’ reicher“, in: *Frankfurter Rundschau* vom 6. November 1968.

(29) “1 Gramm Uran spart 3 Tonne Kohle“, in: *Frankfurter Neue Presse* vom 30. Oktober 1968.

(30) 本田、「ドイツの原子力政策」二〇一二年、七〇～七一頁。

(31) „Bedeutung und Situation der Nuklearbetriebe im Kammerbezirk”, in: HWA IHK, *7/7336*.

(32) „Arbeitsplätze bei den Wolfgänger Firmen Nukem und Alkem bedroht? Hussing（CDU）sieht Gefahren in Zusammenhang mit Atomgesetz,“ in: *Hanauer Anzeiger* vom 14. März 1975.

(33) 本田「ドイツの「原子力村」(Ⅰ)」二〇一六年、二三～二五頁。
(34) 以上の原子力法改正法による偏向については、Drittes Gesetz zur Änderung des Atomgesetzes vom 15. Juli 1975. Artike/2, in: ***Bundesgesetzblatt***, Teil I, S.1894 を参照。また認可手続の流れについては、本田、「ドイツの原子力政策」二〇一二年、七八～八〇頁、およびラートカウ・ハーン『原子力と人間の歴史』二〇一五年、三五二頁に詳しい。
(35) ハーナウ企業群の認可手続については、本田「ドイツの「原子力村」(Ⅰ)」二〇一六年、二五～二六頁に詳しい。
(36) 青木、『原子力施設反対運動』二〇一三年、八九～一四一頁。
(37) "Protest gegen Waldabholzung in Hanau-Wolfgang", in: *Hanauer Anzeiger* vom 10. Mai 1978.
(38) Landesarbeitsamt Nordbayern, „Förderungsantrag der Firma Nukem GmbH, Betriebsstätte Alzenau. Arbeitsmarktpolitische Stellungnahme vom 7. 8. 1978" in: HWA IHK, *A7/7336*.
(39) „Hanauer Firma schafft Arbeitsplätze in Alzenau. 'Nukem' verlegt nichtnukleare Betriebsteil nach Bayern", in: *Hanauer Anzeiger* vom 1. Juni 1978.
(40) Robert Hartel, *Rot-grüne Politik und die Regulation gesellschaftlicher Naturverhältnisse in Frankfurt am Main*, Münster: Westfälisches Dampfboot 2000 S. 194 – 196.
(41) "Kernenergie ist sauber und umweltfreundlich", in: *Hanauer Anzeiger* vom 16.11.1979.
(42) „Brennstäbe werden seit 1975 ohne Genehmigung produziert", in: *Frankfurter Rundschau* vom 29. 8. 1980.; „Fallbei runter", in : *Der Spiegel*, Nr.28 (1984), S.45, 48; ラートカウ、ハーン『原子力と人間の歴史』二〇一五年、三五二頁。
(43) „Atomkraftgegnern ist jedes Gramm Plutonium zuviel. Bundesweite Protestdemonstration in Hanau", in: *Frankfurter Allgemeine Zeitung* vom 27. 6. 1981.
(44) "Neun Jahre Anti-Atom-Arbeit in Hanau: erst 1984 den Durchbruch geschafft. Initiativgruppe Umweltschutz Hanau (IUH) : Zusammenarbeit ist wichtig", in: IUH, *Atomzentrum Hanau. Tödliche Geschäfte*, Hanau: Neue Hanauer Zeitung Verlag 1986. S. 59–60, hier S. 59.
(45) „Die Atomenergie weckt zwiespältige Gefühle. Jülicher Studie: Die meisten Bundesbürger sehen Notwendigkeit, fürchten aber auch das Risiko", in: ***Frankfurter Rundschau*** vom 22. Januar 1982.

（46）„Image der Zuverlässigkeit ist angekratzt", in: *Frankfurter Rundschau* vom 28. Oktober 1983.
（47）„Gestern beginnt die Erörterung", in: *Frankfurter Rundschau vom 25.* Oktober 1983; 本田「ドイツの「原子力村」（Ⅱ）」二〇一六年、一五三頁。
（48）„Die Überparteilichkeit der Behörde in Zweifel gezogen. Nukem-Erörterung begann mit Gerangel um Verfahrensfragen", in: *Offenbacher Post* vom 26 Oktober 1983.
（49）Bundesarchiv Koblenz, *B106/80184*.
（50）„Arbeit, Umwelt und soziale Verantwortung. Regierungserklärung von Ministerpräsident Holger Börner in der Plenarsitzung des Hessischen Landtags am 4. Juli 1984," in: HHStAW, *2016/1, Nr. 428*.
（51）ヘッセン州の緑の党の結成および州政治のなかの立ち位置については、本田「ドイツの「原子力村」（Ⅰ）」二〇一六年、三〇〜四〇頁を参照。
（52）„Grünes Konzept betreibt Ausstieg aus Kernenergie", in: *Hanauer Anzeiger* vom 5. Juli 1984.
（53）„NUKEM-Genehmigung wird für den Herbst erwartet", in: *Frankfurter Rundschau* vom 25. Juli 1984.
（54）„Initiativgruppe Umweltschutz: Anklage wird illegal betreiben – Grüne drohen Börner mit Ende der Tolerierung", in: *Hanauer Anzeiger* vom 25. September. 1984.
（55）„Börner und Steger stehen im Wort", in: *Hanauer Anzeiger* vom 8. Oktober 1984.
（56）„Einhelliges Votum für Nuklearfirmen. Hanauer Stadtverordnetenversammlung erteilt Forderung der Grünen auf Stillegung klare Absage", in: *Hanauer Anzeiger* vom 10. Oktober 1984.
（57）"Die Nukem und ihre weit über das Land strahlenden Töchter, " in: *Frankfurter Rundschau* vom 21. Oktober 1984.
（58）„Jusos zu Hanauer Nuklearfirmen", in: *Hanauer Anzeiger* vom 26. Oktober 1984
（59）„Hanau steht im Herzen von Atommafia", in: *taz* vom 29. Oktober 1984.
（60）Insitut für Demoskopie Allensbach, ***Kernenergie und Öffentlichkeit. Ergebnisse einer Befragung von Politikern, Journalisten, Experten und der Bevölkerung,*** in: HHStAW, *502, 12867*.
（61）„Nukem II in Wolfgang kann jetzt gebaut werden", in: *Hanauer Anzeiger* vom 29. November 1984.

(62)　連邦内務大臣ショイブレからヘッセン州首相ベルナー宛、一九八五年四月一七日付、Bundesarchiv Koblenz, *B136/33272*.

(63)　Klaus Traube, Einleitung, in: Traube u.a., *Der Atom-Skandal*, Reinbeck bei Hamburg: Rowohlt Taschenbuch Verlag 1988, S. 7-11; 本田「ドイツの「原子力村」(Ⅱ)」二〇一六年、一五六～一五七頁。

(64)　„Arbeitsplätze bei Alkem sollen erhalten werden“, in: *Handelsblatt* vom 12. Juni 1985.

(65)　Benno Hauker, Tschernobyl, in: Tresantis (Hg.), *Die Anti-Atom-Bewegung*, 2015, S. 61-65, hier S. 65; Hartel, *Rot-grüne Politik*, 2000, S. 208. 211-214.

(66)　Arbeitsgemeinschaft Hessischer Industrie- und Handelskammern in Frankfurt am Main, „Kernenergie sichert Arbeitsplätze und stabile Strompreis“, in: HWA, IHK *1/1121*.

(67)　„Emotionen dürfen nicht die Realitäten überlagern“, in: *Frankfurter Allegemeine Zeitung* vom 19. Juni 1986.

(68)　„Die Sicherheitsvorsorge hat Vorrang vor der Wirtschaftlichkeit“, in: *Frankfurter Allgemeine Zeitung* vom 2. August 1986.

(69)　„Fischer bedrängt Steger und Börner“, in: *Frankfurter Rundschau* vom 29. August 1986.

(70)　HHStAW, *2018, Nr. 596a*.

(71)　„Ohne Wallmanns Zustimmung keine Stillegung der RBU“, in: *Kinzigtal-Nachrichten* vom 9. Oktober 1986.

(72)　„Ausstieg muß „sozialverträglich“ sein“, in: *Frankfurter Rundschau* vom 9. Oktober 1986.

(73)　„Arbeitsplätze sind nicht gefährdet“, in: *Hanauer Anzeiger* vom 5. 11. 1986.

(74)　„Ausschreitungen nach relativ ruhigem Demonstrationszug. Bundesweit ausgerufenener Protest gegen Hanauer Atomfirmen“, in: *Offenbacher Post* vom 10. November 1986.

(75)　„Bilanz des hessischen Innenministeriums zum Wochenende“, in. HHStAW, *2016/1, Nr. 98*.

(76)　„Die Schwarzen von Hanau”, in: *Süddeutsche Zeitung* vom 10. November 1986.

(77)　„Gewalttaten nach Demonstration in Hanau. Zehntausende treten für Stillegung der hessischen Nuklearfirmen ein“, in: *Süddeutsche Zeitung* vom 10. November 1986.

(78)　„Das Hanauer “Atomdorf” ist das Herz der deutschen Nuklearindustrie”, in: *Frankfurter Allgemeine Zeitung* vom 18.

Januar 1987.

(79) „Börner nimmt die Parteitags-erklärung des Grünen-Ministers Fischer als Rücktritt", in: *Frankfurter Allgemeine Zeitung* vom 10. Februar 1987.

(80) 各社に対する裁判記録はヘッセン州立中央文書館に収められている。HHStAW, *471, 6Js 4691/87, Sonderhefte Belgien; Sonderhefte Schweden.*

(81) Traube, Einleitung, in: Traube u.a. *Der Atomskandal*, 1988, S. 8–10; 本田「ドイツの「原子力村」（Ⅱ）」二〇一六年、一七二～一七三頁。

(82) Tramara Duve / Michael Sontheimer, Der Atomskandal oder das Atom probt den Selbstmord, in: Traube u.a., *Der Atom-Skandal*, 1988, S. 13–41, hier S. 15–20.

(83) Traube, Einleitung, in: Traube u.a., *Der Atomskandal,* 1988, S. 13.

(84) Hessisches Landeskriminalamt, „Schlußbericht zum Ermittlungsverfahren der Staatsanwaltschaft Hanau, Oktober 1988", in: HHStAW, *471, 6Js 16692-87.*

(85) „50 Atommüll Fässer bei Transnuklear", in: *Frankfurter Rundschau* vom 30. 12. 1987.

(86) „Wieder Atommüll in Hanau gefunden", in: *Frankfurter Rundschau* vom 22. 4. 1988.

(87) „Oberbürgermeister hat Sorge um Stadt-Image", in: *Gießener Allemeine* vom 8. Januar 1988.

(88) Klaus Traube, Spaltsoffe und Atommüll, in : Traube u.a., *Der Atomskandal,* 1988, S.43-75, hier S. 53; Louise Glaser-Lotz, „Mit Atommüll Millionenaufträge ergaunert", in *Frankfurter Allgemeine Zeitung* online vom 25. Januar 2008. (二〇一七年五月七日に確認、http://www.faz.net/aktuell/rhein-main/region/hanau-mit-atommuell-millionenauftraege-ergaunert-1515429.html).

(89) „Hessen ist nicht nur Hanau, in: *Frankfurter Allgemeine Zeitung* vom 29. Januar 1988.

(90) „Imageverlust", in: *Hanauer Anzeiger* vom 15. Januar 1988.

(91) „Sorgen um den guten Ruf Hanaus", in: *Frankfurter Allgemene Zeitung* vom 26. Januar 1988.

(92) "Die Atomfabriken stehen doch nicht auf der Marktplatz. Hanau, 85.000 Einwohner-Stadt, will aus den negativen

Schlagzeilen heraus“, in: *Frankfurter Rundschau* vom 29. Januar 1988.

(93) „Anti-Atom-Demonstration ließ Hanauer Bürger kalt“, in: *Offenbach Post* vom 18. Januar 1988.

(94) „Parteien und der DGB denken an alternative Arbeitsplätze in Hanau“, in: *Frankfurter Neue Presse* vom 19. Januar 1988.

(95) „Ein Jahr nach der Wende. Hessische Landesregierung will Hanauer Nuklearbetriebe erhalten“, in: *Hanauer Anzeiger* vom 20. Februar 1988.

(96) „Hundert Entlassungen bei Nukem. Atomfirma hat Konsequenzen aus der Vergangenheit gezogen – Stillegungsprozeß kostet Millionen“, in: *Hanauer Anzeiger* vom 9. Juli 1988.

(97) Handelsregister von Nukem, in: HWA IHK, *7/6246*.

(98) Handelsregister von Transnuklear, in: HWA I HK, *7/9452*.

(99) Industriepark Wolfgang, „Orte der Innovationnen. 75 Jahre Wolfgang“, S. 21, in: Evonik Industrie AG, Konzenrarchiv.

(100) 州裁判所（ハーナウ市）の判決文、HHStAW, *2018, 596b*.

(101) Handelsregister von Alkem, in: HWA IHK, *7/5031*; Handelsregister von RBU, in: HWA IHK, *7/6393*.

(102) Handelsregister von HOBEG, in: HWA IHK, *7/5755*.

(103) 一九九〇年代の企業群の動向については、本田「ドイツの「原子力村」（Ⅱ）」二〇一六年、一七七〜一七八頁を参照。

(104) „Fischer soll Hanau selbst kaufen“, in: *Die Welt* vom 27. Februar 2004.

(105) Pressemitteilung vom Bundesverband Bürgerinitiativen Umweltschutz, Bund für Umwelt und Naturschutz LV, Initiativgruppe Umweltschutz Hanau vom 5. Juli 2005, in: HHStAW, *1311, Nr. 149*.

(106) Glaser-Lotz, 2008. しかし最近Ludiger Fittkau は、まだこの場所には汚染された核燃料のゴミが置いてあると指摘している、Fittkau, „Der Anfang vom Ende des Atomdorfs“, in: ***Deutschlandfunkkultur.de***（二〇一七年五月七日に確認、http:// www. deutschland funkkuitur. de/hanau-der-anfang-vom-ende-des-atomdorfs. 1001. de. html? dram: article_id =344451）.

第六章　東独のなかの「原子力国家」
――ウラン採掘企業「ヴィスムート」の遺産――

木戸衛一

はじめに

日本でも二〇一二年に公開されたヨアヒム・チルナー監督のドキュメンタリー映画「イエロー・ケーキ」は、冒頭、今日のザクセン州・テューリンゲン州で東独時代、「ソヴィエト・ドイツ株式会社（SDAG）ヴィスムート」が極秘に採掘していたウラン鉱の坑道を映し出している。題名の「イエロー・ケーキ」とは、ウラン鉱石を精錬して得られた純度八〇パーセント程度の粉末を意味する。

続く場面は、巨大な放射性廃棄物のボタ山を切り崩す作業になる。掘り出された鉱石のうち、核兵器や核エネルギーに使えるウランの成分はほんのわずかで、九九パーセントの「無用の鉱物」により、大小一〇〇〇もの有害な廃石集積場が生まれた。加えて、ヴィスムート立地一帯では、ウラン鉱石からウランを取り出す過程で発生したゴミ（鉱滓）と排水が溜まった「鉱滓ダム」が、周辺の環境を著しく損なっていた。

東独国家の崩壊、ドイツ統一を経て、一九九〇年一二月三一日、ヴィスムートは、ウラン採掘事業を終えた。だが、その負の遺産は莫大で、映画では、跡地の汚染除去に要する費用を六五億ユーロと紹介している。

東独時代、ヴィスムートは秘密のベールで覆われ、「国家のなかの国家」、「原子力国家」と目されていた。本章では、このウラン採掘企業に関わる事実関係を確定するとともに、今日の世界へのインプリケーションを考察する。

1　前史

独和辞典を引くと、「ヴィスムート（Wismut）」には、「蒼鉛、ビスマス」の訳語が当てられている。その語源は、「エルツ山地の野原（Wiese）を採掘する（muten）」ことにある。

今日ドイツ・チェコ国境のエルツ山地は、既に一二世紀から銀や錫の産地として知られていた。一六世紀には、「瀝青ウラン鉱」（ピッチブレンド）の存在が確認され、一七八九年、ザクセン州ヨハンゲオルゲンシュタット（Johanngeorgenstadt）の鉱石から、ベルリンの化学者マルティン・ハインリヒ・クラプロートが新元素ウランを発見した。一八九八年には、チェコ側のヤーヒモフ（ドイツ語名ヨアヒムスタール）鉱山のピッチブレンドから、キュリー夫妻がポロニウムとラジウムの元素を抽出した。

ピッチブレンドは、ドイツ語でPechblendeと綴る。後半のBlendeとはもともと、重さや輝きから、金属の含有量が有望な鉱石を指し、前半のPechは「不運」を意味する。つまりPechblendeとは、銀などを掘り当てられなかった「不運」の産物で、それらは放置、廃棄の対象でしかなかった。

エルツ山地には、別の「不運」もつきまとっていた。一四七〇年頃始まった銀鉱採掘の中心地、シュネーベルク（Schneeberg）では、鉱夫の健康状態の悪さ、早死にがよく知られ、一五六七年、パラケルススは「シュネーベルク病」に言及した。これは、今日で言う肺ガンで、一九二〇年代末には、その原因が、放射能を含んだ空気とヒ素を含んだ粉塵を吸ったことにあると解明されていた。

「シュネーベルク病」に見舞われたのは、鉱夫に限らない。ドイツ統一後坑道を閉鎖しても、放射性のラドンガスが上昇し、住環境や大気の汚染は続き、シュネーベルク旧市街で、肺ガンによる女性の死亡率は、ドイツ平均の四倍に達した[1]。

他方で、「ウランガラス」に見られるように、ウランは古くからガラスや磁器の着色材として重宝された。一六世紀、シュネーベルクで小規模な青色着色料工場が操業したのに続き、一六四四年には、ザクセン州オーバーシュレーマ（Oberschlema）に同種の工場が設立され、世界最大規模に発展していった。そのコバルトブルーは、マイセンの磁器やボヘミア・グラスなどに幅広く使われた。

ウランはまた、医療目的でも強い関心を集めた。二〇世紀に入り、放射能を含む天然水が、ガンなど腫瘍の治療に有用だと認識されたのである。

一九〇六年、ヤーヒモフで世界初のラジウム温泉が開業し、一九一八年にはオーバーシュレーマに「世界最強のラジウム温泉」がオープンした。「シュレーマの水は奇跡を呼ぶ」という宣伝で、入浴・飲泉・吸引の湯治に、一九四三年まで世界中から一万三〇〇〇人から一万七〇〇〇人が訪れた。その「最強」の水は、一リットル当たり一八万ベクレルという凄まじい線量だったという[2]。テューリンゲン州ロンネブルク（Ronneburg）でも、一七世紀に鉱泉が発見され、一〇〇年ほど経ってその治癒力が知られるようになった。ここもまた二〇世紀初頭まで、痛風・リューマチ・動脈硬化・貧血への効能を謳う湯治場として栄えた。

2　ヴィスムートの発足

米国の原爆開発計画に関し、ドイツから亡命した物理学者クラウス・フックスらから情報提供されていたソ連は、膨大な戦争被害と技術的な立ち遅れという悪条件のなか、戦後直ちに核兵器の開発に乗り出した。自国での埋蔵が不明だったため、ソ連はまず、ウラン採掘地としてヤーヒモフに着目、エルツ山地のドイツ側でも予備調査を行った。一九四六年四月四日、ソ連閣僚評議会は二週間以内に「ザクセン採掘・試掘管理局」を立ち上げることを決議、それに基づき、ウラン鉱石の分布調査と精製技術の開発を担う集団が現地に派遣された。この「ザクセン鉱山管理局」は、表向きは蒼鉛やコバルトの採掘を任務として掲げていた。

在独ソ連軍にも在独ソ連軍政部にも属さないこの独自の組織は、一九四七年五月一〇日、ソ連閣僚評議会の布告で、ソ連の賠償要求の枠内で、ザクセンにあるドイツ鉱山をソ連の所有にすることを目的とする「ヴィスムート・ソヴィエト国営非鉄金属冶金株式会社」（ＳＡＧヴィスムート）に改組された。ＳＡＧヴィスムートの本部はモスクワ、支部は当初アウエ（Aue）、一九四九年よりケムニッツ（Chemnitz）に置かれ、ヨハンゲオルゲンシュタット、シュネーベルク、オーバーシュレーマ、アンナベルク（Annaberg）、ラウター（Lauter）、マリエンベルク（Marienberg）に鉱山管理局が設置された。

テューリンゲン州でも一九四九年、ウラン埋蔵の探索が始められた。人口一二〇人のゾルゲ＝ゼッテンドルフ（Sorge-Settendorf）で、地面を掘り返しての調査の結果、地下わずか一・八メートルにウラン鉱石があることが突き止められた。隣接するシュミルヒャウ（Schmirchau）村でも翌年探索が行われ、一九五二年三月に最初の立坑が設けられた。

一九四九年一〇月七日に東独国家が成立したのを受けて、一九五三年八月二二日、両国政府の協定が結ばれ、一九五四年一月一日、ＳＤＡＧヴィスムートが発足した。東独の大学を卒業してヴィスムートに勤務する者が増えて、人員構成が変化した一方、一九六二年、東独の法律がヴィスムートにも効力を持つようになり、ヴィスムートの構造的な改変も行われた。こうしてＳＤＡＧは、二カ国合同企業として、東独側への若干の権限移譲や負担軽減が認められたが、取締役会長（Generaldirektor）が一九八六年まで依然ソ連出身者で占められるなど、生産指導や採鉱事業所の地質学部門のポストなどでソ連側の優位が続いた。

東独社会において、ヴィスムートの存在や実態は、長年知られていなかった。一九五八年、ヴィスムートを舞台に、鉱員、ソ連技術者、元ナチ、共産主義者らの人間模様を描いたコンラート・ヴォルフ監督の「太陽の探索者」は、上映禁止の措置を受け、一九七二年にようやく東独の映画館で公開された(3)。

ケムニッツ出身のヴェルナー・ブロイニッヒは、一九五三年にゲオルゲンヨハンシュタットのヴィスムートで働いた経験を踏まえ、一九六五年、坑道やバラックでの労働、性愛、矛盾、葛藤を克明に綴った小説『遊園地』を執筆したが、クリスタ・ヴォルフやアンナ・ゼーガースの推薦にもかかわらず、公式の社会主義建設観と合い入れなかったため、予稿の段階で出版を禁止された。「戦後最も有名な未公刊小説」とも目されたこの作品は、一九七六年に著者が四二歳の若さで亡くなった後、一九八一年に短縮版、二〇〇七年に完全版が刊行された。

一九七七年に出版された東独の百科事典を紐解くと、Wismut の項目には、元素ビスマスの特性や、鉛・カドミウム・錫との合金に関する一般的な説明があるのみで、ウラン採掘事業、ましてソ連の核兵器開発との関連は一切言及されていない(4)。

旧体制下東独におけるヴィスムート研究は、絶無に近い。一九八八年、ミヒャエル・ベライテスが、独学かつ非合法に、ヴィスムートが及ぼす健康・環境被害を調査・記述した『ピッチブレンド』は、今日なお高く評価されている。[5] ドイツ統一後は、先駆的な論集『ヴィスムート――「平和のための鉱石」？』[6]、ライナー・カールシュ『モスクワのためのウラン』[7]などを経て、二〇一一年に浩瀚な論集・資料集が刊行された。[8] 同時代人の証言集としては、一九七五年に新しい立坑が設置されたテューリンゲン州ドローゼン（Drosen）村（現在はレービヒャウ村の一部）に焦点を当てた映画「ブラックボックス」と、その書籍化がある。[9]

統一後ヴィスムートは有限会社となり、跡地の汚染除去、環境回復を進めている。同社は、かつてのウラン採掘事業を含む活動を、総計三一〇〇頁を越える「ヴィスムート年代記」のCD-ROM[10]、報告書[11]、インターネットを通じて[12]、情報を提供している。

3　地図から消えた村々

東独は一時期、カナダ・米国に次ぐ、世界第三のウラン産出国であった。一般にウランは、人里離れた場所で生産されることが多いのに対し、ヴィスムートの立地は、もともと人口密集度が比較的高い地域にあった。

そのため、ウラン採掘を最優先に、住民の強制移動、村落の解体が強行された。八〇〇年の歴史を持つオーバーシュレーマは、一九五二年から教会・庁舎・保養場所を含む町全体の取り壊しが始まり、鉄道も遮断された。一七世紀半ば、ボヘミアから追放されたプロテスタントが建設したヨハンゲオルゲンシュタットも、一九五三〜六〇年、かつてマルクト広場の上に立っていた教会だけを残し、旧市街の大半が取り払われ、住民約四〇〇〇人は代替として建設された新市街に移住させられた。

テューリンゲン州でも、ゾルゲ＝ゼッテンドルフでは一九五一年一〇月から一年以内に二一戸が立ち退きさせられた。ロンネブルク市民の行楽地だったシュミルヒャウは、一九五三年に解体が始まり、世界最大となるウラ

図１　ヴィスムート株式会社の立地

出典：Rudolf Boch/Rainer Karlsch (Hg.), *Uranbergbau im Kalten Krieg. Die Wismut im sowjetischen Atomkomplex*, Bd. 1: Studien, Berlin: Christoph Links Verlag, 2011, S.8

ンの露天掘り鉱山が開かれた。そして一九五七年までに全村民が退去、教会などは破壊され、旅館は立坑管理棟として接収された。一二六九年に初めて古文書に言及され、歴史的建造物「水城」で知られたクルミッチュ（Kulmitsch）も、一九七〇年までに六〇〇人余りの住民が退去、地表から約七〇メートルの深さの露天掘りが行われ、ヴィスムート第四のウラン産出地となった。

ほかにも、ウランの露天掘りや、採掘に伴って発生する捨石の集積場のために、カッツェンドルフ（Katzendorf）などの村々が潰された。また、かつてツヴィッカウ市民が好んで行楽に訪れた美しい谷あいのヘルムスドルフ（Helmsdorf）は、この谷が、クロッセン（Crossen）精錬所の鉱滓ダムとされたため、一九五六年八月一日、カール・マルクス・シュタット県評議会ヴィスムート問題局の決定で、全住民に移住が課せられた。

こうして、ウラン採鉱事業のために幾つもの地名が地図から消え去った。住民は数日ないし数週間のうちに、家財道具をまとめ、しばしば何世紀にもわたり先祖代々住み続けた家を立ち去るように迫られた。しかも、ヴィスムート労働者用の新築ブロックなどもあてがわれず、移住先を親戚に頼らざるを得ない場合もあった。[13] そして、立ち退き後再び自宅の写真を撮ろうとして、ヴィスムート警察に逮捕される事例もあった。

4　東独一六番目の県

ヴィスムートの初代取締役会長は、ソ連内務人民委員会（ＮＫＷＤ）のミハイル・マルツェフ少将であった。一九四三年、ヴォルクタ・ペチョラ強制労働収容所の責任者となり、石炭の採掘とヴォルクタ市の建設に携わったマルツェフは、一九四六年九月、「ＮＫＷＤザクセン鉱山管理局」を引き受け、ウラン採掘事業の基礎を固めた。それは、二重の鉄条網で囲まれ、厳しい監視とパトロールが行われる、軍隊式の命令・指揮の世界であった。

東独の宣伝映画「党の言葉は現実になった」（一九六六年）は、「新生活形成に際しての大きな支援を、ここ数日、数週間、ソ連の同志たちが行った。なぜなら、兵士とともに技術者や科学者がやってきて、我々を物心両面で助けてくれたからだ。この時こそ、ヴィスムート業種誕生の時だ。その任務は、原子を戦争から奪い取り、危険を、原子力を人間のために役立てることにある」と喧伝している。

だが、そこでウラン採掘の現実は語られていない。実際、ヴィスムートに関しては当初から、秘密保持・美化・偽情報がないまぜになっていた。公式文書はもとより、日常の言葉でも、「ウラン」という単語は用いられず、「鉱石」「金属」などに置き替えられ、「ラドンガス」も「坑内空気」とか「ガス」と言い換えられた。

先の東独映画で「一トン、一トンの鉱石が平和闘争への重要な貢献だという考えがヴィスムート鉱員たちの意識に固く定着している」と称揚されたヴィスムートの「平和のための鉱石」の生産は、表1のように推移した。

表１：ヴィスムートのウラン産出量と東側ブロックでの比重

	東側ブロックのウラン生産合計（t）	ヴィスムートのウラン生産（t）	ヴィスムートが占める比率（%）
1946	135	17	13
1950	2,062	1,224	59
1955	10,591	4,522	43
1960	14,933	5,356	36
1965	15,729	7,090	45
1970	18,816	6,389	34
1975	23,863	6,884	29
1980	25,447	5,242	21
1985	25,223	4,470	18
1990	18,636	2,972	16

出典：Rudolf Boch/Rainer Karlsch (Hg.), *Uranbergbau im Kalten Krieg. Die Wismut im sowjetischen Atomkomplex*, Bd. 1, a.a.O., S.78

広島型原爆三万二〇〇〇個分ものウランを産出したヴィスムートは、独自の物資供給・医療制度・自動車ナンバー（XRおよびXS）・電話網・警察・党組織を有する、東独内の「原子力国家」であった。

一九四七年、ヴィスムート初の社会主義統一党（SED）党組織が成立したが、それはソ連の利益に資するのを優先し、その次に自国の党組織の指示に従った。これは当初、ヴィスムートが軍需企業のようにソ連の公安によって指導され、厳格に隔離されていたためである。

一九五〇年半ばにソ連の圧力で発足したヴィスムートのSED最高指導部は、ベルリンの中央委員会直属の「地区指導部」（Gebietsleitung Wismut）とされた。「地区」とは、ソ連の行政区画「ライオン」に由来する。東独では一九五二年、従来の州制度を廃止し、中央集権的な一五県制度を導入したが、ヴィスムート諸組織は、それとは無関係に独自の「地区指導部」、その下に事業所指導部を置いた。ベルリンにもモスクワにも繋がりをもつヴィスムートSED地区指導部は、カール・マルクス・シュタット県党組織による編入の動きをはねのけ、「一六番目の県党組織」と目された[14]。そこでは、五〇年代には頻繁に第一書記が交代したが、一九六〇年からは、SDAGの生産能力に伴い、人事面でも安定した。ちなみに、悪名高い公安警察（シュタージ）も、ヴィスムート地区本部を擁していたが、SDAGの決定過程に介入する試みは、ソ連側からもSED地区指導部からも拒絶された。

SEDは、生産ノルマの迅速な達成や超過達成を図って、ヴィスムートに「突撃作業班 Stoßbrigaden」を導入した。[15]「突撃作業班」は、政治意識が特に高く、労働の模範的存在であった。一般に、ヴィスムート労働者の就業動機は、高収入や物質的特権にあったが、SEDのそうした取り組みは、ウラン鉱における「社会的競争」の基礎を形成し、党員の比率を高くしたと言われる。

ヴィスムートの模範労働者は、ゼップ・ヴェーニッヒ（一八九六〜一九八一）である。戦前から共産党員であった彼は、戦後自動的にSEDに所属、一九四八年、SAGヴィスムートの募集に応じた。ウラン鉱で、鉱石の運搬から破砕、作業班長、監督へと瞬く間に出世し、一九四九年、シュネーベルクとアウアーバッハ（Auerbach）のSAGヴィスムートの労働監督官となった。一九五〇年に「労働英雄」、翌年東独国家賞、さらにレーニン勲章やカール・マルクス勲章の表彰を受ける一方、一九四九年からSEDヴィスムート地区指導部、一九五〇年から人民議会議員、一九五四年からSED中央委員会委員を務めた。一九五五年から一九六六年までSDAG取締役会労働局長の任にあり、さらに二年間、ヴィスムートの生産性向上を図る職務に従事した。

このように人望厚かったヴェーニッヒは、一九六六年一〇月放映のテレビドラマ・シリーズ「コルンブス64」に、「党労働者」の役で出演した。ただしこの番組は、異論派の歌手、ヴォルフ・ビアマンの出演箇所などが削られ、ゼップの台詞も「標準語」に吹き替えられた。

5 「太陽の探索者」の実像

ヴィスムートに当初集まってきたのは、戦争捕虜、犯罪者、冒険心や一獲千金を狙って自発意思でやって来た労務者など千差万別であった。ＳＤＡＧの時期、ヴィスムートの人員数とソ連へのウラン供出量は、下のグラフのように推移した。

ヴィスムートの従業員は、通常の給与に加え、坑内労働で四割、坑外労働で二割の割増賃金を初めとするさまざまな恩恵に浴した。年末の賞与、ノルマ達成や永年勤続に対する報奨が与えられる一方、事業所内外のヴィスムート国営商店（ＨＯ）での特別販売や、文化施設、休暇施設、病院、サナトリウムなども特権的に利用できた。特に人気があったのは、草創期には、バター・牛乳・チーズなどの食料品、衣料品、靴その他の日用品の支給、その後は、乗用車購入や住宅取得での便宜だったと言われている。

ウラン供出量（t）		従業員数（人）
3,967	1954	117,200
4,607		104,466
5,248	1956	98,498
5,278		78,634
5,302	1958	63,029
5,345		57,089
5,356	1960	51,507
5,991		46,900
6,371	1962	44,106
6,730		44,093
6,983	1964	45,107
7,091		44,451
7,070	1966	44,160
7,110		43,684
6,948	1968	44,613
6,412		44,665
6,389	1970	45,121
6,485		45,610
6,627	1972	45,049
6,721		44,236
6,777	1974	44,301
6,884		44,800
6,695	1976	45,114
6,358		45,267
6,130	1978	45,443
5,261		45,534
5,242	1980	45,372
4,870		44,915
4,622	1982	44,625
4,486		45,812
4,444	1984	45,873
4,470		46,052
4,090	1986	45,552
4,059		44,535
3,924	1988	43,904
3,800		42,313
2,972	1990	32,044

図２　SDAG ヴィスムートのソ連へのウラン供出量と従業員数

出典：Klaus Beyer/Mario Kaden/ Erwin Raasch/Werner Schuppan, *Wismut – „Erz für den Frieden“?: Einige Aspekte zur bergbaulichen Tätigkeit der SAG/SDAG „Wismut“ im Erzgebirge*, 8.Auflage, Marienberg: Druck- und Verlagsgesellschaft Marienberg, 2007, S.30 und S.37.

図３　ポスター「俺は鉱員だ！　それより上等なのはいるか？」（クラウス・ヴィットクーゲル作、1952年）

出典：http://blogs.taz.de/hausmeisterblog/2016/05/10/ergwerkbergbaubergarbeiter-1/（最終閲覧日2017年6月22日）

図４　ヴィスムートの永年勤続表彰状の図案

出典：ザクセン・テューリンゲン・ウラン鉱博物館（バート・シュレーマ）のパンフレット

ついでに言えば、ヴィスムート関係者は一九九〇年まで、非課税の焼酎が、〇・七リットル瓶でわずか一・一二マルクという破格の値段で、通常月二リットル、追加割り当てで月四リットル買うことができた。彼らの買い物に与えられた特別の配給切符は、一般市民の垂涎の的で、禁止にもかかわらず売り買いされたという。

こうした特権的立場を考えれば、「俺は鉱員だ！」という朗らかなポスターは、単なるプロパガンダとは言えない[16]。また、ヴィスムートで永年勤続した証書には、労働者が誇らしげに、放射線を放つウランの塊を素手で持っているデザインが施されているが、これまた当事者の感覚からそうかけ離れたものではなかった。

ヴィスムートでは、文化活動も重要な役割を演じた。一九五一年一月ケムニッツに、九〇〇人収容の映画劇場、舞踏会場、レストラン、カフェー、蔵書二万冊の図書館、子どもの遊び部屋などを備えた絢爛豪華な「ヴィスムート文化宮殿」が落成した。また、事業所図書館や文化館の設置・利用、作業班の夕べや休暇などの組織的な催し、合唱・芝居・舞踏グループ、吹奏楽団、「文筆労働者」サークルなども、活発であった。ヴィスムートの文化施設は、従業員とその家族だけでなく、地域住民にも開放された。かつてヨハンゲオルゲンシュタットのヴィスムートで働き、労働者劇団も主宰したマルティン・フィアテルは、一九六八年、英雄小説『聖ウルバヌス』でヴィスムートを描写した。

文化活動は、「社会主義的競争」や、「社会主義的労働の作業集団」の称号争いの一部を成していた。というのも、「社会主義的労働の作業集団」は、経済や科学技術の領域だけでなく、文化・教育面の成果も加味して表彰されたからである。

旧東独では、画家・造形作家が事業所などと協力し、その委託で作品を制作することが普通に行われていた。ヴィスムートでも、事業所や病院、HOなどから依頼された作品が、当該の事務所や食堂、保養施設を飾った。また、ドイツとソ連の画家、ヴィスムートの素人画家が交流する催しも開かれた。こうして現在、後継のヴィスムート有限会社は、グラフィックス、デッサン、絵画など、四五〇人の芸術家による四二〇九作品を抱え、それらはケムニッツやゲラでの展覧会に提供されている。

ヴィスムートでの労働、露天掘りやボタ山の風景、静物など、膨大な作品のなかで、「ヴィスムート芸術」の代表作は、ヴェルナー・ペッツォルトの「原子エネルギーの平和利用」（一九七二～七四年）である。この縦一六メートル、幅一二メートルの巨大な壁画は、三つの層から成る。底辺には社会を支える労働者が描かれ、鉱員を中心とする中段の人物群は、核の「平和利用」による新しい社会の形成への参画を観客に呼びかける。そして、原子

写真１　ヴェルナー・ペッツォルト「原子エネルギーの平和利用」の野外展示

出典：http://www.tlz.de/web/zgt/kultur/detail/-/specific/Grubenkarren-und-DDR-Ideologie-Ausstellung-Sonnensucher-in-Gera-442902224（最終閲覧日 2017 年 6 月 22 日）

核の上には、宇宙飛行士と赤旗を手にした女性に挟まれ、「平和利用」の指導者が、ある種神格化された風情で両手を広げている。チェルノブイリ原発事故より前の制作とはいえ、「社会主義的労働」を鼓舞するこの壁画は、「核」への批判的視点を完全に欠いている。

ペッツォルトの「原子エネルギーの平和利用」は当初、ロンネブルク郊外パイツドルフのヴィスムート管理棟の外壁を飾った。ヴィスムートの操業停止、管理棟の解体に伴い、壁画は撤去され、倉庫に保管された。二〇〇七年開催の連邦園芸展（最終章参照）に付随する「オーロラ再生」（Resurrektion Aurora）プロジェクトの一環として、この典型的社会主義リアリズムの作品は、平和革命二〇周年の二〇〇九年九月、ロンネブルク北東のレービヒャウ（Löbichau）に設置された。そのお披露目の式典で、地元の郡長は、「私にとってこの絵は、記念碑、警鐘碑であり、同時に芸術作品だ」と述べた[17]。

他方、スポーツの面でも、ヴィスムートは初期から、さまざまなジャンルのスポーツ団体を有し、事業所や鉱山労働者の居住地域で、事業所スポーツ団体（ＢＳＧ）を発足させた。事業所ごとの運動会、またヴィスムート全体の体育祭（「スパルタキアード」）も催され、鉱員・家族だけでなく、子ども・若者もＢＳＧヴィスムートに組織化された。一連の活動は、東独のスポーツ大衆団体である「ドイツ体操スポーツ連盟」（ＤＴＳＢ）からしばしば「模範的」と表彰された。「カール・マルクス・シュタットBSGヴィスムート」は、女子サッカーやバドミントンの強豪で、「ゲラBSGヴィスムート」では、サッカー、ハンドボール、水泳、ボクシングが活発であった。陸上競技短距離・走幅跳の世界的名選手、ハイケ・ドレクスラーは、「ゲラBSGヴィスムート」の出身である。また、「アウエBSGヴィスムート」は、サッカー東独一部リーグの常連であった。

6　労働災害と健康被害

しかしながら、こうした特別扱いは、厳しい労働や、職務に関する守秘義務、規律違反の咎が個々人だけでなく作業班全体にも及ぶ統制・相互監視の代償であった。

そもそもヴィスムートには、ウラン採掘に関わる健康・労働・環境保護のための十分な法的規定は当初存在せず、鉱員たちは、狭い空間、劣悪な通気で、厳しい肉体労働を余儀なくされた。作業着、採掘用の道具類、坑内灯なども、まったく不十分であった。そのため西独からは、ヴィスムートの「ウラン奴隷」に関する非難が起こった。「シュネーベルク病」の再発を恐れたザクセン州政府は、ウラン採掘に伴う職業病に関する政令を出そうとしたが、ソ連側に阻まれた。ソ連の医師も同様の懸念を示していたが、ヴィスムートはウラン増産が至上命令で、健康への危険は、予防措置ではなく、物質的報奨によってすり替えられた。SDAG発足後、放射線防護が図られるようになったが、繰り返し閾値超過と環境汚染の問題が生じた。

一九五五年七月一五日、アウエの坑内でのケーブル火災で、三三名が亡くなった事故を機に、SDAGは、より安全な技術の導入、坑内救助措置やガス・火災予防の改善、作業の軽減、防塵や騒音・振動防止、通気・空調、作業場の照明、作業着の支給など、健康・労働保護の状況改善を図った。「安全・規律・秩序」をモットーに、

表２：認定されたヴィスムートの職業病件数

	ケイ肺	気管支ガン	振動・過負荷の被害	騒音による難聴	皮膚病	その他	合計
1952-1960	2,723	51	116	68	117	74	3,149
1961-1965	3,421	260	760	1,556	56	23	6,076
1966-1970	2,711	580	1,173	2,190	77	194	6,925
1971-1975	1,961	1,051	915	328	108	62	4,425
1976-1980	1,700	1,212	870	316	90	107	4,295
1981-1985	1,150	1,099	602	158	94	72	3,175
1986-1990	926	1,022	617	41	65	105	2,776
合　計	14,592	5,275	5,053	4,657	607	637	30,821

出典：Wismut GmbH, Chronik der Wismut, S.690.

もろもろの注意喚起も行われた。他方で、「社会主義的競争」で否定的に評価される労働事故は、しばしば統計に現れないように操作された。それでも一九六八年までに、延べ六二六件の死亡事故があったと推定される。

ヴィスムートでは独自の健康管理が実施されていたとはいえ、ウラン採掘の健康への危険性を知らされていなかった鉱員たちが「職業病」に侵されるのは不可避であった。一九五二年以降、公式に認定された患者数は、表2のように推移した。

もとより、実際に職業病を患う患者数がもっと多かったであろうことは、容易に想像がつく。しかも、公式に職業病と認定されても、当該患者の死因として、その病気が記録されない場合も少なくなかった。一九五二年から一九八五年までにケイ肺の職業病に認定された者のうち、死亡したのは七三四二人に及んだが、死因をケイ肺とされたのは、その半数に満たない三六五九人であった。ちなみに、ヴァイマル共和国期の一九二五年、国の職業病リストに載った「シュネーベルク肺ガン」は、東独時代には「イオン化放射線による悪性物質、あるいはその前段階」などと表記された[18]。

東独では一九六二年に国家原子力安全・放射線防護局（SAAS）が設立されたが、ヴィスムートに関しては権限を持たなかった。

一九七〇年八月、SDAGの放射線防護担当官が初めて、国際基準に沿った被曝線量として、四五〇労働水準月（WLM）を閾値に定めた。一WLMは三七〇〇ベクレルに相当する。一九七四年五月には、SAASと調整し、これを二五〇～三〇〇WLMに引き下げたが、七六年六月、四五〇WLMに逆戻りさせた。ようやく八〇年代末にその値は三〇〇WLHとなり、九〇年六月に、二〇〇WLHまで下がった。

ちなみに、SAASは一九八〇年代、ヴィスムートの鉱山地帯を計測し、チェルノブイリ原発事故後よりも大きな放射線量を確認していたという。だがそれは、「施設の軍事的性格」ゆえに公表されなかった。それどころか、この調査に関与し、ドイツ統一後、連邦放射線防護局（BfS）に籍を移した「専門家」は、「その辺りを歩き回っても、すぐに倒れて死ぬわけではない」とうそぶいたそうである。[19]

BfSは一九九三年から、約五万九〇〇〇人の元ヴィスムート労働者を対象に健康影響調査を実施、一九九八年末から五年ごとに追跡調査も行っている。[20] そのデータによれば、ラドンガスと肺ガンとの因果関係は、既存の研究が示すように明白であるが、少量の場合の危険度や、ラドンガスと粉塵、あるいはヒ素との複合的作用についてはは明らかではない。また、ラドンガスが白血病や咽頭ガンなども引き起こすかについても、よくわからないとされる。いずれにしても、一九九一年から二〇一四年までに、ヴィスムート元鉱員のさらに三八〇〇人が肺ガン、二五〇〇人がケイ肺となったこと、彼らの肺ガン致死率が一般市民の倍に及ぶこと、ラドンガスと喫煙で罹病率が高まることは、確定的である。

一九九二年初頭、ヴィスムート中央医療所（ZeBWis）が設置され、以来約八万五〇〇〇人の元鉱員らが早期診断とリハビリを受け、二〇一二年でもなお一万五〇〇〇人が受診した。現在、ザクセン州にあるファルケンシュタイン職業病専門病院は、呼吸器科と皮膚科を備え、ヴィスムート元鉱員にとって治療・リハビリの拠点となっている。彼らの発病リスクは、従来想定されていた二五年よりもずっと長いことから、同病院とヴィスムートの関わりは、まだまだ続きそうである。

一九九六年七月二〇日、「ザクセン・テューリンゲン・ウラン鉱山の伝統の振興・保護・研究協会」（ＢＴＶヴィスムート）は、バート・シュレーマに、ＳＡＧ・ＳＤＡＧヴィスムートで事故死した鉱員や職業病で亡くなった元鉱員を追悼する記念碑を建立した。そして毎年七月の第一土曜日、ＢＴＶヴィスムートとヴィスムート有限会社は、ここで記念式典を開いている。

7 「疲れ村」の出現

ヴィスムートはまた、立地周辺の環境にも深刻な影響を及ぼした。膨大な放射性廃棄物の集積場からは、放射能を放つ砂利が安価な資材として、住宅やガレージの建設、道路の修繕、森や農場での道づくりに使われた。「産業鉱滓施設」（Industrielle Absetzanlage）と称された「鉱滓ダム」は、選鉱工場で出た選鉱くずがパイプラインを通して流された、要するにウラン鉱石と化学物質が混ざった泥が沈む放射性の沼であった。そこは立ち入り禁止となっていたが、実際には付近の住民は、水泳やスケート、魚釣りすらしていた。また汚泥が乾くと、放射能を含んだ塵が付近を襲った。

ヴィスムートの立地のなかでも、現在、テューリンゲン州ツヴィッカウ市内の北部に隣接するオーバーローテンバッハ（Oberrothenbach）とクロッセンの環境被害は甚大であった。[21] 一九五〇年九月、クロッセンの「産業鉱滓施設」が操業を開始した。これは、それまでの同様の施設の合計四〇ヘクタールをはるかに凌ぐ二二五・二ヘクタールという広さで、一九六一年に稼働した三五〇ヘクタールのゼーリングシュテット（Seelingstädt）とともに、ヴィスムートの鉱滓を一手に引き受けた。クロッセンからは、オーバーローテンバッハのヘルムスドルフ鉱滓施設にパイプコンベアが走り、そこで選鉱の排水と汚泥が堆積していった。

　クロッセンの鉱滓ダムの発足当初、付近を流れるムルデ川の浸水地に選鉱くずが廃棄されていたため、行政当局は、地下水、ひいては飲料水への悪影響を懸念していた。しかし、その対策措置は、具体的には何も講じられなかった。

　ヘルムスドルフの鉱滓施設は、一九五七年四月に立地許可が下りる以前も以後も問題点が指摘されていた。そして一九六一年四月七日夕刻、このダムが決壊して、尾鉱（テーリング）と汚水が流出した。消防による除染作業は二週間に及んだが、放射性の汚泥は小川や道路に流れ込んで、飲料水・用水が汚染され、給水車の出動が必要となった。

　事故に対応するSDAG・警察・公安の連携の悪さが露呈したこの事故で、肝心のオーバーローテンバッハの住民はさして情報を提供されず、一部は立ち退きすら迫られた。大量の汚泥が谷に流され、放射性のゴミによる巨大なボタ山もつくられたが、村に残った住民のうち、最も近い家は、ボタ山からわずか五〇〇メートルしか離れていなかった。そして事故の影響は、オーバーローテンバッハにとどまらずエルベ川にまで及んだという。

　一九八六年から、地元の狩猟クラブの会員は、ヘルムスドルフ鉱滓施設の付近で水鳥の死骸に再三遭遇するようになった。一九八八年には、野生のカモが大量に突然死する事件が起こった。いずれも原因は、鉱滓施設の水を飲んだことによるヒ素中毒であった。

　そうこうするうちに、オーバーローテンバッハとクロッセンは、「疲れ村」と呼ばれるようになった。風向きで霧のような白い塵に村が覆われると、村民はしきりにあくびをしたり、頭や体の痛みを感じたりした。細かな黄色い砂は家のなかにまで入り込み、アイロンをかけてタンスに入れた洗濯物までもが灰色がかった黄色に変色し、食べ物を口に入れ飲み込む際、のどが焼けるような感じもあったという。そして雨が降れば、排水溝には牛乳のような白い水が流れた。統一後、ミュンヒェン・エネルギー環境事務所が計測したところ、オーバーローテンバッハの放射線量は、ドイツの他地域の約七倍であった。[22]

8　チェルノブイリ原発事故から『ピッチブレンド』へ

西独とは異なり、東独の環境保護団体は、原子力の問題を長らくテーマとしなかった。成年式で出席者に贈呈される分厚い『宇宙、地球、人間』で、いの一番の章は「原子の征服」を扱っていた。[23] 東独では、一九六六年五月九日にラインスベルク原発、一九七四年七月一二日にグライフスヴァルト原発が操業を開始した。

一九八六年のチェルノブイリ原発事故は、当然東独社会にも衝撃を与えた。市民の多くは、西独のテレビ・ラジオから情報を得ていたので、本来西独に輸出されるはずの野菜や果物が、突然地元のスーパーマーケットに並んでも、用心して買い込まず、それらは結局学校給食に回された。人々は、自国にあるソ連製原子炉への不安を感じ、シュテンダールに東独第三の原発を建設する計画に疑問を覚えた。こうした状況を受けて、エーリヒ・ホーネッカーSED書記長は六月二五日、東独における核エネルギーの拡充について、「原子力は最後の言葉ではない」と発言している。

東独の異論派にとって衝撃的だったのは、事故自体もさることながら、ソヴィエト当局が数日間事故を秘匿したこと、東独メディアも事故を矮小化したことである。一九八六年五月二日付の党機関紙『ノイエス・ドイチュラント』は、「過去も現在も、我が国の市民の健康と自然にとって危険は一切ない」と断じた。そして、「チェルノブイリの事故が、西側諸国のメディアやある政治サークルによって、半分の真実や憶測で住民を陥れる機会に使われている」と勘ぐり、その意図は結局のところ、「ソ連の軍縮イニシアティヴから国際社会の気をそらせるための、狙い定めたパニックづくり」にあると決めつけた。[24]

しかし、あるいはそれゆえに、六月初旬には、東独のさまざまな環境保護団体・平和団体が原発事故関連の行動を実行・計画、「チェルノブイリはどこにでも影響する」と呼びかけた。東ベルリンのセバスティアン・プフルークバイルは、東独福音主義教会連盟の教会指導会議にこの問題を取り上げるよう要求、その委託で、東独核エネルギー政策の諸問題に関する研究をまとめた。[25]

プフルークバイルと同様、教会の環境保護運動・平和運動に携わっていたミヒャエル・ベライテスは、一〇〇〇キロ離れた場所でも放射能を含んだ雨を降らせるチェルノブイリ原発事故の現実に直面し、それまで絶対的にタブーだったヴィスムートのウラン採掘問題に取り組むことを決意した。ベライテスの地元、ゲラは当時、東独の県都の一つで、「鉱員通り」を通って東南東に約一〇キロ離れたロンネブルクのヴィスムート事業所により、市の人口は、大戦直後の八・八万から一三・五万（一九八八年）にまで増大していた。

ベライテスは、一九八六年から非合法で、ヴィスムートの健康・環境破壊に関する調査を進めた。もともと彼は、ヴィスムートはおろか、ウラン問題に関する知識を持ち合わせていなかった。加えて東独は、一九八四年一〇月四日、原子力安全・放射線防護の保障に関する政令で、独自の放射線測定を禁止していた。このため彼は、①ヴィスムートの施設自体を見て、従業員・住民と会話する、②ウラン調達の過程と健康面・エコロジー面の影響に関する国際的な専門文献を読む、③関係する環境官庁の職員に個別問題について質問するという方法で、問題の解明に努めた。

もとよりシュタージはベライテスの活動を監視し、妨害も試みた。[26] だがベライテスは、西独フライブルクのエルンスト・ミュラーを通じて専門書も豊富に手に入れ、ヴィスムートの調査を続行した。その過程で一九八七年一一月四日、自由ベルリン放送のテレビ番組で、彼の活動の一端が紹介され、東独国内でも静かな反響を呼んだ。また一九八八年二月一三日、ドレスデンでの「公正・平和・被造物保全のための東独教会エキュメニカル集会」の第一回総会において、ベライテスが行った東独ウラン鉱山問題に関する現状報告は、西独の新聞・ラジオにも取り上げられた。そして、西独の核戦争防止国際医師会議（IPPNW）メンバーから印刷機材を譲り受けて、六〇頁の報告書『ピッチブレンド』を一〇〇〇部印刷し、一九八八年六月、旧体制下の東独で環境保護運動の中心だったヴィッテンベルク教会研究所と、やはり教会の活動サークル「平和のための医師」の編集で発行、大半を郵送した。

ベライテスは、東独民主化の過程で、シュタージ解体問題に従事、統一後の一九九二年、『ピッチブレンド』の続編となる『ヴィスムートの遺産』を刊行した(27)。彼は二〇〇〇年一二月から二〇一〇年一二月まで、ザクセン州のシュタージ文書担当官を務め、現在はフリーの作家として活動している(28)。

だがベライテス以外にも、ヴィスムートの環境汚染問題に取り組む人々は存在した。オーバーローテンバッハの住民は、度重なる事故・事件や明らかな健康被害にもかかわらず、真っ当な説明を受けられないことから、西独のパートナー自治体や同地の自然保護運動の支援を受けて汚染状況を計測し、SDAGに情報開示を迫った。一九八五年に結成された「アンテナ・オーバーローテンバッハ」という市民団体の中心人物の一人は、一九八九年八月、ヴィスムートによる環境被害を最小限にしてほしいとの書簡を、ホーネッカーSED書記長の事務所に送っている。「アンテナ」は市民団体「環境」へと発展し、西独の環境保護運動の支援も得ながら、ヴィスムートに対し、①環境データ、特に放射線の負荷に関する情報公開、②二交代のダンプカー輸送の二交代への移行、③時速三〇キロの輸送速度制限や道路の清潔維持などを要求した。

ロンネブルクでは、一九八八年に赴任したヴォルフラム・ヘーディケ牧師の周囲に環境問題サークルが結成された。彼らは、一九八九年春の段階で、放射能の汚泥池に反対する署名活動を行い、国家評議会への請願を試みた。

一九八九年三月には、イエーナ大学による物理・化学・生物生徒向けの新聞『インプルス68』に、放射性のボタ山や汚泥処理場の写真が掲載された。当局は急ぎ送付を止めようとしたが、既に三分の一は発送され、人々の関心を喚起した。同年六月三日、ベルリンでの福音主義アカデミー医師会議では、西独・南シュヴァルツヴァルトのウラン採掘反対運動から入手したガイガー・カウンターで、ヴィスムートのボタ山の岩石が測定された。このように旧体制末期、ウラン鉱採掘問題は、東独の強権支配を切り崩す一つの導火線の役割を果たした。

9　ウラン採掘の終焉と復元事業

東独末期、ＳＤＡＧヴィスムートは、同国とソ連の関係に関わる懸案事項でもあった。東独は、採掘事業の経費負担が増したため、ウランの値上げを望んだが、世界のウラン市場が値下がり傾向にあったため果たせなかった。ソ連にとっては、ゴルバチョフ書記長の登場による政策転換と経済的な苦境で、「平和の防衛」、つまりソ連核戦力のための原料提供を説得しづらくなった。要するに、ＳＤＡＧの経営は、ソ連・東独双方にとって過重となり、ソ連の事業撤退が噂される一方、東独の原発需要を賄うには、ヴィスムートのウラン生産は過大だったのである。

一九八六〜九〇年、ヴィスムート最後の五ヵ年計画は、ウランの産出量を、一〇年前のそれに比べ三四パーセント減とし、逆にウラン生産のコストを倍と見込んだ。一九八八年二月二九日のＳＤＡＧ幹部会では、一九九一〜二〇〇〇年にヴィスムートの経費節減で、事業所の閉鎖、クロッセン選鉱事業所の操業停止、二万二九五〇人の従業員の解雇などが提案された。同年七月八日、東独国家計画委員会議長とソ連中規模機械相との間で、ウラン減産について話し合いがもたれた。一九八九年一月には、ソ連が、ウランの購入を三八〇〇トンから三〇〇〇トンに引き下げることを通告、東独側の抗議で、一九九〇年に一年先送りにした。「ベルリンの壁」崩壊からドイツ統一に至る東独情勢の激変に伴い、ヴィスムートも市場経済への適応を余儀なくされた。ソ連側は一九八九年一二月八日、一九九一〜九五年のウラン受け入れ総量を六〇〇〇トンに切り詰め、一九九六年にはゼロにすると提案した。これは、生産中止、二万一〇〇〇人の従業員の解雇、七万五〇〇〇トンの埋蔵ウランの喪失を意味し、東独側に一方的な財政負担を強いるものであった。ＳＤＡＧは、より緩やかなウラン生産からの脱却を探ったが、もはやその余地は残されていなかった。

ヴィスムートは、ウラン鉱採掘による環境破壊の処理をする必要に迫られる一方、東独・ソ連政府からの補助金を頼ることができず、ジョイントベンチャーへの道も断たれ、一九九〇年七月一日の両独通貨同盟に伴いウラン輸出額が六割も激減するといった事態に直面し、操業が立ち行かなくなった。統一後の一九九〇年一〇月九日、連邦政府はソ連と、ＳＤＡＧヴィスムートの事業を一九九一年一月一日で停止する協定を結んだ。

ただし、ウランが枯渇したわけでもないのに、ヴィスムートが採掘事業を終えることになったのは、環境保護運動・民主化運動の成果という面もある。ヴィスムートの環境汚染は、一九八九年以降、堰を切ったように報じられた。従業員や住民の間では、雇用や産業立地の先行きへの懸念も小さくなかったとはいえ、やはり健康問題で背に腹は代えられないという思いが強かった。そこで、たとえばロンネブルクでは、一九九〇年九月、教会環境保護グループがＩＰＰＮＷゲラ支部と、東独のウラン鉱山問題に関する会合を組織、学界・政界・環境保護団体・自治体・ヴィスムートの代表者の参加を得て討論を行い、これ以上の環境破壊・健康被害を許さない決意を示した。

一九九一年五月一六日、ドイツとソ連は、ＳＤＡＧヴィスムートの操業終了に関する協定を締結、汚染修復の費用はドイツ側が負担することになった。一九九一年一〇月三〇日、連邦議会が超党派の賛成多数で可決した「ヴィスムート法」が一二月一八日に発効し、ＳＤＡＧヴィスムートは「ヴィスムート有限会社」に衣替えした。こうして約四五年間、のべ二三万一〇〇〇トンのウランをソ連に供給したＳＡＧ・ＳＤＡＧヴィスムートの歴史は、完全に幕を閉じた。

表３　ヴィスムート有限会社の人員数

1990.12.31	28,300
1991.12.31	23,000
1992.12.31	11,400
1993.12.31	6,900
1994.12.31	5,900
1995.12.31	5,700
1996.12.31	5,300
1997.12.31	4,800

出典：Chronik der Wismut, S.2566

ＳＡＧ・ＳＤＡＧヴィスムートは、ザールラント州のほぼ四倍に当たる一万四〇〇〇平方キロメートルの土地を放射能で汚染した。「ヴィスムート有限会社」は、一五〇〇キロメートルの坑道、三億一一〇〇万立法メートルのボタ山、一億六〇〇〇万立方メートルの産業鉱滓施設などの除染・撤去や、露天掘りウラン鉱山の埋め戻しといった膨大な課題を背負うことになった。しかも、長年の秘密保持から来る住民・自治体の不信を取り除き、しかるべき時期に適正な費用で汚染を修復してゆくための広報活動も重要となった。

ヴィスムート有限会社の総人員数は、表3のように激減した。それに伴い、従業員の平均年齢も、四〇・八歳（一九九一年一二月三一日現在）から四七・六歳（一九九七年六月三〇日現在）へと上昇した。

失業した元ヴィスムート鉱員のなかには、非合法の地下ツーリズムに従事する者もいた。彼らは、珍しい色や形の輝く石を探し求める観光客を坑道のなかに案内し、生活の糧を得たのである。

おわりに

二〇〇七年四月二七日から一〇月一四日まで、連邦園芸展がテューリンゲン州で開催された。それは、初めて二カ所の会場に分かれ、三〇ヘクタールのゲラ宮廷芝生公園で通常の園芸展が開かれる一方、一二四ヘクタール

写真２ 「ロンネブルク新風景」の全貌

出典　http://www.buga-gera.info/www/buga/presse/pressebilder/bildergalerie/index.htm?recordid=111E57B7E0A&Bildergalerie=111E5B2ED95（最終閲覧日 2017 年 6 月 22 日）

の元ヴィスムート・ウラン鉱区は再自然化され、「ロンネブルク新風景」として披露された。深さ二三〇メートル、長さ二キロメートルの露天掘り鉱の跡地はすっかり変貌し、ロンネブルクの領主邸では、ウラン露天掘りに関する展示も行われた。ウラン採掘のため村落が解体されたシュミルヒャウ高地には、最新技術でかつての中心部を突き止め、場所の名前を刻んだ石碑が置かれた。先述の映画「ブラックボックス」は、この連邦園芸展で企画された記憶のプロジェクトである。

ヴィスムート有限会社によると、二〇一六年九月の時点で汚染除去作業は、坑道など地下では九割以上、地上の面積では八割方終了している。(29) もっとも、アウエ＝アルベローダにある容積七七〇万立方メートル、面積四一・五ヘクタールの第三六六番丘陵は、二〇〇六年に作業を終えたはずであるにもかかわらず、二〇〇七年秋、二〇〇八年春に続き二〇一六年夏にも、汚染修復のために覆った地層が崩れ落ち、緑の丘に変貌したかに見えた一帯で、赤茶色の土が剥き出しになった。滑落の原因は、無機質土壌の素材が、雨水が地盤に浸み込むのを妨げたか、この丘陵の北西側にあまり陽が当たらず、土壌が乾かないためなのか不明とされ、結局ヴィスムート有限会社としては、土から水分を吸収する草木を植える程度の対策しか講じていない[30]。

ヴィスムートが産出した「平和のための鉱石」は、冷戦期、米ソ核軍拡競争に不可欠の存在であった。その役割を終えて四半世紀が過ぎてもなお、ヴィスムートのはてしない物語は続いている。

注

（1）*Der Spiegel*, 13/1995, 27.3.95, S.66-73.

（2）*Museumsführer. Museum Uranbergbau im Kulturhaus „Aktivist“*, Bad Schlema 2011, S. 11.

（3）上映禁止の指示は、原爆開発プログラムの露見を恐れたソ連外務省から、東独外務省・文化省を経て、製作配給会社（DEFA）に下された。もっとも、それ以前に東独内部では、ヴォルフ監督の厳しいリアリズムに対する批判も存在した。彼らにとっては、モスクワ帰りの大物共産主義者の映画をソ連が禁止してくれたのは、渡りに船であった。

（4）*Meyers Neues Lexikon*, Bd.15, 2. Auflage, Leipzig: VEB Bibliographisches Institut, 1977, S.266.

（5）現在、同書は以下のURLに全文が掲載されている。http://www.wise-uranium.org/pdf/pb.pdf（最終閲覧日二〇一七年六月二二日）.

（6）Klaus Beyer/Mario Kaden/Erwin Raasch/Werner Schuppan, *Wismut – „Erz für den Frieden“?*, Marienberg: Druck- und Verlagsgesellschaft Marienberg, 1995.

（7）Rainer Karlsch, *Uran für Moskau. Die Wismut - Eine populäre Geschichte*, Berlin: Christoph Links Verlag, 2007.

（8）Rudolf Boch/Rainer Karlsch（Hg.）, *Uranbergbau im Kalten Krieg. Die Wismut im sowjetischen Atomkomplex*, 2 Bde., Berlin: Christoph Links Verlag, 2011.

（9）Kristin Jahn, *Rund um den Schacht Drosen: Zeitzeugen erzählen*, Erfurt : Sutton, 2007.

（10）Wismut GmbH, Chronik der Wismut, 2011.

（11）*Sanierte Bergbaustandorte im Spannungsfeld zwischen Nachsorge und Nachnutzung*, Chemnitz: Wismut GmbH, 2015.

(12) http://www.wismut.de/de/sanierung_aufgaben.php（最終閲覧日二〇一七年六月二二日）.

(13) 当時密かに取られた写真は、下記ＵＲＬで見ることができる。http://www.tlz.de/web/zgt/leben/detail/-/specific/Wismut-Als-in-Thueringen-ganze-Orte-verschwanden-1639882826（最終閲覧日二〇一七年六月二二日）.

(14) 一九五三年、カール・マルクス生誕一〇〇年を機に、ケムニッツはカール・マルクス・シュタットに改名、中心部の再建事業を推進した。一九九〇年六月一日、市議会はケムニッツへの復帰を決議した。

(15) かつてドイツ共産党のエルンスト・テールマン委員長は、一九三〇年三月二〇日の党中央委員会で、「ソ連では、産業の社会主義的発展を限界にまで高めるため、突撃作業班が産業に送られている」と報告した。

(16) http://blogs.taz.de/hausmeisterblog/2016/05/10/bergwerkbergbaubergarbeiter-1/（最終閲覧日二〇一七年六月二二日）.

(17) http://www.resurrektionaurora.de/（最終閲覧日二〇一七年六月二二日）. Kristin Jahn, *„Friedliche Nutzung der Atomenergie": Dokumentation zu dem Wandbild Werner Petzolds, Altenburg.* Reinhold. 2009.

(18) Karlsch, *Uran für Moskau*, a.a.O., S.171.

(19) *Der Spiegel*, 34/1991, 19.8.91, S. 58-68.

(20) http://www.bfs.de/DE/bfs/wissenschaft-forschung/projekte/wismut/wismut.html（最終閲覧日二〇一七年六月二二日）.

(21) Vgl. G. Hofmann, *Beitrag zur Geschichte der Beziehungen zwischen der Gemeinde Oberrothenbach und der Wismut bis zur politischen Wende in der DDR im Jahr 1989*, o.O., 2001.

(22) *Die Zeit*, 7. Juni 1991, S.15-17.

(23) 書名は、一九七五年から『社会主義、君の世界』、一九八三年から『私たちの命の意味』となった。

(24) 実際には、核エネルギーに関する不都合な情報は伝えないという意味で、東西の報道は五十歩百歩であった。

(25) Sebastian Pflugbeil/Joachim Listing, *Energie und Umwelt: Für die Berücksichtigung von Gerechtigkeit, Frieden und Schöpfungsverantwortung bei der Lösung von Energieproblemen in der DDR*, hrsg. vom Ausschuß „Kirche und Gesellschaft" beim Bund der Evangelischen Kirchen in der DDR, 1988. Vgl. auch Joachim Krause, *... nicht das letzte Wort. Kernenergie in der Diskussion*, Kirchliches Forschungsheim Wittenberg 1987. プフルークバイルは、東独民主化の過程で「新フォーラム」を立ち上げ、一九九〇年二月、無任所相に就任、東独の原発に関するデータを収集・公表した。

（26）Der Spiegel, 42 /1991, 14.10.91, S.87-92.

（27）同書も『ピッチブレンド』と同じサイトに全文が掲載されている。http://www.wise-uranium.org/pdf/aw.pdf（最終閲覧日二〇一七年六月二二日）.

（28）Vgl. Michael Beleites, *Dicke Luft: Zwischen Ruß und Revolte. Die unabhängige Umweltbewegung in der DDR*, Leipzig: Evangelische Verlagsanstalt, 2016.

（29）http://www.wismut.de/de/sanierung_stand.php（最終閲覧日二〇一七年六月二二日）.

（30）http://www.freiepresse.de/LOKALES/ERZGEBIRGE/AUE/Raetsel-um-Halden-Rutsch-in-Alberoda-gilt-als-geloest-artikel9611746.php#（最終閲覧日二〇一七年六月二二日）.

補論３　ネヴァダ実験場から見る米国の核実験の歴史と記憶

川口悠子

はじめに

米国西部、ロッキー山脈とシエラネヴァダ山脈にはさまれた、グレートベイスンと呼ばれる乾燥地帯にネヴァダ州がある。この広大な州の上空を夜間に飛行機で通過すると、沙漠や山岳の暗闇が広がるなかに、州最大の都市、ラスヴェガスが煌々と浮かび上がる。カジノで知られるこの都市のもうひとつの経済的基盤をなしてきたのが軍の存在である。本稿では、ラスヴェガスから北西に約一〇〇キロメートル、車でわずか一時間程度の距離に位置するネヴァダ実験場（Nevada Test Site）を取り上げる。総面積約三五〇〇平方キロメートル、鳥取県とほぼ同じ広さのこの実験場では、一九五一年一月に最初の原爆実験がおこなわれて以降、わずか十一年ほどのあいだに一〇〇回にわたって大気圏内核実験が繰り返された。一九六三年八月に部分的核実験停止条約が調印され、大気圏内・水中・宇宙での実験が禁止されたが、それ以降も実験は地下で続けられ、一九九二年九月の実験停止までにさらに八二八回の実験がおこなわれた(1)。

米国の核開発はさまざまな被害を引き起こしたことが知られている。軍事利用に限っても、核実験の影響、とりわけ大気圏内核実験が放出した放射性降下物による環境汚染や健康被害は全米に及び、実験に動員された兵士も何も知らされぬまま被曝した。各地の核関連施設やウラン鉱山の周辺でも被害が報告された。米軍は放射性物質を用いた人体実験さえおこなっている。(2) そのなかでも本補論は、ネヴァダ実験場周辺の「風下住民」(downwinders) と呼ばれる人びとに着目する。実験場の風下 (downwind) になることが多かった東側の地域を中心に、周辺住民は高濃度の汚染に継続的にさらされたのである。

以下では、まずネヴァダ実験場が設置された背景をおさえる。そのうえで、風下地域の被害をめぐって米国政府が情報を隠蔽した過程を検討し、それに対して住民が抗議・補償要求活動を続けたことを示す。最後に、実験場としての役割を終えてすでに四半世紀近くが経過した現在の状況、そして博物館の展示内容や公開ツアーの様子を通じて、風下住民の被害と、それをもたらした実験場の歴史がどのように記憶されているかを論じる。

1　米国の核実験の歴史とネヴァダ実験場

ネヴァダ実験場は、ラスヴェガス爆撃・射撃場 (Las Vegas Bombing and Gunnery Range) として一九四〇年以来政府に接収されていた土地の一部に、一九五〇年一二月に設置された。核兵器の開発・実験を監督するため、一九四六年にマンハッタン計画の後継機関として設立されたアメリカ原子力員会 (AEC) が、この土地を実験場に選んだ理由はいくつかあった。土地が広いこと、風向きが安定し、乾燥した晴天が多いなど気象条件が適していること、新たに土地を接収する必要がないこと、また核兵器開発の中心を担っていたロスアラモス国立研究所 (ニューメキシコ州) に比較的近いことなどである。(3)

だが、表面上は客観的なこれらの条件の裏で、人間の生活が無視されていたことを忘れてはならない。ネヴァダ実験場が選定された際には、荒涼とした沙漠の広がる辺境の土地だというイメージが強調されていた。しかし実験場の周辺には集落や町もあり、けっして無人の荒野ではなかった。そもそもこの一帯は、先住民のショショーニ族やパイユート族らが代々暮らしてきた土地である。岩絵や埋葬地などの聖地が点在し、十九世紀には一部が先住民の保留地とされた。現在でも実験場の大部分は、法的には先住民部族の所有である。[4] ネヴァダ実験場を「辺境」だと見なす判断は、先住民らに対する歴史的な差別構造のうえに成り立つものである。

「辺境」の人々が踏みにじられたのは、ネヴァダ州においてだけではない。第二次世界大戦後に米国が最初に核実験場としたのは、第二次世界大戦中に占領した、ミクロネシアのマーシャル諸島だった。[5] ただしマーシャル諸島での実験には、兵員や機材の輸送コスト、気象の不安定さ、機密保持の難しさなどの問題もあった。マーシャル諸島は一九四七年に国連信託統治領となったため、先住民に被害が及ぶ実験が国際的な批判を呼ぶことも懸念された。そこで米国本土にネヴァダ実験場が設置されたが、大陸内核実験の開始以降もマーシャル諸島での核実験は続けられ、その回数は一九五八年一〇月までの期間に計六七回にのぼった。また出力の大きな水爆実験はほとんどがマーシャル諸島でおこなわれた。[6] 一九五四年三月の水爆実験によって第五福竜丸の乗組員が被曝したことは広く知られているが、たび重なる実験により周囲の海や島々は深刻な汚染を蒙り、住民は心身に被害を受けただけでなく他の島への移住を強制され、伝統的な生活のあり方も大きく変容した。[7]

2　冷戦下のネヴァダ実験場――実験による被害とその隠蔽

被害とその背景

ネヴァダ実験場でおこなわれた数多い核実験のなかでも、とりわけ多大な被害を引き起こしたのが、一九五三年三月から六月にかけて、この実験場での四番目の原爆実験作戦としておこなわれた、「アップショット・ノットホール」（Upshot-Knothole）作戦である。三月二四日に「ナンシー」というコードネームの実験がおこなわれた際には放射性物質が北方に流れ、ネヴァダ州の東隣に位置するユタ州の最北部にあるセダークリーク周辺で、放牧されていた羊が被曝した。羊は火傷や脱毛などの症状を見せて、最終的に約四四〇〇頭が死に、異常出産や死産も多数見られた。一九五三年五月一九日の「ハリー」実験では、放射性物質を大量に含んだ雲が強い西風に乗り、その進路にはユタ州セントジョージの街があった。住民に対しては屋内にとどまるよう警報が出されたが、二時間後には解除され、人々は汚染された街で通常どおりの生活に戻った。セントジョージを通過した放射性物質はさらに移動し、実験の翌々日にはロッキー山脈以東の米国全体を覆ったが、警報は出されなかった(8)。この年以降、風下地域のあちこちの町で流産や先天性障害が多発し、ついで白血病やさまざまながんがかつてない数に増加して、子どもを含めた多数が亡くなった。このような被害は大気圏内核実験が終わった後も続いた(9)。

なぜこうした被害が起きたのか。最大の原因は、実験場を管轄していたＡＥＣの体質に求められよう。放射性物質は微量でも人体に影響があり、健康に影響をもたらす基準（閾値）は存在しないこと、また放射性降下物の移動方向が予測できないことは、ネヴァダでの実験初期にはすでに明らかになっていた。にもかかわらず、委員会は放射性物質の危険性を軽視し続けた。実験の影響を検討する際、ある期間内に閾値を超える量の放射線を浴びなければ問題はなく、加えて放射線は子どもや妊婦を含むすべての人びとに同じように作用し、また拡散パターンの計算は可能であるという前提に立ったのである。さらに、人々はパニックに陥りやすいという理由で、情報の秘匿をも正当化していた[10]。

こうして、風下住民に被害が出始めた後も、ＡＥＣは核実験を不安に思う必要はないと繰り返すかたわら被害のデータを隠蔽し、何の対応も取らなかった。周辺住民に放射性物質に関する注意が出されることはめったになく、出されたとしても実験場のすぐ風下にあたる地域のみで、そのうえ電波状況が悪く、ラジオの注意報を受信できない人びともいた。また「ナンシー」の後、放射性降下物の影響を疑う牧場主らに対し、ＡＥＣは、羊の死因は放射線とは無関係の栄養失調だと結論づけた。さらに一九五七年、被害を訴えたネヴァダ州トノパーの住民に対し、ＡＥＣ委員長のルイス・ストロースは「我々の実験による放射性降下物がもたらしうる危険は、戦争で核爆弾を使用するという、限りなく大きな悪に比べればささやかな犠牲」であり、「我々が日々の生活のなかでごく普通に、また進んでひきうけているリスクに比べれば、実際きわめて小さなもの」だと返信した。委員会が懸念したのは人々の健康への影響ではなく、人々の不安が高まって実験が継続できなくなることだったのである[11]。

このような姿勢はＡＥＣだけのものではなかった。一九五〇年代、冷戦下の米国政府はソ連に対抗するために核軍拡を進めていた。そのなかで政府は、米国市民に対しては核兵器の危険性を隠蔽しつつ、市民自身の努力で核攻撃から身を守る「民間防衛」は可能だと喧伝し、核はむしろ人類が共存し、有効に利用すべき最先端の科学の成果だというプロパガンダをおこなっていた。その結果、謎に包まれた核は不安をかき立てる存在であると同時に科学や未来の可能性のシンボルとなり、核のイメージは大衆文化の一部として広く消費された。カミソリの刃からニンジンまで、さまざまな商品に「アトミック」という商品名がつけられ、放射線による突然変異はＳＦ

映画や小説の定番となった[12]。

ネヴァダ実験場は、これら「アトミック・カルチャー」のイメージの源泉となった。ＡＥＣ自体も核実験をスペクタクルとして宣伝したため、ラスヴェガスでは大気圏内実験がカジノと並ぶ名物となり、観光客は遠くに浮かぶキノコ雲を見物した。「アトミック・カクテル」やキノコ雲をモチーフにした土産物が人気となり、「ミス・アトミック・ボム」コンテストが開催された。こうした消費のあり方は核実験を健全に見せかけ、危険性を脱色する結果を生んだ。反核の論陣を張る人も少数ながら存在したが、社会全体では、核の危険性から目をそらす空気が醸成されていった[13]。

一九五〇年代の米国では反共主義の嵐が吹き荒れていたことも、被害者たちへの圧力となった。冷戦下の不安のなかで政府への忠誠を求める風潮が高まり、政府批判は非愛国的、さらには共産主義的だとして排斥されるリスクすらともなった。他方、実験への協力は愛国心と結び付けられ、原子力委員会は周辺住民に対して、最先端の実験の舞台に暮らすことを誇りに思うように呼びかけた。さらに産業の少ない西部沙漠地帯では、実験場の存在は経済的なメリットももたらした。情報の隠蔽にこのような社会状況も加わって、沈黙の殻を破ることは、被害者本人だけでなくメディアや地元の政治家にとっても、強い決意を必要とした[14]。

風下住民の戦い

このような時代状況のなかで、核実験に危険はないという政府のプロパガンダを信じた風下住民も少なくなかった。また、被害は実験場から離れた地域にまで及び、さらに放射線由来の疾病は被曝から時間が経ってから発症することも多いため、当初は核実験とさまざまな異常との因果関係に懐疑的な人々もいた。だが風下地域には農業・牧畜業を生業とする家庭が多く、人びとは身の回りの自然環境の変化に敏感だったので、みずからの経験をもとに、実験との関係に気づいていった。早くも一九五五年、「ナンシー」で羊を失った牧場主のうち、ブラック家らの八家族が合同で、連邦政府を相手取り賠償を求める訴訟を起こした。しかし、翌年の判決は原告敗訴だった。[15]

また、地域や友人、学校、職場、同じ病院にかかる患者といった人間関係のネットワークも、問題を理解するのに大きな役割を果たした。一九六八年、セントジョージのある女性が、核実験との関連が疑われる疾病を発症した近所の人々の記録を作り始めた。この活動は次第に周囲の町にも広がり、人々はリストをつきあわせ、経験を共有し、疾病が偶然の、あるいは特定の町に限られたものではなく、広い地域にまたがっていることを知った。記録を作ったのは、多くが女性だった。[16]

住民たちの発見は、研究の進展により裏付けられていった。一九六四年、ＡＥＣの生物医学部門（Division of Biology and Medicine）に所属していたハロルド・ナップが、放射性のヨウ素131が牧草から乳牛、牛乳、そして人体へと移動する過程で濃縮され、甲状腺に甚大な影響を与えていたという研究を発表した。実は、ナップはこの研究を前年にＡＥＣに提出していた。しかし委員会は公表を渋り、公表したときもデータの一部をナップに無断で削除していた。ナップは怒ってＡＥＣを辞職し、論文を『ネイチャー』誌に投稿したのである。ナップの計算では、セントジョージやその周辺に居住する幼児は、当時の年間許容量の一五〇倍から七五〇倍ものヨウ素を摂取していた。それまでＡＥＣはストロンチウムやセシウムによる外部被曝を被曝量の基準としていた。しかし、半減期が短いためにほとんど無視されていたヨウ素による内部被曝がきわめて深刻であることが示されたことで、ＡＥＣの安全管理に巨大な欠陥があったことが明らかになったのである。[17]

それでもＡＥＣは動かず、実験は継続された。一九五〇年代末に牛乳がストロンチウム90によって汚染されていることが全米規模で明らかになり、これを受けて全国の、ことに女性たちのあいだで放射性降下物に対する懸念が高まっていたが、一九六三年の大気圏内核実験禁止の後はふたたび弱まった。不利な状況ではあったが、風下住民は告発とネットワーク拡大の努力を続けていった[18]。

一九七〇年代、米国社会では環境問題が関心を呼び始め、またベトナム戦争やウォーターゲート事件の影響で政府への信頼が低下していた。そのなかで、連邦政府が文書を隠蔽していたことが明るみに出、これが大きな転機となった。一九七七年八月、ユタ州ソルトレイクシティの新聞に、風下地域で放射性降下物によると思われるがんの発症率が高いことを指摘した記事が掲載され、ユタ州知事がＡＥＣの文書の公開を求めた。こうして公開された文書のなかに、風下地域に住む子どもたちのがん発症率が通常より約三倍も高いことを示す報告書があった。この報告書は一九六四年に作成されていたが、連邦政府の保健福祉省が「誤ってファイルしていた」のだった。羊の死因が「ナンシー」であることを、連邦政府が牧場主に偽っていたことを示す文書も、一九七九年二月に公開された[19]。

一九七九年四月、ソルトレイクシティやラスヴェガス、セントジョージで、「低線量被曝の健康への影響」と題した連邦議会上下院合同公聴会が開かれた。証言に立ったユタ州知事や科学者らは、ＡＥＣが実験の継続のために秘密主義的な姿勢を取り、情報を操作したと論じた。住民も被害の様子やそれまでの政府の対応について語った。同年の連邦議会報告書は、「放射線が有害な影響を与えたことを示唆する証拠はすべて、無視されただけでなく、隠蔽された」と指摘した[20]。

そして一九七九年八月、ユタ州、アリゾナ州、ネヴァダ州の風下住民らが連邦政府を相手取った裁判が始まった（アレン対連邦政府裁判）。一九八四年、初級裁判所は、ＡＥＣは住民を守るために充分な措置を取ってこなかったと判断し、原告が勝訴した。また「ナンシー」の被害賠償をめぐり、近隣の牧場主が敗訴した判決（一九五六年）の取り消しを求めた一九八二年の裁判でも、ユタ州の連邦地方裁判所は、政府が情報を秘匿したり不正確な情報を伝えたりしたと認め、判決の取り消しと再審を命じた。しかしどちらの裁判も、控訴審では政府側勝訴の判決が下された。被害者団体の活動は続いたが、放射線被曝補償法（the Radiation Exposure Compensation Act）が成立し、ウラン鉱山労働者、核実験に従事した者、風下住民のうち、一定の条件を満たした者に補償がなされることになったのは、やっと一九九〇年になってからのことだった。[21]

3　ポスト冷戦のネヴァダ実験場

補償の限界

一九八九年一二月の米ソ首脳会談で冷戦の終結が宣言され、米ソが核軍縮に舵を切ったことで、一九九二年九月、ネヴァダ実験場での核実験も停止された。それから四半世紀近くが経ったが、実験場の歴史がもたらした負の遺産は依然、存在している。

第一に、放射線被曝補償法には多くの問題があると指摘されている。批判点のひとつは、補償の対象となる地域が限定されていることである。国立がん研究所（National Cancer Institute）や疾病対策予防センター（Centers for Disease Control and Prevention）などが一九九七年以降おこなった研究では、大気圏内核実験に由来する放射性ヨウ素のホットスポットは、実験場のすぐ周囲のみならず、周辺のアイダホ州やモンタナ州、コロラド州など各地に点在することが指摘され、さらに米国中西部から北東部にいたる広い地域でも測定された。これは最大で二一万二〇〇〇例の甲状腺がんの原因となった可能性があった。加えて核実験によるガンマ線は、一九五一年から六二年のあいだにさらに二万二〇〇〇例のがんの原因となったおそれがあり、うち一万一〇〇〇例は致死的なものだとの計算が示された。しかも、被曝に関する資料は今も公開の途上にあるため、数字はさらに大きくなる可能性がある。にもかかわらず、風下地域として補償法の対象となるのは、ネヴァダ州、ユタ州、アリゾナ州の、それも一部の地域に限られている。さらに、補償の対象が特定のがんに限られており、たとえば皮膚がんは対象とはならないこと、被害の大きさに鑑みると補償額が充分とは言えないこと、何十年も昔の書類の原本が要求される（先住民はもともとこうした書類を作成していないこともあった）など手続きが煩雑であること、なども批判されている。[22]

「ネヴァダ実験場」から「ネヴァダ国家安全保障施設」へ

第二に、核実験は停止されたとはいえ、ネヴァダ実験場は活動を終えたわけではない。AECは一九七四年に解体され、後継機関として三年後にエネルギー省が設立された。また二〇〇〇年、エネルギー省傘下の半独立機関として国家核安全保障庁（National Nuclear Security Administration）が設立された。国家核安全保障庁は米国各地に八つの施設を持ち、ネヴァダ実験場もそのひとつとなった。二〇一〇年、ネヴァダ実験場はネヴァダ国家安全保障施設（Nevada National Security Site）と名前を変えた。[23]

ネヴァダ国家安全保障施設の公式ホームページでは、この施設の現在の業務として、以下の三点が挙げられている。①核兵器科学。シミュレーションや未臨界核実験などの実験をおこない、現有核兵器を安全かつ有効に保つ備蓄弾頭維持プログラム（Stockpile Stewardship Program）に貢献すること、②グローバル・国土安全保障プログラム。化学、生物、放射性物質、核、爆発物（CBRNE）に対応し、核不拡散を進め、大量破壊兵器の危険を削減し、核関連緊急事態に対応する訓練をおこなうこと、③環境マネージメント。施設内の環境を管理・保護し、核実験による汚染を調査・除去し、低レベル放射性物質の永久処分をおこなうこと、である。[24]三点目について、ネヴァダ実験場は一九八四年以来、米国各地にあるエネルギー省の研究施設や関連企業から、低レベル放射性廃棄物や有害廃棄物を受け入れている。機密廃棄物を含めると、二〇一六年度の処分量は約三万立方メートル、現在までの処分総量は約一三四万立方メートルにのぼる。[25]すなわちネヴァダ国家安全保障施設では、未臨界実験であるとはいえ核兵器に関する実験を含む、米国の軍事実験場としての活動も、汚染源となり得る放射性廃棄物の受け入れも、続いているのである。

国立原爆実験博物館（National Atomic Testing Museum）

第三に、ネヴァダ国家安全保障施設では、実験場がもたらした被害を記憶にとどめようとする動きが弱いことを指摘したい。本節と次節では、ラスヴェガスの繁華街からほど近い、ネヴァダ大学ラスヴェガス校のキャンパス内に、二〇〇五年に開館した原爆実験博物館と、ネヴァダ国家安全保障施設内を回る公開ツアーについて検討する。いささか昔のことだが、筆者が二〇〇八年四月に訪問し、ツアーに参加した際の体験も交えたい。

原爆実験博物館の構想は一九九二年の核実験停止を受けて浮上し、一九九八年に設立されたネヴァダ実験場歴史財団（Nevada Test Site Historical Foundation）が母体となった。展示は大規模で、アトミック・カルチャーを伝える細々とした展示物から、核実験停止以降の実験場の利用状況までカバーする。ただしこの博物館については、資金面でも展示内容も、原子力産業・軍需産業などの利害関係者の影響が強いという批判がある。博物館設置の中心にいたのは、ネヴァダ実験場の運営に関わり、レーガン政権下でエネルギー省次官補も務めた人物だった。また関係者の証言によると、博物館のコンセプトや展示内容の大筋はエネルギー省が中心になって作成した。さらに博物館の資金のうち半分超の約三〇〇万ドルは私的資金で、その大半は実験場と経済的関係のある企業などからのものだった。[26]具体的にはイラクの復興事業を受注したことでも知られる巨大ゼネコンのベクテル社や、マンハッタン計画以来、米国の核開発に参加してきたＥＧ＆Ｇ社（現在は大手建設コンサルタントのＡＥＣＯＭに統合）

などで、展示室にはこれらの企業名が冠されている。[27]

こうして設立された原爆実験博物館は、来館者が「ネヴァダ実験場における米国の核実験プログラム」の歴史について、また「それが［米国の］国家安全保障や国際的な安定に関与していたことについて考える」ことを目的としている。[28] したがって展示のほとんどは核開発・核実験に関する技術開発を肯定的に紹介するものである。[29] 核開発を露骨に賞賛するような語りがあるわけではない。ただ、批判的な視点が提示されないのである。まず、広島・長崎の被害はほとんど触れられない。核実験がもたらす被害についても同様で、「核兵器開発には安全が最優先され」たことが力説されている。風下住民らの被害はまったく記述されないわけではないが、しかし被害の具体的な説明やデータは乏しく、被害者が訴訟を起こしたことも説明されていない。また実験場の敷地が、かつて先住民の大地だったことには触れているが、立ち退きは「アメリカの民主主義を守るため」の「やむを得ない代償」であったと位置づけられる。[30]

核実験をスペクタクルととらえる一九五〇年代のアトミック・カルチャーの名残りとも言える要素が見られたことも、筆者には印象的だった。大気圏内核実験の「グラウンド・ゼロ」の様子を再現すると銘打った「グラウンド・ゼロ・シアター」のスクリーンには実験の記録映像が映し出され、やがてカウントダウンが流れる。ゼロに達するとスクリーンが閃光に包まれ、大きな爆発音が響く。すこし遅れて上映室の床が振動し、壁からは生暖かい空気が吹き出す。振動と爆風を模したものである。爆発の危険性が希釈されているのもさることながら、起爆の瞬間のみが切り取られているため、来館者の意識が、実験が残した被害に向かうことはないだろう。

以上のような展示には、「核兵器の善悪や倫理について、深く踏み込んで論じようという姿勢は初めからない」。それは原爆実験博物館が「現代世界におけるアメリカの圧倒的な力を賞賛」すること、「その力を支える」ネヴァダ実験場の意義を語ることを目的としているためである。[31] だが、「アメリカの力」を支えた核であればこそ、それがいかなる性質のものだったのか、核の開発と利用が深刻な被害をもたらしてきたという事実を考量してもなお正当化されるのか、という議論に踏み込むことなしには済まされまい。

ネヴァダ国家安全保障施設の公開ツアー

最後にネヴァダ国家安全保障施設の公開ツアーだが、施設を運営している国家核安全保障庁のネヴァダ出張所が毎月一回、無料で開催している。参加は事前申込制で、先着順に受け付ける。社会貢献・広報活動の一部と位置づけられていることがウェブサイトからわかるものの、それ以上の趣旨は説明されず、何年からおこなわれているかも不明である。しかし人気は高く、二〇一六年一二月の時点ですでに二〇一七年一二月の回まで予約が埋まっているほどである。[32] ツアーには一四歳以上であれば国籍を問わず誰でも参加できる。二〇〇八年の、筆者が申し込んだ日の参加者はカップルの観光客と見える人が多く、比較的年齢層の高い白人がほとんどで、男女比の不均衡は目立たなかった。

ツアー中の行動の自由度は低く、筆者は核が機密事項に属することを圧迫感とともに再確認した。携帯電話やカメラ、レコーダー、パソコンなどの持ち込み、また施設内からの土や金属片などの持ち帰りは禁止されていた（荷物検査はなかった）。さらに筆者はバスに乗る際に一人だけ名前を呼ばれ、ツアーガイドのすぐ後ろの座席に座るよう指示された。「外国人だからか」と訪ねると、「そうだ」との答えだった。筆者はほかの参加者に簡単なインタビューをしたいと考えていたが、目立つことでトラブルになっては困るという考えが胸をよぎり、諦めた。

ツアー参加者は朝八時に原爆実験博物館前に集合し、施設の元従業員だというガイドとともに、全員が一台の大型観光バスに乗った。筆者はツアーを通じ、主催者の主な意図は、核実験の威力と実験に使われた科学技術とを、参加者に見せることにあると感じた。ツアーはほとんどが車窓見学で、バスを降りての見学は数ヵ所に限られている。そのひとつは一九六二年七月の「セダン」実験による、直径約三九〇メートル、深さ約一〇〇メートルにもおよぶ巨大なクレーターで、縁に作られた展望台から、その大きさを——ということはそれを作った核兵器の威力を——間近に感じるようになっていた。ほかの見学場所としては、一九九二年に核実験停止が決定された際、ちょうど準備段階にあった実験施設がある。これは後日の実験再開の可能性に備えてそのまま残され、アイスキャップと呼ばれていた。ここでは施設内まで案内され、地下核実験がどのようにおこなわれるか説明されたが、その際、複雑な機材に触れることさえできそうだった。車窓見学では、広い大地のそこここに無数に残る、地下核実験によるクレーターや、爆発の影響を測定するために建設された家屋（実験の際には家具やマネキンが配置された）をガイドが指し示し、説明した。

ガイドの説明は核開発を賛美するものでこそなかったが、被曝の問題を含め、負の側面が語られることはほとんどなかった。兵士が実験に動員された際に待機した塹壕——半ば土に埋まり、畑の畝のようだった——も見学ルートに含まれていたが、ガイドが述べたのは実験に兵士が参加したということのみで、兵士が被曝したことは語られなかった。ガイドはまた、立ち入り禁止とされている一部の土地以外は、除染が進んでいるために被曝の危険はないとも述べた。二〇一六年一二月現在も、ツアーへの参加を検討する人が最初に見るであろうウェブサイトは汚染の有無にいっさい言及していない。「妊娠中の女性の参加は勧めない」とはあるが、それは「長時間バスに乗るため、また地面に起伏があるため」という理由である。(33)

放射線の影響が軽視されていることは、ガイドが、広島・長崎は占領軍が除染をしたために残留放射能はなくなったと述べたときも感じた。このとき、筆者は驚き憤ったが、反論することをためらった。理由はガイドやほかの参加者に納得してもらえそうな、具体的でほころびのない説明をする自信がなかったからだが、同時に、自分はこのツアーでは（国籍、それからおそらくは核をめぐる考えについても）少数者であるという意識も圧力として作用していたかもしれない。

実験場に関して公開ツアーでなされた語りが、そのまま米国社会で一般化できるとは限らない。だが、原爆実験博物館の展示と同様、核の威力のみを取り上げる一九五〇年代のアトミック・カルチャーがいまでも残っていることを感じた。精神的な疲労を強く感じ始めたころ、バスはふたたびラスヴェガスに向かい、夕方四時頃に博物館前に帰着して解散となった。

おわりに

以上見てきたように、核実験が停止された後も被害者への補償は進まず、いっぽうでネヴァダ国家安全保障施設は軍事目的で、また放射性廃棄物処理場として、利用が続いている。しかも風下住民ら被害者らの長年にわたる運動にもかかわらず、施設の運営側や原爆実験博物館には、被害を実験場の歴史の一部として直視する姿勢は乏しい。沈黙は忘却に直結する。ＡＥＣは放射性物質の封じ込めが困難だと分かると言説の封じ込めに集中したという指摘があるが、委員会は解体されたとはいえ、「封じ込め」はいまや記憶をも対象として続いていると言うことができるだろう[34]。

このことをネヴァダ実験場のみの問題としてではなく、社会のあり方の問題として考えるとき、何が言えるだろうか。ここでは二点指摘したい。ひとつは、「封じ込め」る力はどのように働いたのかという点である。繰り返しになるが、風下住民の被害は過失による偶発的なものではない。米国政府は被害が出ていることを知りながら情報を秘匿し、意図的に市民に犠牲を強いてきた。のみならず政府への批判が異端視されるという一九五〇年代米国社会の空気も情報の隠蔽を容易にし、被害者の口を重くした。もちろんこのような風潮には政府のプロパガンダが決定的な役割を果たしていたが、社会の構成員たる市民の責任を否定することもできない。ゆえに、市民が隠蔽の共犯者としての役割を果たしてしまったのはなぜかという点も含めて、政治権力とはどのように作用するのかという問題を考える必要がある。これは米国のみならず日本でも、喫緊の重要性を持っているだろう。

ただし——これが第二点目だが——このとき「市民」という存在を一様のものとしてとらえるならば、社会の矛盾を、市民のなかでもとりわけ「辺境」の弱者に押しつけようとする構造の存在、すなわち「社会的な弱者が環境破壊の現場を生活圏とせざるを得ない状況に歴史的に追い込まれて」きたことを見落とすことになる。[35]核の被害が社会的弱者にのしかかった例は枚挙にいとまない。米国西部では風下住民に加え、ウランの採掘により、多くの先住民を含む鉱山労働者や鉱山周辺の住民が被曝し、土地や水が汚染された。米国がマーシャル諸島で核実験をおこなったこともこの一例であるし、フランス・イギリスも太平洋を核実験場としてきた。[36]今挙げた例を含め、多くのケースでは人種主義と植民地主義が作動しているが、もちろんそれがこの問題の必要条件ではない。言うまでもないが、「辺境」や「弱者」はそれぞれの社会の歴史的・文化的文脈のなかで生み出される。このことは、「地方」の原子力発電所が次々と再稼動している現在の日本でも、真剣に考えるべき問題といえる。

言いかえると、汚染は純粋に技術的な問題ではなく、われわれの暮らす社会の構造を反映しているということを振り返る必要がある。そして、この構造の存在を意識化することこそが、加害責任のありかと、われわれ自身の責任とを問い直すこと、そして汚染の再発を予防することにつながるだろう。

最後に、「封じ込め」の圧力に対抗する手がかりについて、一点だけ述べておきたい。原爆実験博物館と同じ建物には核実験文書館（Nuclear Testing Archive）があり、核実験をめぐる公文書や放射性降下物に関するデータを所蔵している。これらは風下住民による訴訟など重要な役割を果たしてきた。またネヴァダ大学ラスヴェガス校の図書館では、実験場の中枢にいた科学者や技術者のみならず、実験場の労働者や風下住民、被曝した兵士、先住民の長老、そして反核平和運動家らに聞き取りをしたオーラル・ヒストリーの成果が公開されている。[37] これらの貴重な一次史料は、原爆実験の歴史を将来にわたって批判的に考察するために欠かせない。記録を保存し、情報の透明性を高めて、過去をつねに検証に開いておくことの重要性は、強調してもしすぎることはないだろう。

注

（1）Terrence R. Fehner and F. G. Gosling, *Origins of the Nevada Test Site*, DOE/MA-0518, Washington, D.C.: Department of Energy, 2000, pp. 2-5, https://energy.gov/management/history/historical-resources/history-publications（二〇一六年一二月二〇日閲覧、以下ウェブ情報の閲覧日はすべて同じ）. なお実験場は当初 Nevada Proving Grounds という名称だったが、一九五五年にこの名称に変更された。James Rice, "Downwind of the Atomic State: US Continental Atmospheric Testing, Radioactive Fallout, and Organizational Deviance, 1951-1962," *Social Science History* 39 (2015): p. 655.

（2）アイリーン・ウェルサム『プルトニウムファイル――いま明かされる放射能人体実験の全貌』渡辺正訳、翔泳社、二〇一三年［原著一九九九年］。

（3）Fehner and Gosling, *Origins of the Nevada Test Site*, pp. 20, 46; Rice, "Downwind of the Atomic State," pp. 654-656.

（4）Soren C. Larsen and Timothy J. Brock, "Great Basin Imagery in Newspaper Coverage of Yucca Mountain," *Geographical Review* 95, no. 4 (2005): pp. 521-522; Sarah Alisabeth Fox, *Downwind: A People's History of the Nuclear West*, Lincoln: University of Nebraska Press, 2014, Ch. 3.［キンドル版で頁数がないため、引用には章番号を用いる］

（5）前田哲男「ビキニ水爆被災の今日的意味」（グローバルヒバクシャ研究会編『隠されたヒバクシャ――検証　裁きなきビキニ水爆被災』凱風社、二〇〇五年）、二七〜三五頁。

（6）Fehner and Gosling, *Origins of the Nevada Test Site*, pp. 35, 37, 75.

（7）竹峰誠一郎「ヒバクは人間に何をもたらすのか――忍び寄る核実験の影」（前掲『隠されたヒバクシャ』）二〇七〜二五三頁；中原聖乃「挑戦するロンゲラップの人びと――生活圏再生の民族誌」（前掲『隠されたヒバクシャ』）二五九〜三二五頁。

(8) Richard L. Miller, *Under the Cloud: The Decades of Nuclear Testing*, 1986; The Woodlands, TX: Two-Sixty Press, 1991, pp. 158, 163–164, 173–177, 182–183.
(9) Fox, *Downwind*, Ch. 5.
(10) Rice, "Downwind of the Atomic State," pp. 649, 652–653, 659.
(11) Fox, *Downwind*, Ch. 4, 5; Miller, *Under the Cloud*, pp. 184–186.
(12) ロバート・ジェイコブズ『ドラゴン・テール――核の安全神話とアメリカの大衆文化』高橋博子監訳、新田準訳、凱風社：二〇一三年、四一～一〇五、一四四～一九四頁。
(13) Rice, "Downwind of the Atomic State," p. 660.
(14) Fox, *Downwind*, Ch. 5, 6.
(15) Fox, *Downwind*, Ch. 3, 4, 5.
(16) Fox, *Downwind*, Ch. 5.
(17) Miller, *Under the Cloud*, pp. 360–364.
(18) Fox, *Downwind*, Ch. 4, 5; Paul Boyer, *By the Bomb's Early Light: American Thought and Culture at the Dawn of the Atomic Age*, 1985; Chapel Hill: University of North Carolina Press, 1994, pp. 352–359.
(19) Fox, *Downwind*, Ch. 6.
(20) Rice, "Downwind of the Atomic State," p. 663; Fox, *Downwind*, Ch. 6.
(21) Fox, *Downwind*, Ch. 6.
(22) Fox, *Downwind*, Ch. 6; Rice,"Downwind of the Atomic State," pp. 669–670; 髙橋博子『封印されたヒロシマ・ナガサキ――米核実験と民間防衛計画』凱風社、二〇〇八年、二二二～二二五頁。
(23) "About Us," the National Nuclear Security Administration［以下NNSA］, https://nnsa.energy.gov/aboutus; "NNSA Timeline," NNSA, https://nnsa.energy.gov/aboutus/ourhistory/timeline; "About the NNSS," the Nevada National Security Site［以下 NNSS］, http://nnss.gov/pages/about.html. 国家安全保障庁のほかの施設には、ロスアラモス国立研究所やローレンス・リヴァモア国立研究所（カリフォルニア州）がある。いずれも米国の核開発を担ってきた研究機関である。

(24) "About the NNSS."

(25) "Nevada National Security Site Waste Disposal Operations FY 2016–Quarter Four Disposal Volume Report," NNSS, https://www.nnss.gov/pages/programs/RWM/Reports.html.

(26) Matt Wray, "A Blast from the Past: Preserving and Interpreting the Atomic Age," *American Quarterly* 58, no. 2 (2006): pp. 468–469.

(27) Fox, *Downwind*, Ch. 6.

(28) "About the Museum," the National Atomic Testing Museum, http://nationalatomictestingmuseum.org/about/about-the-museum/.

(29) 展示の詳細は、矢口祐人『奇妙なアメリカ——神と正義のミュージアム』新潮社、二〇一四年、四一～六三頁および本書第一章、高橋博子「アメリカにおける「パワー」としての核——核兵器と原子力」参照。

(30) Rice, "Downwind of the Atomic State," p. 671; 矢口『奇妙なアメリカ』四九～五八頁。

(31) 矢口『奇妙なアメリカ』六〇～六三頁。

(32) "NNSS Site Tours," NNSS, http://nnss.gov/pages/PublicAffairsOutreach/NNSStours.html.

(33) "NNSS Site Tours."

(34) Rice, "Downwind of the Atomic State," p. 671.

(35) 石山徳子「新しい環境運動」(西田慎・梅崎透編『グローバル・ヒストリーとしての「一九六八年」——世界が揺れた転換点』ミネルヴァ書房、二〇一五年)三六三～三八六頁。

(36) Fox, *Downwind*, Ch. 4.

(37) "Nuclear Testing Archive," NNSS, https://www.nnss.gov/pages/resources/NuclearTestingArchive.html; Wray, "A Blast from the Past," pp. 477–481; "Nevada Test Site Oral History Project," University of Nevada, Las Vegas, http://digital.library.unlv.edu/ntsohp/.

第Ⅲ部　核開発の現在と未来

第七章　アメリカ合衆国のウラン鉱山・製錬所の社会環境影響
――ナバホ先住民族（ディネ）居留地の過去の負の遺産を中心に――

和田喜彦

はじめに

アメリカ合衆国でのウラン鉱山開発の歴史は、マンハッタン計画発足とほぼ同時に始まった。長年続いてきたウラン鉱山開発は、地域社会に経済的にはプラスの効果をもたらし、アメリカの核兵器開発と核エネルギー供給に貢献した一方で、環境汚染と健康被害といった負の遺産をアメリカ国内各地にばらまいた。

アメリカ西部に位置するナバホ先住民族（自らは「ディネ」と呼ぶ）居留地には、世界でも有数のウラン鉱脈が存在している。鉱脈の発見はマンハッタン計画が開始された一年前の一九四一年のことである。一九四九年のソヴィエト連邦による核実験成功以来、この地でのウラン開発が加速し、大小合わせて約一三〇〇のウラン鉱山が開発された。ウラン価格の低迷などの要因によりナバホ先住民居留地内のウラン鉱山は一九八〇年代に閉山となった。現在は、二〇〇五年のウラン開発モラトリウム宣言により、居留地内の全てのウラン鉱山の再開発と新規開発は禁止されている。ナバホの人たちは、ウラン開発による経済的な便益は期待できるが、これまで受けてきた環境汚染と健康被害という負の側面に鑑み、ウラン開発を止めるという重い決断をくだしたのである。

本章では、ナバホ先住民の受けた健康被害と環境汚染被害をアメリカ合衆国内のウラン開発地域の象徴的事例として取り上げる。全体を通し、世界および米国におけるウラン開発の歴史と、ウラン開発によって産み出された放射性廃棄物や鉱害・環境汚染と健康被害と補償の問題を検証していきたい。

1　世界のウラン開発の現況とアメリカの地位

世界の発電用原子炉は二〇一五年末で総計四三九基存在するとされるが、そこで使用されるウラン燃料の総量は、年間約六万六八八三トンである（二〇一五年値）[1]。そのうち①ウラン鉱山から供給される割合は供給全体の約九〇パーセント（以下では記号%も併用する）である（六万四九六トン、二〇一五年値）[2]。残りは、②核兵器の高濃縮ウランを低濃縮のウラン燃料に転換して利用するもの、③民間在庫からの供給、④使用済核燃料から再処理によって回収されるもの、⑤劣化ウラン（Depleted Uranium, DU）からウラン235を再濃縮するもの、⑥リン鉱石から肥料を作る際にウラン235を分離抽出する方法[3]などに分類できる。

ウラン鉱山から供給されるウランの国別生産量の推移は、図1、表1のとおりである。近年カザフスタンが急速に生産量を伸ばしつつあり、二〇〇九年にカナダを追い抜いてトップの座に躍り出た。二〇一五年データでは、一位カザフスタン二万三八〇〇トン（世界生産の三九・三%）、二位カナダ一万三三二五トン（同二二・〇%）、三位オーストラリア 五六五四トン（同九・三%）、四位ニジェール四一一六トン（同六・八%）、五位ロシア三〇五五トン（同五・〇%）であった。カザフスタン、カナダ、オーストラリアの上位三ヵ国で、世界の生産の七〇パーセントを超える量を生産している状況である。

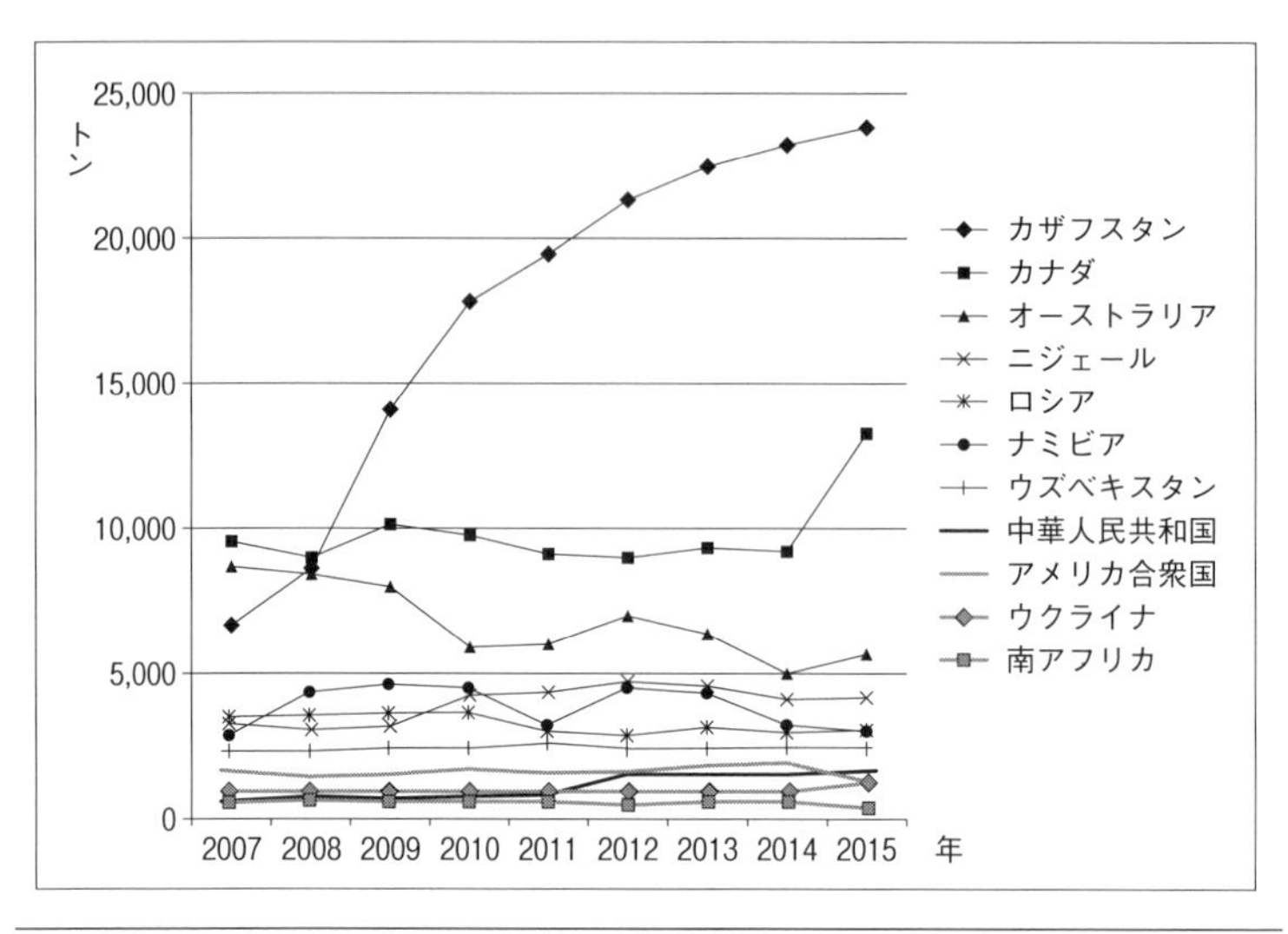

図1　各国別・鉱山からのウラン生産量（上位11か国まで）

出典：World Nuclear Associationのサイト中、Information Library、Nuclear Fuel Cycle, Mining of Uranium, World Uranium Mining Production のデータより筆者作成。http://www.world-nuclear.org/information-library/nuclear-fuel-cycle/mining-of-uranium/world-uranium-mining-production.aspx 最終アクセス 2017年2月4日。

近年、ウラン採掘方法について大きな変化が見られる。従来の露天採掘法、坑内採掘法とは異なる原位置抽出法〔インシチュ・リーチイング法（in situ leaching, ＩＳＬ法）、または、インシチュ・リカバリー法（in situ recovery, ＩＳＲ法）〕を採用するウラン鉱山が増えてきている。この方法は、鉱床の地中に細長い井戸を掘り、ポンプで地下水を大量に汲み上げた後、硫酸や過酸化水素水などの薬剤を水に混ぜて井戸に注入する。薬剤の働きで鉱床中のウランが溶液中に溶解する。ウランを含む溶液をポンプで地上に吸い上げた後、ウランを溶液から分離し、回収するという手法である。

二〇〇〇年の段階で、原位置抽出法（ＩＳＬ法）で採取されたウラン生産量は世界全体の一六パーセントを占めるに過ぎなかったが、その後急増し、二〇一二年には全世界の四五パーセントにまで伸びた（二万六二六三トン）。ただし、この方法を採用している国は、それほど多くはなく、ＩＳＬ法による産出量が最大の国はカザフスタンであり、

表1　各国別・鉱山からのウラン生産量

World Uranium Mining Production (Updated July 2016)

単位：Ut	2007年	2008年	2009年	2010年	2011年	2012年	2013年	2014年	2015年	世界シェア（%, 2015年）
カザフスタン	6,637	8,521	14,020	17,803	19,451	21,317	22,451	23,127	23,800	39.3
カナダ	9,476	9,000	10,173	9,783	9,145	8,999	9,331	9,134	13,325	22.0
オーストラリア	8,611	8,430	7,982	5,900	5,983	6,991	6,350	5,001	5,654	9.3
ニジェール	3,153	3,032	3,243	4,198	4,351	4,667	4,518	4,057	4,116	6.8
ロシア	3,413	3,521	3,564	3,562	2,993	2,872	3,135	2,990	3,055	5.0
ナミビア	2,879	4,366	4,626	4,496	3,258	4,495	4,323	3,255	2,993	4.9
ウズベキスタン（推計）	2,320	2,338	2,429	2,400	2,500	2,400	2,400	2,400	2,385	3.9
中華人民共和国（推計）	712	769	750	827	885	1,500	1,500	1,500	1,616	2.7
アメリカ合衆国	1,654	1,430	1,453	1,660	1,537	1,596	1,792	1,919	1,256	2.1
ウクライナ（推計）	846	800	840	850	890	960	922	926	1,200	2.0
南アフリカ	539	655	563	583	582	465	531	573	393	0.6
インド（推計）	270	271	290	400	400	385	385	385	385	0.6
チェコ共和国	306	263	258	254	229	228	215	193	155	0.3
ルーマニア（推計）	77	77	75	77	77	90	77	77	77	0.1
パキスタン（推計）	45	45	50	45	45	45	45	45	45	0.1
ブラジル（推計）	299	330	345	148	265	326	192	55	40	0.1
フランス	4	5	8	7	6	3	5	3	2	0.0
ドイツ	41	0	0	8	51	50	27	33	0	0.0
マラウィ			104	670	846	1101	1132	369	0	0.0
世界総計	41.282	43.764	50.772	53.671	53.493	58.489	59.331	56.041	60.496	100.0

出典：図1と同じ

年間産出量（二〇一五年二万三八〇〇トン）のほとんどをISL法に依拠している。ISL法によるウラン生産量第二位のウズベキスタンもウラン産出のほとんどをISL法に依存している（二〇一五年二三八五トン）。その他、アメリカ合衆国、オーストラリア、中華人民共和国、ロシアなどで採用されている[4]。後述するが、アメリカでも現在ウラン採取のほとんどをISL法に頼っている。

この方法ではウラン鉱山労働者の放射線被曝が軽減されるという長所の他、ウラン残土の発生量を最小限にできる、景観の改変を最小限に抑制できる、工期を短縮でき、採取コストを低く抑制できる、などのメリットがある。しかし、薬剤や放射性物質が付近の地下帯水層に流入することで激しい水質汚染を引き起こすリスクが高いことが、オーストラリア人の鉱山工学専門家ガビン・マッド博士によって指摘されている。(5)

ナバホ居留地内でＩＳＬ法を採用してウラン採掘許可の申請が一九八八年ハイドロリソース社（Hydro Resources, Inc., ＨＲＩ）によって提出されたが、その計画の環境影響についてアメリカ原子力規制委員会（Nuclear Regulatory Commission, ＮＲＣ）で議論された。ナバホ先住民側の立場に立つ南西部調査情報センター（Southwest Research and Information Center, ＳＲＩＣ）の研究者らは、この方法の危険性を指摘した。(6) たとえばクラウンポイント・ウラン鉱山の場合、ＩＳＬ法を採用した場合、鉱床中の井戸を巡る溶液のウラン濃度は、クラウンポイントの上水道のウラン濃度の二万〜一〇万倍の濃度に達するという。南西部調査情報センターの研究報告は、このウランが高濃度で含まれる溶液が、水道水に混入する可能性は十分あると結論付けている。その根拠として、モービル（Mobil）石油会社が一九七九年から一九八〇年にクラウンポイント・セクション9という地点で行った小規模なパイロット実験の事例を挙げている。実験後七年間掛けて除染を行ったものの、周辺の帯水層の水に含まれる化学物質二五種類についての調査結果は惨憺たるものであった。ウラン、ラジウム226、ヒ素など一九の物質について、ニューメキシコ州が策定した「緩い」環境基準すら達成できなかったのである。

アメリカ合衆国でのウラン生産量は、二〇〇七年〜二〇一二年にかけて年間一四〇〇〜一六〇〇トン程度で推移し、二〇一三年〜二〇一四年には一七〇〇トン〜一九〇〇トン余りに増加したが、二〇一五年には一二五六トンに急減した。この年、生産量では世界第九位、市場シェアは二・一パーセントであった。

二〇一五年のアメリカ国内でのウラン採掘・採取は、七つの鉱山で行われた。(7) 生産量の順番から最大の拠点はワイオミング州のスミス・ランチ鉱山であった（年間産出量五五六トン）。二位が同じくワイオミング州のロッシー・クリーク鉱山（二八〇トン）、三位がネブラスカ州のクロウ・ブーテ鉱山（一五二トン）、四位がユタ州のホワイト・

メッサ鉱山（一一四トン）という順番である。ホワイト・メッサ以外の六か所の鉱山では原位置抽出法（ISL法）によるウラン採取法を採用しているため、アメリカのウラン開発のISL法への依存度は極めて高くなっている。

2　ナバホ先住民族（ディネ）と居留地内でのウラン開発の歴史

ナバホ先住民族（ディネ）の概要

アメリカ合衆国内には、連邦政府によって認知されている先住民が五六二存在するとされている。[8] ナバホ先住民族（ディネ）は、そのなかで最大の人口規模を誇る先住民族である。二〇一〇年のアメリカ政府の国勢調査によれば、ナバホの人口は混血も含め三三万二一二九人とされる。[9] そのうち、四七%がナバホ先住民居留地（Navajo Nation Reservation）内に住み、大都市圏に二六%、ボーダータウン（border town）と呼ばれるナバホ居留地の外側に隣接する町村に一〇%、その他一七%という内訳である。

アメリカには四つの州が州境を接している地点がある。これは世界的にも非常に珍しい場所だ。ニューメキシコ州、アリゾナ州、ユタ州、コロラド州に挟まれた場所で、「フォー・コーナーズ」と呼ばれている。そこを中心にナバホ先住民居留地が広がっている（図2参照）。

とはいえ、ナバホ民族が移住する前までは同じ場所にプエブロ民族が住んでいたし、ホピ民族など別の先住民が近隣に住んでいたという歴史的経緯があるため、他の民族居留地の飛び地がところどころに入り込んでいる。

ナバホ先住民居留地は総面積二万七〇〇〇平方マイル（六万九九三〇平方キロメートル）で、日本の国土面積の二〇パーセント程度であり、北海道より若干小さい広さである。アメリカの五〇州のうち、一〇州の各面積より大きい。そこでは一定の自治権も認められている。司法・立法・行政の洗練された三権分立の政治組織が整って

図２　アメリカ合衆国西部とナバホ先住民（ディネ）居留地の位置

出典：Division of Economic Development, Navajo Nation. 2004. http://navajobusiness.com/fastFacts/Overview.htm　最終アクセス：2016年9月24日。

いる。民主主義的な選挙によって大統領と副大統領、そして二四人の代議員が選出され、政治を執り行う。[10][11] 立法府は、ナバホ先住民自治評議会と呼ばれる。ナバホ自治政府は徴税権と警察権を有している。行政機関として、教育省、環境保護庁などの省庁、あるいは局がある。司法としては、ナバホ先住民最高裁判所が設置されている。立法府と行政府、最高裁判所が位置する「首都」は「ウィンドウ・ロック（Window Rock）」という二七〇〇人あまりの小さな町である。

首都の中心部の自治政府の建物に隣接する公園には、記念碑が建っている。そこには、第二次世界大戦中の対日本戦においてのナバホ民族の勇猛果敢な闘いぶりと、情報戦での多大な貢献が記されている。アメリカ軍は、暗号の一部にナバホ語を元にした暗号を使っていた。ナバホ先住民の兵士がナバホ・コード・トーカー（ナバホ暗号通信員）として活躍したのである。ナバホ語は、他の言語との類似性が低い非常に特殊な言語である。そのため日本軍にはまったく解読されなかった。ナバホ語を基盤に作成された暗号がアメリカ軍の勝利を呼び込んだ第一の要件だったと記念碑に誇らしげに書かれている。

自治政府は、ディネ教育省を通し、初等・中等教育の公立学校および「ディネ・カレッジ」と呼ばれる二年制コミュニティーカレッジを運営している。また、「ナバホ・ネーション・ゲーミング・エンタープライズ」という公営企業を通じて娯楽施設のカジノを経営している。また、居留地内には「ナバホ先住民族国立公園」と呼ばれる自然公園が九か所設定されており、ナバホ先住民自治政府の「公園レクリエーション局」が管理運営している。公園は、荒涼とした砂漠地帯であるが、特徴は「メサ」と呼ばれるテーブル状の台地が点在している。またメサの侵食が進行し細くなった「ビュート」と呼ばれる岩山が立ち並び壮大な景観をつくりだしている。そうした自然環境の代表格が「モニュメント・バレー」である。モニュメント・バレーは西部劇の代表作・「駅馬車」（ジョン・ウェイン主演、一九三九年）や「バック・トゥ・ザ・フューチャー3」（マイケル・J・フォックス主演、一九九〇年）という映画作品にも登場する。こうした居留地内の公園施設やカジノ施設などからの収入はナバホ自治政府の重要な収入源となっている。

ナバホ先住民の貧困率

筆者はナバホ先住民居留地に訪問する機会を二回得た。最初の訪問は二〇〇九年八月下旬であった。広大な大地に拡がるパノラマ的な絶景の美しさには圧倒されたが、一方でナバホの市井の人びとの暮らしの困難な状況に接して衝撃を受ける体験をした。深夜のハイウエーを高速走行中、一台の乗用車が路肩で停止していた。不思議に思って、引き返したところ、二人の若い男性が悲嘆に暮れていた。彼らの説明によれば大柄の家畜（牛）が突然横断してきたため除けきれずに衝突してしまい、車が故障して動かなくなったとのこと。一〇分ほどするとハイウェーパトロールがやってきた。警察官が検分し、エンジンがダメージを受けており廃車するしかない状態だと説明した。車は明日にでもレッカー車で移動することにし、とりあえず筆者が若者二人を自宅まで送り届けることになった。一人目の自宅は、平均的な住宅街にある平屋の住居であった。二人目の家に向かったところ、数分後に道路は舗装の無いデコボコ道となった。彼は途中で降りると言い始めた。深夜なので遠慮するなと説得し、自宅まで送り届けた。彼の住む家は古びたトレーラーハウスが幾つか立ち並んでいる貧困地帯にあった。土地は凹凸だらけであり、整地された形跡がない地帯であった。彼は、私に感謝してくれはしたが、私にこの状況を見せたくなかったようである。後にナバホ先住民の貧困率が全米平均の一五・三％（二〇一〇年値）[12]との比較で二倍以上の三八％（二〇一〇年値）[13]であることを知り、彼の生活状況は決して例外的なものではないことを理解した。

マッカートニーら（Macartney et al. 2013）は、二〇〇七年～二〇一一年におけるアメリカ合衆国における人種・民族別の貧困率を比較検討している。[14]それによれば、アメリカ先住民全体（混血を除く）の貧困率は、二七・〇％で、人種間のなかで最も高い値となっている。貧困率二位の人種は黒人（混血を除く）であり二五・八％であった。ちなみに、白人全体の貧困率は、一一・六％で、ヒスパニック系を除いた白人全体は、九・九％という数字であった。ナバホ先住民の経済的困窮は、アメリカ合衆国全体からみて劣悪であるだけでなく、アメリカ先住民の平均を大幅に上回っているのである。

ナバホ先住民の貧困率が極めて高い原因として、就学率の低さが挙げられる。二〇〇六年～二〇一〇年の推計値では、小学校就学率は、四五・六％、中学と高等学校に至っては三〇・五％であり、大学学部・大学院レベルは、一三・三％と低迷している。[15]比較対照のために全米の就学率の平均値を示すと、小学校は九七・二％（七歳～九歳）、中高が九三・三％（一六歳～一七歳）、大学・大学院は五一・二％（一八歳～一九歳、いずれも二〇一〇年値）であった。[16]

ナバホ先住民が現状の社会経済状況のなかで、貧困から脱出しようとしても、能力に応じて十分な教育を受けることができない児童・生徒が多いために、自らの状況を変化させることが不可能または困難なのだと言えよう。

後述するが、そのような状況下にもかかわらず、ナバホ自治評議会は、二〇〇五年にウラン鉱山モラトリアム宣言を発表し、それを頑なに守り続けようとしている。過去のウラン開発の負の側面をいやというほど見せつけられた民族だからこそ、その決意が堅いのであろう。

ナバホ先住民とウラン開発

アメリカ西部に位置するナバホ先住民族居留地には、世界でも有数なウラン鉱脈が存在している。鉱脈の発見は原子爆弾開発計画（マンハッタン計画）が開始された前年の一九四一年のことで、広島原爆の原料の一部もナバホ居留地内のモニュメント・バレー付近で採掘されたとされる。一九四九年のソ連による核実験成功によって、米ソの核兵器開発競争が激化していった。これ以降ナバホ先住民居留地でのウラン採掘ラッシュが始まった。大小合わせて一三〇〇近くのウラン鉱山が開発された（図3）。

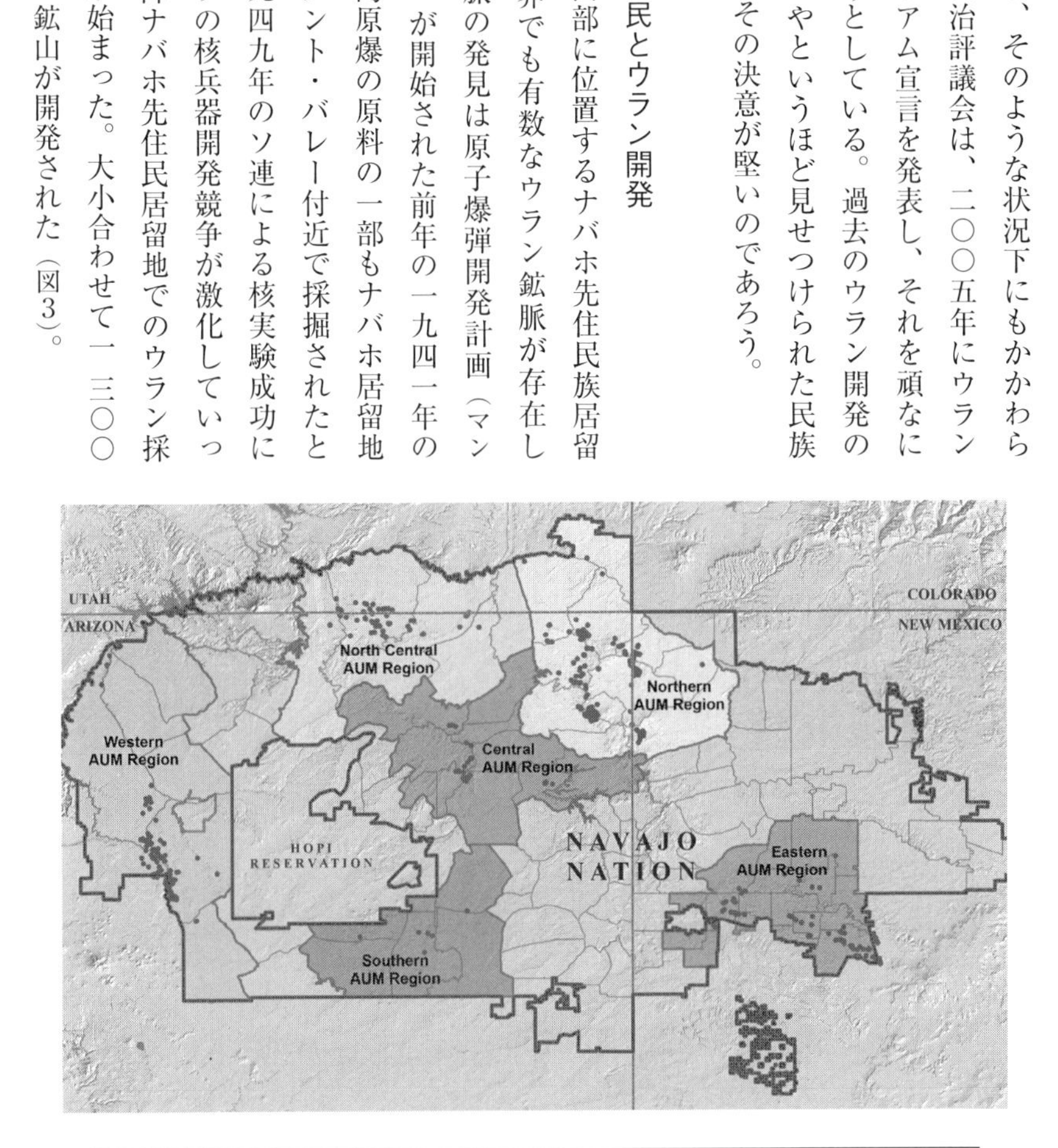

図3　ナバホ先住民居留地内のウラン鉱山跡地

•点で示されている箇所がウラン鉱山跡地（Abondoned Uranium Mine, AUM）

出典：Arnold, Carrie. 2014. “Once upon a mine: the legacy of uranium on the Navajo Nation.” *Environmental Health Perspective*. Vol. 122, No. 2, pp. A44-A49. http://dx.doi.org/10.1289/ehp.122-A44. 最終アクセス：2017年2月17日。

図４　ウラン価格の推移（1988〜2016年）

出典：The Ux Consulting Company, LLC. http://www.uxc.com/　最終アクセス：2017年2月4日

ここで産出されたウランは核の軍事利用、そして「核の平和利用」のために供給された。一九七〇年代には平和利用の一つである原子力発電が伸びていく。とりわけ、一九七三年のオイルショックが契機となり、原発の建設ラッシュが到来した。その結果、ウラン価格も高騰していった。一九七〇年の酸化ウラン（八酸化三ウラン）のスポット価格は、一ポンドあたり五米ドルであったが、一九七五年には、一五米ドルとなり、一九七九年には四三米ドルにまで伸びていった。ウランが活況を呈するころ、ウラン採掘にかかわる労働者の多くは、年間六万ドルを稼いだ[17]。このころのウラン採掘の中心地のグランツは、「世界のウラン首都」を自任していた。

しかし、このころには、オーストラリア、南アフリカなどの国々がウランの量産を開始し、また、一九七九年三月二八日未明、ペンシルベニア州ハリスバーグ市郊外のサスケハナ川の中州に位置するスリーマイル島原発二号炉で冷却材喪失による炉心溶融（＝メルトダウン）事故が起きた。おりしも『チャイナ・シンドローム』という原発の炉心溶融による過酷事故を描いたサスペンス映画がスリーマイル島原発事故の一二日前にリリースされ、人気を博していたこともあり、この事故のニュースは米国内だけでなく、世界中で話題にもなり、また、原発の怖さを知らしめることとなった。この事故後、ウラン価格が一九七〇年代末をピークに、一九八〇年以降下落傾向を示した。一九八六年四月二六日には、ソヴィエト連邦のウクライナでチェルノブイリ事故が発生し、ウラン価格がさらに低迷した。

一九八〇年代半ばにはナバホ先住民居留地内でのウラン開発も遂に中止に追い込まれた。一九四四～一九八六年の間にナバホ居留地内で採掘されたウラン鉱石は、約四〇〇万トンにのぼった[18]。

一九九一年一二月、ソヴィエト連邦が崩壊し、米ソの冷戦が終結した後は、旧ソ連の核兵器の高濃縮ウラン（HEU）を低濃縮ウラン（LEU）として放出することが始まった。そのことによりウラン市場は供給過多となり、価格は一ポンド当たり八米ドル程度にまで低迷した（図4）。

二〇〇〇年代に入ると、中国やインドなどでの原子力発電所の新規建設が増加し、また、地球温暖化・二酸化炭素主因説が影響力を増すにつれ、原子エネルギーの再評価論の動きが出てきた（「原発ルネサンス」などと呼ばれる）。これにより、ウラン市場が二〇〇一年以降徐々に活況を呈し始め、二〇〇七年には、一ポンド当たり一四〇米ドル近くにまで急騰した。二〇一五年～一六年にかけては、四〇米ドルから二二米ドルへと下降傾向にある（図4）。

ウラン開発の負の遺産

多くのナバホ先住民が鉱山労働者として雇用されたが、ウラン採掘の危険性を知らされないまま、劣悪な条件下で働かされた。マスクや手袋、その他被曝防護装備は支給されない場合も多々あった。ウランなどの放射性物質や重金属を含む砂ぼこり、あるいは、気体のラドン222による放射線被曝のリスクなどといった放射能による健康リスクについて十分教えてもらえないまま、作業に従事していた。坑内の換気設備を整えることでラドンからの被曝を予防すべきという主張を行った官僚や科学者もいたが、そうした声はほとんどの場合無視された[19]。

検査時の不正行為も証言されている。ナバホ先住民族居留地内のウラン鉱山のなかで最大規模を誇るチャーチロック・ウラン鉱山で一九七五年～一九八三年の九年間働いた経験を持つラリー・キング氏の証言によれば、鉱山会社の現場監督者は政府の検査官が巡回して来る時だけ労働者にマスクを着用させたとのことである[20]。この点についてはより一般的な論拠も存在する。ポスト七一年ウラン労働者委員会（Post '71 Uranium Workers Committee）というNGOがウラン鉱山・製錬所で七一年以降に働いたことのある労働者を対象としたアンケート調査を二〇〇九年に実施した。回答者は約一〇〇〇人であった。鉱山会社の現場監督が検査官が来る二～三週間前に完璧に掃除をするように命じたりするなど、検査官と現場監督とのなれ合い（癒着）関係の事例が数多く寄せられたと報告している[21]。

ウラン鉱山には通常シャワー等の施設も無く、粉塵まみれの作業着のまま帰宅し、そのまま食事を摂ったり、作業着を他の洗濯物と一緒に洗うことにより家族も被曝した。子どもたちはウラン鉱山の敷地内や周辺で遊びまわっていたし、鉱山の排水が集められた池で泳いでいた子どももいた。ナバホの伝統的な家屋「ホーガン」を建てる際に、ウラン残土が使われたりもした[22]。さまざまな経路によって、鉱山労働者とその家族、近隣の子どもたちが無用な被曝を受け続けることになったのである。

ウラン開発はナバホの人々に雇用機会を与えたが、一方で労働者やその家族が被曝し、放射性物質が拡散して、周辺の土壌や地下水脈の汚染が深刻化した。その影響は現在も色濃く残っている。二〇〇六～二〇〇七年にかけて実施された水質調査では、一九九の地点で採取された地下水のうち九か所で、飲用水のウラン濃度の基準上限値（三〇マイクログラム／リットル）を越えていた。なかには二六〇マイクログラム／リットルという値を検出した地点もあった[23]。

環境中に拡散した放射性物質は、鉱山労働者や周辺住民に放射能被曝をもたらした。ナバホ族の男性のうち、一九六九～一九九三年の間にウラン鉱山で働いたことのある男性の肺がんリスクは、他のナバホ族の男性平均と比べ、二八・六倍と推計されている。[24] 実際、ナバホ内のウラン鉱山で労働に従事し、発生した放射性のラドンガスを吸引したことが主な原因で肺がんを発症し、結果的に死亡した鉱山労働者数は、一九九〇年までに五〇〇～六〇〇人、その後一〇年間に、追加的に同数程度の労働者が死亡するとする証言が一九九〇年のアメリカ合衆国上院・労働人的資源委員会で発表された。[25] 一九六四～一九八一年の間にナバホ先住民居留地内のシップロック・ウラン鉱山周辺地域で生まれた先天性異常児の発生率は、全米平均の二～八倍となっているという報告もある。[26]

チャーチロック・ウラン鉱山で働いたことのあるナバホ先住民数名に二〇一六年一一月末にインタビューさせていただいた。インタビューで得た情報と過去の記録を参照しつつ、ここでその一部を短く紹介する。

エディス・フッド氏という六五歳の女性は、チャーチロック・ウラン鉱山から二〇〇メートル離れた場所に住んでいる。彼女はこのウラン鉱山で一九七五年から一九八一年までの七年間働いた経験を持つ。彼女は、鉱山会社の地質部に所属し、縦坑の最下部（地下約五〇〇メートル付近）で選鉱作業に従事していた。その場所は地下水が滴る環境だったそうだ。この仕事が原因と思われる病気（リンパ腫）を二〇〇六年の夏に五五歳で発症し、現在も抗がん剤治療を受けている。[27] 三年前からは、味覚・嗅覚の麻痺が始まったとのこと。健康障害は彼女の家族にもおよんでいる。祖父と祖母は、肺がんで亡くなり、父親は肺線維症、母親は胃がんを患った。[28]

前述のラリー・キング氏は、エディス・フッド氏の弟にあたる。キング氏も同じチャーチロック・ウラン鉱山で一九七五～一九八三年までの九年間働いたのであるが、現在高血圧症と呼吸器疾患、疲労感、そして睡眠障害で苦しんでいる。[29]

エディス・フッド氏とラリー・キング氏は、チャーチロック・ウラン鉱山周辺住民組織であるＲＷＰＲＣＡ（Red

Water Pond Road Community Association）の中心メンバーである。もう一人の主要メンバーのテディー・ネズ氏から提供いただいたＲＷＰＲＣＡの戦略的計画[30]によれば、この住民組織の目的は、①住民の健康、大気、水質、土壌、植生の保護、②ウラン残土や鉱滓の域外移転を実現させること、③ナバホ自治評議会議員、ニューメキシコ州議会議員、そしてアメリカ合衆国議会の議員たちに対しウラン鉱山の負の遺産と隣合わせで生活することの困難さを知らしめることである。

③の一環として、二〇〇七年一〇月二三日に開催されたアメリカ議会下院の有力議員であるヘンリー・ワックスマンが委員長をつとめる委員会（Committee on Oversight and Government Reform）が主導する議会公聴会において、エディス・フッド氏とラリー・キング氏がＲＷＰＲＣＡとナバホ先住民を代表して出席した。二人はナバホ先住民居留地でのウラン鉱山開発による環境汚染と健康被害の実態を雄弁に証言した。[31]この公聴会の場で、後述するナバホ居留地の除染五ヵ年計画（二〇〇八年～二〇一二年）の開始が決定した。

チャーチロック・ウラン鉱山の鉱滓ダム決壊事件

ナバホ居留地内の閉山したウラン鉱山一三〇〇の内、五二三の鉱山および四つの製錬所跡地の放射能汚染の程度が高く、除染が必要とされている。とりわけチャーチロック・ウラン鉱山、そして併設の製錬所跡が深刻である。ここでは、鉱滓ダム（テーリングダム）が過去一五回も決壊事故を起こしている。

なかでもスリーマイル島原発事故から間もない一九七九年七月一六日早朝に発生したチャーチロック・ウラン鉱山製錬所鉱滓ダム決壊事故は深刻であった。鉱山を操業するユナイテッドニュークリアー社（United Nuclear Corporation, UNC）の杜撰な鉱滓ダム管理のため、ダムの堤防のひび割れが放置されていたことで一一〇〇トンの猛毒のウラン鉱滓と三四万立方メートルもの放射能汚染された水がコロラド川支流のリオ・プエルコ川に流れ込み、下流一三〇キロメートル付近まで汚染されたのである。この決壊事故で環境中に放出された放射性物質の量は、スリーマイル島原発事故の四八一〇億ベクレル（4.81×10^{12}Bq）の三・五倍に相当する一兆七〇〇〇億ベクレル（1.7×10^{13}Bq）とする推計[32]があり、アメリカで最大の放射能汚染事故と考えられている。福島第一原発過酷事故が起こるまではチェルノブイリ原子力発電所事故に次ぐ世界第二の放射能流出事故と考えられていた。

しかし、スリーマイル島原発事故に比べ、ほとんどメディアが取り上げず、世界はおろかアメリカ国内でもほとんど話題にならなかった。日本でも、この事故を知る人は極めて少ない。核燃料サイクル・原子力発電、放射線被曝問題に関心を寄せる人たちでさえ、知っている人間は少ない状況である。その理由として、人口密度が低い、有色人種の先住民族が被害者であるからであるとする主張がある[33]。筆者もこの主張は正しいと考えている。先住民のなかには、このような状況を、環境問題を通じた人種差別を意味する「環境レイシズム」であるとして批判する人も存在する[34]。

また、南西部調査情報センター（ＳＲＩＣ）のクリス・シューイ氏からはショッキングな事実を聞かされた。一九七九年の決壊事故そのものは大問題だったが、ユナイテッドニュークリアー社は鉱山と製錬所から一九六九年から八三年まで日常的にこっそりと近隣の河川に汚染水を放出していたとのことである[35]。シューイ氏は日常的に放出された汚染水の総量は、一九七九年七月一六日の決壊事故で環境中に漏れ出た総量より大きいと推測している。このことは、周辺の井戸水、放牧用の用水も長年に渡って汚染し続けたことを意味する。ＵＮＣ社の無責任さには失望せざるを得ない。

補償を求める闘い

一九六二年にアメリカ政府による大気圏内核実験は停止されたが、そのころ、ウラン鉱山や製錬所で働いた人々や核実験に従事した人員たちの間で放射線被曝による健康被害者が増加していた。被害者や遺族たちはアメリカ政府を相手どり被害の補償を求め集団訴訟を起こし始めた。しかし、訴えはことごとく控訴審で棄却されていった。法的な根拠が脆弱だったからである。そこで被害者らはアメリカ議会に救済を求めた。

被害者たちによる補償を求める運動が一定の成果を上げたのが一九九〇年一〇月五日のことである。放射線被曝補償法（Radioactive Exposure Compensation Act, ＲＥＣＡ）が、議会を通過したのである。[36] 補償対象者は、ウラン鉱山、製錬所労働者およびウラン鉱石運送業従事者とされたのだが、働いた期間が限定されており、一九四二年一月一日～一九七一年一二月三一日の間に勤務したことのある人のみが対象となった（勤務期間は最低一年間、ウラン鉱山の場合には四〇ヵ月フルに働いた証明が求められる）。

放射線被曝補償法がこのような期間限定という条件付きながらアメリカ議会において承認された理由は幾つか存在する。①一九七一年まではアメリカで唯一のウラン製品購入者がアメリカ政府であったこと、②冷戦時アメリカ政府が核兵器開発に使用するウランを大量に確保することを優先したため、ヨーロッパで採用されていた被曝防護措置を一九六二年まで各ウラン鉱山会社に義務付けなかったこと。③一九六二年以降も防護措置の実施が徹底せず、部分的であったこと、④放射能被曝による病気（肺がんなど）が想定以上に増加したことなどが指摘されている。アメリカ政府の冷戦時代のこうした失敗をアメリカ議会が認定し、条件付ながら補償の必要性を認めたからこそこの法律が成立したのである。[37]

この法律に基づく補償金の支払いは、一九九二年から実施されている。この法律は、二〇〇〇年に改訂され、核兵器実験に携わった人員、そして、ネヴァダ実験場（Nevada Test Site）の風下地域に居住したことのある住民（“downwinders”）にも対象範囲が拡大された。

補償の認定条件として病気の種類、病気の状態などが決められている。[38] ウラン鉱山、製錬所労働者およびウ

表２　現時点までの放射線被曝補償認定申請者数および、保留数、認定数、認定率、認定累計額、却下数

（1990 年～ 2016 年 2 月 17 日まで）

申請者の分類	保留	認定	認定率 (%) 保留を除く	認定累計額（米ドル）	却下	申請者計
風下の被曝住民	336	20,380	82.1	$1,018,970,000	4,439	25,155
核兵器実験従事者	131	4,159	55.5	$302,718,938	3,333	7,623
ウラン鉱山労働者	102	6,299	63.1	$629,174,560	3,676	10,077
ウラン製錬所労働者	23	1,707	76.5	$170,700,000	524	2,254
ウラン鉱石運搬業従事者	16	335	69.2	$33,500,000	149	500
合　計	608	32,880	73.1	$2,155,063,498	12,21	45,609

出典：U. S. Department of Justice.“Radiation Exposure Compensation Act.” Awards to Date: 02/17/2016. https://www.justice.gov/civil/awards-date-02172016　最終アクセス：2017 年 2 月 16 日。

ラン鉱石運送業従事者に共通して認められる病気の種類としては、肺がん、肺線維症、肺性心、珪肺、塵肺などである。ウラン鉱山勤務者には認められないが、製錬所勤務およびウラン鉱石運送業従事者については、腎がんおよび、腎炎・腎臓卵管組織損傷などの慢性的な腎臓疾患も認められる。

認定者に支払われる補償金の額は、ウラン鉱山、製錬所労働者およびウラン鉱石運送業従事者の認定者の場合一人当たり一〇万ドル（約一一二〇万円）である。大気圏内核実験に参加した人員の場合は七万五〇〇〇ドル（約八四〇万円）、そして、ネヴァダ実験場の風下地域の住民は、五万ドル（約五六〇万円）である。

表２は、アメリカ各地の補償認定申請者、保留者、認定者、却下者数の総計をまとめたものである。

ウラン鉱山勤務者の認定率は六三・一パーセントとなっており、三分の一以上が却下されていることを意味する。なぜ却下率がこれほど高いのであろうか。認定基準が厳しすぎるのであろうか。この論点についての解明は別に譲りたい。

この法律には明らかに重大な欠陥が二点含まれている。第一の欠陥は、補償対象となる期間が一九四二年一月一日から一九七一年一二月三一日までに働いた者という限定条件が付けられており、

一九七二年一月一日以降に働いた労働者は補償対象から除外されている点である。現実にはナバホでのウラン開発は一九四〇年代から一九八〇年代中頃まで継続されていたし、他の地域でもウラン開発は続いていた。また、開発が継続している鉱山は現在でも存在する。働いた期間がずれているというだけで門前払いというのは、法の下での平等原則が維持されていないことになるのではなかろうか。そもそもこの被曝補償法は、冷戦時代のウラン採掘・製錬活動への補償のみに力点が置かれており、冷戦以後に起こったことについて、アメリカ政府は責任を放棄しているのである。

前出のエディス・フッド氏はチャーチロック・ウラン鉱山で一九七五年から七年間働き、また弟のラリー・キング氏も一九七五年から九年間働いた。二人とも七一年より前に働いた経験が無いため、補償対象から除外されている。前述のようにエディス・フッド氏らは、ポスト七一年ウラン労働者委員会というNGOを立ち上げ、アメリカ議会と政府に対し一九七一年以降に働いたことのある鉱山労働者も補償対象に加えるよう求めて、精力的に活動している。

二つ目の問題は、家族や周辺住民の被曝についても今も全く補償が無い点である。これまで見てきたように放射能被曝の被害は、子どもたちや高齢者などウラン鉱山で勤務したことのない人々にもおよんでいるのである。

アメリカ議会と政府はなぜ補償の対象となる期間や対象者を拡大しようとしないのか。南西部調査情報センターのクリス・シューイ氏は、補償対象の期間を延長し、対象範囲を拡大するための法改正のためには、新たに対象となる人数、増加する補償予想額が推計できなければならないが、健康調査や疫学調査の結果が限定的にしか存在せず、その推計作業が難しいということが理由の一つであると説明した(39)。そうであれば、まずは政府が資金をつかって包括的な疫学調査・健康調査を行うべきであろう。包括的な調査がこれまで行われてこなかった背景には、前出の「環境レイシズム」も大きく影響しているものと考える(40)。

ナバホ先住民のウランモラトリアム宣言の意味

経済効果の意義を認めつつも、以上のような深刻な環境汚染と健康被害を繰り返すべきではないと強く確信したナバホ先住民自治評議会は、居留地内でのウラン鉱山の再開発を全面禁止する法律を二〇〇五年に制定した。前述したように、ナバホ先住民の貧困率は極めて高い。ウラン資源がまだ豊富に残存している場所は数多い。したがって、ナバホの人たちにとってウラン鉱山開発に関心がないわけではない。しかし、短期的な経済的便益よりも、より良い環境と次世代の子どもたちの健康を優先させるべきだと判断したのである。

一方、福島原発大災害を経験しつつあるわれわれ日本人は、子どもたちの甲状腺がん多発の原因[41]を見極めようともせず、原発の危険性と設計思想の根源的問題を問うこともなく[42]、真の意味での国富とは何かを忘れ、短期的・近視眼的経済利益にばかり目を奪われて、全国各地の原発再稼働に突き進んでいる。私たち日本人はナバホ先住民の長期的視点と勇断に学ぶべきではなかろうか。

名ばかりの環境修復措置（除染）

アメリカ合衆国環境保護庁（ＥＰＡ）は二〇〇八年の放射能除去五か年計画（二〇〇八～二〇一二年[43]）のなかでナバホ先住民居留地内の五二三のウラン鉱山跡地での「環境修復措置（除染、reclamation）」が必要であることを明らかにし、作業を二〇〇八年に開始した。鉱山が閉山して四半世紀近く経ってやっと重い腰を上げた形だ。フッド氏やキング氏のようなナバホ先住民の元鉱山労働者たちが問題を忍耐強く告発し続けたことが、遂に合衆国議会と政府を動かしたのである。

しかし、実際のところ、環境修復は実効性があるものなのか疑問に思える。汚染がひどい土壌を剥いで、鉱山

写真１　チャーチロック・ウラン鉱山（縦抗 No.1）での除染作業の様子

出典：筆者撮影（2009 年 8 月 26 日）

跡地の敷地内に持っていき、汚染されていない土壌を被せるという方法だ。しかし、風が強い地域であるため、被せた土壌が飛散してしまうのだ。[44]住民たちは、汚染土壌を自分たちの地域の外に移転させ、完全な除染を願っている。しかし合衆国政府は予算の制約から中途半端な方法を採用したのである。

筆者は、二〇一六年一一月末に二度目の現地入りをしたのであるが、二〇〇八年から開始された除染が九年後にどの程度まで進んだのか把握することが大きな目的であった。ナバホ先住民環境保護庁のダイアン・マローン氏とSRICのクリス・シューイ氏によると、完全に除染が終わったのは、チューバ・シティの除染箇所一箇所のみであり、他に四箇所で除染作業が進んでいるとのことである。[45]仮に、四箇所での除染が二〇一七年中に完了したとすると一〇年間で、五箇所完了したことになる。つまり一〇年間で五二三ヵ所のうち一パーセントの五箇所、除染が終わったことになる。一〇年で一パーセントというペースで続くとすると、単純計算で五二三箇所を完全に除染するためには、千年間必要となる。最初は汚染の程度が高い箇所から始めているので、徐々に除染期間が短くて済む可能性もある。しかし、仮に、一〇倍のペースで行ったとしても百年はかかる計算になる。

3　補足1　ウラン原子炉　VS　トリウム原子炉

東京電力福島第一原子力発電の過酷事故の前後から、ウランに代わって、トリウムという放射性物質の核分裂連鎖反応を利用して発電しようとする動きが「再開」され始めた。再開と述べたが、マンハッタン計画の途上、トリウムの核分裂を利用して核兵器を開発する案も検討されたのであるが、プルトニウムが生成できるウランに軍配が上がったという経緯がある。それ以降、トリウムは片隅に追いやられていたのである。(46)

チェコは、トリウム原子炉については積極的のようだ。(47)カナダもＣＡＮＤＵという原子炉でトリウムを燃やすことを検討している。日本では、京都大学工学部の古川和男氏(48)、同学部出身者の亀井敬史氏らが各方面に対してトリウム原子炉の開発推進を呼びかけている。(49)

トリウム原子炉推進派の人たちは、トリウムを核分裂させても長崎型原爆の材料であるプルトニウムをほとんど生成しないから、真の意味で核の平和利用であると主張する。しかし、トリウムの核分裂連鎖反応の速度を制御しなければ、「トリウム原爆」ができるのではないか。

また、彼らは、トリウム原子炉の場合、圧力容器の圧力を、ウラン軽水炉より低く抑えることができるので事故は起こりにくいと主張する。さらには、小型化が可能であるから、電力需要地の近くに発電所を造ることができ、送電ロスを減らせると主張している。(50)しかし、使用済みトリウム燃料は、高レベル放射性廃棄物である。小型トリウム原子炉が稼働すれば、危険な放射性廃棄物が社会の数多くの地点で溜まり続けることになる。それによる危険性に目を向けようとしないのはなぜか、不可解である。

筆者は、マレーシアのレアアース製錬所、インドネシアのスズ鉱山・製錬所を訪ね歩いた経験をもつ。レアアース、スズを取り出した後の鉱滓中には、ほとんどの場合トリウムやウランなどの放射性物質が大量に含まれている。したがって、鉱滓の管理には十分注意することが必要である。しかし、マレーシアやインドネシアの鉱山や製錬所に出掛けると、鉱滓の管理は極めて不十分であり、無用な被曝を鉱山・製錬所の労働者や周辺住民に押し付けている現実を目の当たりにした[51]。国際社会はこのような状況を放置すべきではない。

4　補足2　ダークツーリズム構築の可能性

ダークツーリズムとは、公害や戦争、災害、ジェノサイドなど人類の悲しみや苦難の歴史を学ぶことを目的に遺構を訪ね歩くことである[52]。欧州、ニュージーランドでは広く知られている概念である。日本では、井出明氏らが推進している。

アメリカの核関連の博物館を見学すると、核開発のプラスの側面ばかりが強調されていて、負の側面に触れていない場合がほとんどだ。ニューメキシコ州のアルバカーキ市内にある「国立核科学歴史博物館（National Museum of Nuclear Science & History）」や同州ロスアラモスの国立ロスアラモス研究所付属の「ブラッドベリー科学博物館（Bradbury Science Museum）」にも、あるいはカリフォルニア州のカリフォルニア大学バークレー校「ローレンスホールオブサイエンス（Laurence Hall of Science）」にも、ウラン開発による被曝や環境破壊のことはほとんど触れられていない。

今後は、アメリカをはじめ、世界のウラン鉱山跡地、ウラン製錬所跡地、そのほかの核開発の現場で、環境汚染や被曝の実相をきちんと伝える施設ができれば、歴史の教訓を未来に活かしていけるものと思われる。観光客が訪れることで地元経済の活性化にも貢献できるものと思う。

おわりに

これまでアメリカ合衆国内にあるナバホ先住民居留地内のウラン開発の歴史を中心に考察を加えてきた。ナバホ先住民の人たちは、超大国アメリカの核軍拡と核エネルギー供給に貢献するためにウラン開発に協力させられ、自分たちの伝統的土地は放射能と重金属などの有毒物質で汚染されてしまった。彼らは、このまま日常的に低線量被曝を受けながら生活を続けるしかないのであろうか。アメリカ連邦政府は、彼らの長期的な貢献に報いるためにも、より多くの資金を除染のために投入すべきであろう。五二三を超える箇所の除染をできるだけ早く完了させてほしい。ナバホ先住民とそれらを支援する研究者たちは、トランプ新大統領と環境保護庁長官らが長期的な視野に立ち賢い選択をするように祈るような気持ちでいることと思う。大統領と長官は是非とも現場に出掛け、実際に起こっていることを直接見ることから始めるべきだと思う。日本も、核エネルギーとしてナバホ先住民族居留地からのウランを利用してきた。さらには最近になって、鳥取県の人形峠のウラン残土がフォーコーナー近くの製錬所で処分されたという恩恵も受けている。ナバホ（ディネ）の環境修復のために何らかの貢献を行うべきではなかろうか。

謝辞

筆者は、一次資料を収集するために、現地調査を二回実施した。第一回目は、二〇〇九年八月のことであった。その時はナバホ先住民で元ウラン鉱山で働いていたスコッティー・ピゲイ氏とナバホ自治政府・環境保護庁職員のダイアン・マローン氏、米国政府環境保護庁のアンドリュー・ベイン氏などにお世話になった。二回目の現地調査は二〇一六年一一月に実施した。この時は、SRICの主任研究員のクリス・シューイ氏、ポール・ロビンソン氏などにたいへんお世話になった。特にクリス・シューイ氏にはナバホ先住民族の政府関係者、住民の方々との面会のセットアップの労を執ってくださっただけでなく、雪の中現地訪問にも同行してくださった。現地では、SRIC調査員のテディー・ネズ氏、ウラン鉱山で働いた経験を持つエディス・フッド氏、ラリー・キング氏らから、貴重な証言をいただいた。また、事前準備の段階で、国立民族学博物館外来研究員の玉山ともよ氏にも情報を提供いただいた。以上の方々に対しこの場を借りて謝意を表したい。この章の執筆のために、平成二七年度〜二九年度科学研究費・挑戦的萌芽研究「鉱物資源開発における汚染（鉱害）の環境・社会的コスト評価と鉱害防止の枠組策定（課題番号：15K12281）」を利用させていただいた。

注

（1）World Nuclear Association. 2016. "World Nuclear Power Reactors & Uranium Requirements (1 January 2016)." http://www.world-nuclear.org/information-library/facts-and-figures/world-nuclear-power-reactors-archive/reactor-archive-january-2016.aspx（最終アクセス：二〇一六年九月一八日）.

（2）World Nuclear Association. 2016. "World Uranium Mining Production (Updated July 2016)." http://www.world-nuclear.org/information-library/nuclear-fuel-cycle/mining-of-uranium/world-uranium-mining-production.aspx（最終アクセス：二〇一六年九月一八日）.

（3）World Nuclear Association. 2016. "Uranium from Phosphates (Updated August 2015)." http://www.world-nuclear.org/information-library/nuclear-fuel-cycle/uranium-resources/uranium-from-phosphates.aspx. 最終アクセス：二〇一六年九月二四日。

（4）World Nuclear Association. 2016. "In Situ Leach (ISL) Mining of Uranium (Updated July 2016)." http://www.world-nuclear.org/information-library/nuclear-fuel-cycle/mining-of-uranium/in-situ-leach-mining-of-uranium.aspx（最終アクセス：二〇一六年九月二四日）.

（5）Mudd. G. 1998. "An Environmental Critique of In Situ Leach Mining: The Case Against Uranium Solution Mining." A

Research Report for Friends of the Earth (Fitzroy) with the Australian Conservation Foundation. July 1998. http://users.monash.edu.au/~gmudd/files/1998-07-InSituLeach-UMining.pdf（最終アクセス：二〇一六年九月二〇日）.

（6）Shuey, C. 2001. "Protecting the Westwater Canyon Aquifer: Why Uranium ISL Mining Threatens Navajo Drinking Water." *Voices from the Earth*, Vol. 3, No.4. http://www.sric.org/voices/2002/v3n4/westwater.php（最終アクセス：二〇一六年九月二四日）.

（7）World Nuclear Association. 2016. "US Uranium Mining and Exploration: US Nuclear Fuel Cycle Appendix 1 (Updated 22 September 2016)." http://www.world-nuclear.org/information-library/country-profiles/countries-t-z/appendices/us-nuclear-fuel-cycle-appendix-1-us-uranium-mining.aspx（最終アクセス：二〇一六年九月一八日）.

（8）The Government of the United States of America, Department of the Interior, Bureau of Indian Affairs. *Federal Register*, Vol. 73, No. 66 (Friday, April 4, 2008), Pages 18553-18557. From the Federal Register Online via the Government Publishing Office [www.gpo.gov] [FR Doc No: E8-6968] https://www.gpo.gov/fdsys/pkg/FR-2008-04-04/html/E8-6968.htm（最終アクセス：二〇一六年九月三〇日）.

（9）Navajo Division of Health and Navajo Epidemiology Center. 2013. Navajo Population Profile: 2010 U. S. Census. http://www.nec.navajo-nsn.gov/Portals/0/Reports/NN2010PopulationProfile.pdf（最終アクセス二〇一七年二月一四日）.

（10）Navajo Nation Tourism Department. n. d. "NAVAJO HISTORY." http://www.discovernavajo.com/navajo-culture-and-history.aspx（最終アクセス：二〇一六年九月三〇日）.

（11）谷本和子「ヒツジがつなぐ伝統と近代：世界で一番タフなミス・コンテスト」（『季刊民族学』三〇（4）、二〇〇六年）、五六～六一頁。

（12）Bishaw, Alemayehu. 2012. "Poverty: 2010 and 2011: American Community Survey Briefs." U.S. Department of Commerce, Economics and Statistics Administration, U.S. Census Bureau. ACSBR/11-01. https://www.census.gov/prod/2012pubs/acsbr11-01.pdf（最終アクセス：二〇一七年二月一一日）.

（13）Arizona Rural Policy Institute, Center for Business Outreach, W.A. Franke College of Business, and Northern Arizona University. n. d. "Demographic Analysis of the Navajo Nation: Using 2010 Census and 2010 American Community Survey

Estimates." http://gotr.azgovernor.gov/sites/default/files/navajo_nation_0.pdf（最終アクセス：二〇一七年二月一一日）.

（14） Macartney, Suzanne, Alemayehu Bishaw, and Kayla Fontenot. 2013. "Poverty Rates for Selected Detailed Race and Hispanic Groups by State and Place: 2007–2011, American Community Survey Briefs." ACSBR/11-17. http://www.census.gov/prod/2013pubs/acsbr11-17.pdf（最終アクセス：二〇一七年二月一二日）.

（15） Arizona Rural Policy Institute et al. n. d. 前掲。

（16） United States Department of Commerce, Economics and Statistics Administration, U.S. Census Bureau. 2010. "School Enrollment." Table 1. Enrollment Status of the Population 3 Years Old and Older, by Sex, Age, Race, Hispanic Origin, Foreign Born, and Foreign-Born Parentage: October 2010. https://www.census.gov/hhes/school/data/cps/2010/tables.html（最終アクセス：二〇一七年二月一八日）.

（17） ジョハンセン、E・ブルース著、平松紘監訳『世界の先住民環境問題事典』明石書店、二〇一〇年、三五二頁。六万ドルは一九七九年三月の為替レートで、約一二〇〇万円に相当する（計算は筆者）。

（18） United States Environmental Protection Agency (EPA), the Bureau of Indian Affairs (BIA), the Nuclear Regulatory Commission (NRC), the Department of Energy (DOE), and the Indian Health Service (IHS). 2008. "Health and Environmental Impacts of Uranium Contamination in the Navajo Nation: Five-Year Plan." June 9, 2008. https://www.epa.gov/sites/production/files/2016-06/documents/nn-5-year-plan-june-12.pdf（最終アクセス：二〇一七年二月一七日）.

（19） Brugge, Doug and Rob Goble. 2002. "The History of Uranium Mining and the Navajo People." *American Journal of Public Health*. Vol. 92, No. 9, pp. 1410-1419.

（20） Larry King. 二〇一六年一一月二九日、King氏の自宅でのインタビューによる。

（21） Post '71 Uranium Workers Committee (LindaEvers, Cipriano Lucero, Liz Lucero, Yvonne Martinez, Gilbert Sparkman). 2009. "A Survey of Former Uranium Workers." http://www.post71exposure.org/results/Post_71_August_12_revision.pdf（最終アクセス：二〇一七年二月一七日）.

（22） Arnold, Carrie. 2014. "Once upon a mine: the legacy of uranium on the Navajo Nation." *Environmental Health Perspective*, Vol. 122, No. 2, pp. A44-A49. http://dx.doi.org/10.1289/ehp.122-A44（最終アクセス：二〇一七年二月一七日）.

(23) United States Environmental Protection Agency (EPA), et al. 2008. 前掲。

(24) Gilliland FD, Hunt WC, Pardilla M, and Key CR. 2000. "Uranium mining and lung cancer among Navajo men in New Mexico and Arizona, 1969 to 1993." *Journal of Occupational Environmental Medicine*, Vol. 42, No. 3, pp. 278-283.

(25) Hearings Before the Senate Committee on Labor and Human Resources, 101 Cong. 2nd Sess (1990) (testimony of V. E. Archer).

(26) Shields LM, Wiese WH, Skipper BJ, Charley B, Benally L. 1992. "Navajo birth outcomes in the Shiprock uranium mining area." *Health Physics*, Vol. 63, No. 5, pp. 542-551, November 1992.

(27) Personal Communication 二〇一六年一一月二九日。

(28) U. S. Government Printing Office. 2007. "The Health and Environmental Impacts of Uranium Contamination in the Navajo Nation: Hearing before the Committee on Oversight and Government Reform, House of Representatives, 110th Congress, First Session, October 23, 2007." Serial No. 110-97. https://www.gpo.gov/fdsys/pkg/CHRG-110hhrg45611/html/CHRG-110hhrg45611.htm（最終アクセス：二〇一七年二月一七日）。

(29) U. S. Government Printing Office. 2007. 前掲。および、Personal Communication 二〇一六年一一月二九日。

(30) Red Water Pond Road Community Association (RWPRCA). 2010. "Red Water Pond Road Community Association Northeast Church Rock (NECR) Mine Site, Strategic Plan." Unpublished paper.

(31) U. S. Government Printing Office. 2007. 前掲。

(32) Brugge, Doug, Jamie L. deLemos, and Cat Bui. 2007. "The Sequoyah Corporation Fuels Release and the Church Rock Spill: Unpublicized Nuclear Releases in American Indian Communities." *American Journal of Public Health*. September 2007, Vol. 97, No. 9. pp. 1595-1600.

(33) 玉山ともよ「ニューメキシコ州・核開発のはざまで闘う人々（世界のくらしと文化――アメリカ・南西部①）」（『人権と部落問題』六七（九）二〇一五年）六〇～六五頁。

(34) 振津かつみ「ウラン採掘に反対する先住民をはじめ、世界のヒバクシャと連帯して」（『原子力資料情報室通信』二〇一一年、四四三号（二〇一一年五月一日号））一〇～一三頁で紹介されているメニュエル・ピノ氏（アコマ民族）がその典型。

(35) Shuey, Chris. 2016. Personal Communication 二〇一六年一一月二八日。
(36) U. S. Department of Justice. "Radiation Exposure Compensation Act." https://www.justice.gov/civil/common/reca（最終アクセス：二〇一七年二月九日）。
(37) Brugge et al. 2002. 前掲。
(38) U. S. Department of Justice. 前掲。
(39) Personal Communication 二〇一六年一一月二九日。
(40) 振津かつみ、二〇一一年、前掲。
(41) 津田敏秀「甲状腺がんデータの分析結果」（『科学』Vol. 86, No. 8、二〇一六年）七九七～八〇七頁。
(42) 井野博満「脱原発の技術思想」（『世界』二〇〇七年二月号、No. 891）一八八～二〇〇頁。
(43) United States Environmental Protection Agency（EPA）, et al. 2008. 前掲。
(44) 玉山ともよ「まやかしの環境修復措置―除染―（世界のくらしと文化――アメリカ・南西部②）」（『人権と部落問題』六七(10)、二〇一五年）五八～六一頁。
(45) Malone, Dian and Chris Shuey. 2016. Personal Communication. 二〇一六年一一月二九日。
(46) マーティン、リチャード著、野島佳子訳『トリウム原子炉の道：世界の現況と開発秘史』朝日新聞出版、二〇一〇年。
(47) 皤野和久「トリウム発電と産業構造変化」社団法人日本メタル経済研究所、二〇一一年。
(48) 古川和男『原発安全革命』文芸新書、二〇一一年。
(49) 亀井敬史『平和のエネルギー　トリウム原子力：ガンダムは〝トリウム〟の夢を見るか?』雅粒社、二〇一〇年。
(50) 古川和男、前掲書。
(51) 和田喜彦「マレーシアでのレアアース資源製錬過程による環境問題 ――エィジアンレアアース（ARE）事件の現況とライナス社問題」（『環境情報科学』Vol. 43, No. 4、二〇一五年）三二～三八頁。
(52) 井出明、P・ストーン、東浩紀、森達也、古賀広志、上別府正信『DARK tourism JAPAN 産業遺産の光と影』東邦出版、二〇一五年。

第八章　フィンランドにおける高レベル放射性廃棄物の表象

――冷戦の影響を背景に――

佐藤温子

はじめに

一九五三年一二月に米国アイゼンハワー大統領が国連総会において「アトムズ・フォー・ピース」演説を行って以来、核（原子力）を、第二次世界大戦中に使用された大量破壊兵器のような軍事利用としてだけではなく、電力供給などの民生利用を目的とする取り組みが行われてきた。その一方で、当時から専門家により、原子力利用の際に不可避に生じる、人体にきわめて有害な副産物の存在が指摘されていた[1]。技術の発展により解決されると思われたこの副産物の問題は、六〇年以上経過した現在も継続しており、多くの国で対立の種となっている。

「放射性廃棄物」が問題となるのは、その発する放射線がわれわれに重大な健康被害をもたらしうるためである。たとえば、放射性廃棄物のなかでも、特に強い放射線を発する「高レベル放射性廃棄物」に、人間が近づくと数十秒で致死量の放射線を浴びる。これほど極端な例でなくても、被ばくして浴びた線量により、白血病やがんの発生、子孫への遺伝的な影響、流産などが起こりうる[2]。たとえ原子力施設の事故や核実験がなくとも、万が一放射性廃棄物の処分の仕方が不完全で放射性物質が漏れ出ることがあれば、自然環境や地下水を汚染し、知らないうちに生物が体内に放射性物質を取りこみ被ばくし続ける恐れがある。しかも、放射性物質は無色透明、無味無臭であることから人間の知覚では感知できない。

このような高レベル放射性廃棄物に対する方策として、現代では、容器に密閉し地中深く埋蔵し、放射能レベルが安全な水準になるまで最低一〇万年程度、完全に隔離して貯蔵し続ける「地層処分」が、国際的に是認されている。しかし、保管施設や容器の耐性、テロや天変地異などの可能性を考えても、この一〇万年という、人間の寿命をはるかに超える長い期間に全く安全に保管し続けられるかは誰にも保証できない。また将来世代への負担を残すことへの懸念と、もはや現在の文明と文字が消失した場合にいかに地球上の生物に知らせるかなど、多くの問題が浮上してくる。高レベル放射性廃棄物の負担を低減させるために技術研究が進められているが、まだ現実的ではない。

そのため、われわれは、すでに産出された高レベル放射性廃棄物を、完全に自然環境から隔離して保管し続けるべく最善を尽くさなければならない。なお、この処分問題は、原子力発電のさらなる利用に賛成・反対の立場を超えた共通の課題と言える。

基本情報と用語の定義

本題に入る前に、基本情報と用語について確認しておこう。

フィンランドは、面積約三三万八〇〇〇平方キロメートルの国土に、人口約五五〇万人を抱える。日本とほぼ同程度の面積で、人口は日本の約二三分の一である。フィンランドには、国内でロヴィーサ（Loviisa）とオルキルオト（Olkiluoto）の二箇所に原子力発電所があり、それぞれ二基が運転中、さらにオルキルオトに国内五基

表１　フィンランドにおける電力供給（%）(2015 年)

水力	20.1
風力	2.8
原子力	27.1
石炭	5.8
石油	0.2
天然ガス	6.2
ピート	3.5
木質燃料	12.3
他	2.2
輸入電力	19.8

出典：Statistics Finland(2016), Supply of electricity by energy source by Year (*preliminary), Supply of electricity by energy source and Data より筆者作成。

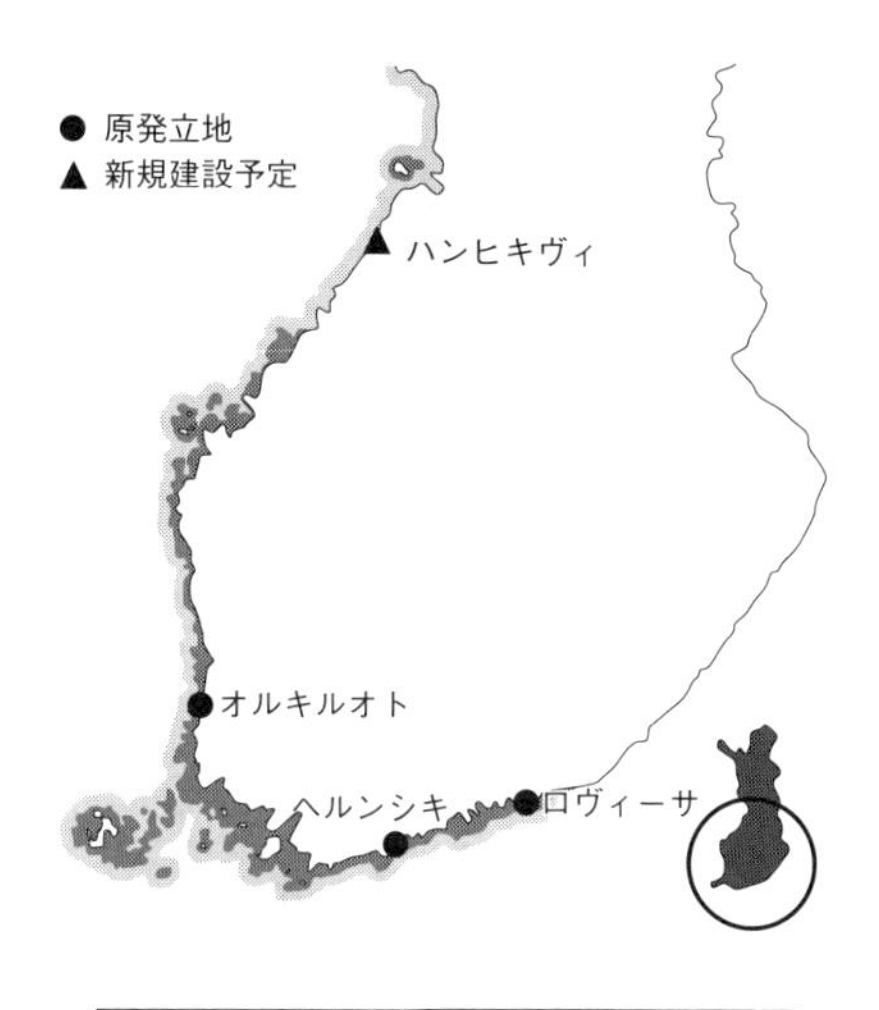

図１　原子力発電所及び建設予定の所在地

出典：World Nuclear Association (2016), Nuclear Power in Finland. (http://www.world-nuclear.org/information-library/country-profiles/countries-a-f/finland.aspx（2016 年 12 月 14 日アクセス）より筆者作成。

目となる欧州加圧水型原子炉（ＥＰＲ）が建設中、加えてハンヒキヴィ（Hanhikivi）でも六基目の原発が建設に向けて進行中である[3]（図1参照）。国内四基の原発による電力供給の割合は約三〇パーセントを占める（表1参照[4]）。同国は、二〇一一年の福島原発事故後も、原子力推進政策に大きな変更はなく、二〇〇一年、世界で初めて、ユーラヨキ[5]自治体オルキルオトへの高レベル放射性廃棄物の最終処分場建設計画が同国国会により承認されたことから、原発と放射性廃棄物処分両方の分野においてトップランナーの位置にあると言われる[6]。

特に強い放射線を発する放射性廃棄物に関して、本章では、「高レベル放射性廃棄物」という呼称を用いる。厳密に言えば、「高レベル放射性廃棄物」の定義は、世界的に統一されたものではない。国際原子力機関（ＩＡＥＡ）が放射性廃棄物の一般的枠組みを提示しているものの、実際の詳細な区分は各国に任されているため、多様な基準が存在する。大まかに以下のように区分される。核燃料を原子力発電所で使用した後に残る使用済み核燃料を、再処理せずにそのまま処分する直接処分方式を採用する国では、使用済み核燃料が「高レベル放射性廃棄物」とされる。対して、使用済み核燃料からプルトニウムなどを取り出す、いわゆる「再処理」を行う国では、再処理後に残った廃液などが「高レベル放射性廃棄物」とされる（表2、3参照）[7]。

フィンランドでは、直接処分をするため、「使用済み核燃料」がそのまま「高レベル放射性廃棄物」となる。厳密には、「放射性廃棄物」は原発以外の研究機関や医療施設からも生じるが、本章では、原発由来の「高レベル放射性廃棄物」を主に取り上げる。

研究アプローチ　高レベル放射性廃棄物とその表象

高レベル放射性廃棄物最終処分場の建設計画は、世界各国で住民の反対に遭ってきた。当初は科学技術の側面からのみアプローチがとられていたが、そのうち科学技術だけでは十分でないことが認識され、一九八〇年代初め頃から社会科学分野の研究も活発に行われるようになった。社会科学分野で研究されてきたアプローチには、第一に補償論（compensation theory）がある。すなわち、人びとに忌避されがちな施設

表2　使用済み核燃料の扱い方

処分方法	使用済み核燃料の扱い方
直接処分	原発で使用した後に残る使用済み核燃料を、冷却の後に処分
再処理	使用済み核燃料からプルトニウムなどを取り出す ※再処理を自国で行う国と、他国に依頼する国がある。

表3　「高レベル放射性廃棄物」の内容

処分方法	「高レベル放射性廃棄物」
直接処分	使用済み核燃料
再処理	再処理にともなって発生した廃液など

の受け入れ促進のために、対価として経済的補償を与えるというものである。例として、当該自治体への交付金の付与、雇用の機会の創出、インフラの整備などが挙げられる。しかし、多くの国々で計画が失敗した。そのため、経済的補償だけでは十分ではないことが認識されている。フィンランドでも、一九九〇年代初めの経済的不況と高い失業率のなかでも、地方経済を改善するであろう最終処分場建設計画の受容は進まなかった。[8]

こうした経過を踏まえて、近年では、人びとの価値観へのアプローチが関心を集めている。ロルフ・リードスクーグとタピオ・リトマネン（一九九七）によれば、「どのようにその問題が定義されるか」により、その問題のリスクが決定される。放射性廃棄物の発する放射線は、科学の知識なしには人には知覚できない。そのため、どうリスクを決定づけるか、議論の余地を残す。[9]それゆえ、放射性廃棄物に付随するイメージが、人や政策を動かす力となりうる。先行研究をふりかえると、文学・映画等における原子力のイメージを抽出してその変化を叙述し、原子力技術の受容の際にイメージが果たす役割の重要性を主張した、スペンサー・ワートの好著（一九八八、二〇一二）[10]や、スウェーデンにおける放射性廃棄物処分場問題について叙述した、ヨーラン・スンドクイストの名著（二〇〇二）などが挙げられる。[11]さらに、価値観に着目した最終処分場問題へのアプローチは、学界のみに留まってはいない。経済協力開発機構原子力機関（NEA：Nuclear Energy Agency）（二〇〇七、二〇一五）は、当該地域に施設の建設に関する文化的な価値を付与することにより、施設へのイメージを変え、受容を円滑にするアプローチを提案している。[12]

先行研究から導き出される知見の一つは、次のことだ。すなわち、現代において、放射性廃棄物の処理問題が、頭を悩ませる種の一つであろうとも、そもそも放射性廃棄物に対する価値観は、絶対的なものではなく、時代や場所によって変化しうる相対的なものということである。たとえば使用済み核燃料を再処理して再び用いようとする場合、そのイメージは、いわゆる「ごみ（廃棄物）」ではない。その場合、まったく逆に、貴重な資源とさえなる。それは新しい核燃料や核兵器、他の軍事・非軍事的生産物を作る材料でもあるからだ[13]。

一方で、使用済み核燃料から抽出したプルトニウムが核兵器に用いられうるという点は、人びとが原子力に対して不安を持ち、ひいては頑強に反対する強い動機ともなってきた。このときには、使用済み核燃料は破壊をもたらしうる、災いの種とみなされていたといえるだろう。実際、再処理が問題になると、既存の反原発運動と環境運動に加えて、平和運動活動家も参入するため、反対派の規模が大きくなりうる[14]。

問題設定

既述のように、現在まで、フィンランドと二〇〇九年決定のスウェーデンの二国のみ、最終処分場建設計画が確定している。世界各国が難渋している処分場候補地の決定問題に対してフィンランドがいち早く成功した理由に関して、これまでに発表されてきた報告では、しばしば、「フィンランド国民」の「信頼」が重要な要因であるとして前面に出されてきた。

しかし、それではあたかもフィンランド国民の大多数が、最終処分場を自らの近隣に受け入れることに賛同するかのような誤解を与える恐れがある。ここで、国家の科学技術全般に信頼を持っていることと、実際に一個人が高レベル放射性廃棄物処分施設を近隣に受け入れる際の判断とを、区別する必要がある。筆者の見解によれば、フィンランドにおける高レベル放射性廃棄物の受容は、「一九九〇年代中頃以降」における「ユーラヨキ自治体住民」によるものと限定してよい。

歴史を紐解けば、フィンランド国内の最終処分場建設計画は、順調に進められてきたわけではない。そもそも、現在、原子力発電所と最終処分場候補地を内包するユーラヨキ自治体は、一九七〇年代の原発建設計画の際には、当該地域に放射性廃棄物を処分しないことを前提条件としていた。一九八〇年代には、最終処分場に反対する人々が、テオッリスーデン・ヴォイマ（Teollisuuden Voima Oyj　以下、TVO）社に対する対抗勢力を形成すべく努力し、実際に少なくとも他の二つの地域で計画が頓挫している。リトマネン（一九九九）の調査によれば、これら二つの地域では、住民の六〇パーセント以上が計画に反対していた[15]。ユーラヨキ自治体において当該地域に放射性廃棄物を処分しないという取り決めが撤回されたのは、ようやく一九九四年になってからのことである。

フィンランドにおける高レベル放射性廃棄物最終処分場建設計画の事例を歴史的に振り返ることにより、同問題の解決のためには、比較的安定した岩盤とトラブルのない原子力技術という自然科学的側面だけでは十分ではないことがわかる。さらに、経済的側面を加味してもまだ不十分である。最終的に合意を得るためには、人々の社会生活や価値観にも配慮した方策が望ましい。

それでは、どのようにして、最終処分場建設計画はユーラヨキ自治体で決定されるに至ったのか。この疑問に対する回答を得るため、まずはフィンランドにおける放射性廃棄物処分場にまつわる事実関係を整理し、最終処分場建設計画が複数の地域で頓挫した理由と、それが承認された経緯を明らかにし、その相違点を把握する必要があろう。

本章では、近年の、とりわけユーラヨキ自治体において、どのような特殊性が認められるのかを主題とする。その特徴を明らかにするため、歴史的に遡り、放射性廃棄物をめぐって、どのようなイメージの変化が認められるのかを叙述する。資料としては、公文書、新聞、世論調査、フィンランド統計局によるデータ、専門家・活動家へのインタビューなどを用いる。時期は、「平和のための原子力」演説が行われた一九五三年から、最終処分場建設計画が承認された二〇〇一年までを主に取り扱う。その際、フィンランド原子力政策の時代区分として、リトマネンとマッティ・コヨ（二〇一一）の提唱する年代区分、すなわち一九八六～一九九三年、一九九四～二〇〇二年という区分を採用する[16]。

まずはフィンランドの原子力政策に関して論ずる前に、これに少なからぬ影響を与えた旧ソ連／ロシアおよび冷戦とフィンランドの関係について、大まかに言及しておく必要がある。

背景　フィンランドと冷戦

「フィンランド化」[17]という揶揄の言葉がよく知られているように、フィンランドは旧ソ連に対して絶えず細やかな神経を使っていた。その背景として、大国に隣り合わせた小国という地理的状況のみにとどまらず、旧ソ連が小国を併合・占領してきた事実がある。

第二次世界大戦がはじまり、一九三九年一〇月に旧ソ連とフィンランドのモスクワにおける交渉が難航すると、翌月旧ソ連側はフィンランド側がこちらに発砲したとの理由を掲げ、一方的にフィン・ソ不可侵条約の破棄を通告し、同月末宣戦布告なしでフィンランドに攻撃を開始した。当時気温マイナス四〇度を記録し「冬戦争」と呼ばれ、圧倒的な兵力差のあるこの戦いにおいて、フィンランドは国際社会の同情を得て他国から義勇兵の志願もあった。だが、結局のところ他国政府による武器、兵力、資金など実際の現実的な支援は不十分だった[18]。さらに一九四一年六月にはヒトラー率いるドイツがフィンランドを経由して旧ソ連を攻撃する「バルバロッサ作戦」を敢行し、旧ソ連はフィンランドに対して爆撃を開始する。このいわゆる「継続戦争」で敗北を喫すると、一九四四年九月、厳しい休戦協定のもと、戦争賠償金三億ドルを旧ソ連の指定した物品で六年以内に支払うことが定められた。フィンランド側では、戦争賠償金を木材や紙で支払うことを望んでいたが、旧ソ連側は特に船舶、鉄道、機械などの金属工業製品を要求したため、フィンランドでは新たに工場や造船所を建設、旧ソ連が指定した製品の製造に全力を注がなければならなかった。戦後、フィンランドの人々の生活は困窮し、衣服も食べ物も十分になかったが[19]、旧ソ連との関係を不穏にさせないため、一九四七年に発表されたアメリカ合衆国による欧州

表４　フィンランドの大統領と所属政党

1946 ～ 1956	ユホ・クスティ・パーシキヴィ	国民連合党（KOK）
1956 ～ 1982	ウルホ・ケッコネン	農民同盟（～ 1965 年） ⇒フィンランド中央党（KESK）
1982 ～ 1994	マウノ・コイヴィスト	フィンランド社会民主党（SDP）
1994 ～ 2000	マルッティ・アハティサーリ	フィンランド社会民主党（SDP）
2000 ～ 2012	タルヤ・ハロネン	フィンランド社会民主党（SDP）
2012 ～在任中	サウリ・ニーニスト	国民連合党（KOK）

復興援助計画マーシャルプランも辞退した。

一九四八年四月、フィンランドは旧ソ連と「フィンランド・ソ連協力相互援助条約（YYA-sopimus: sopimus ystävyydestä, yhteistoiminnasta ja keskinäisestä avunannosta、以下ＹＹＡ条約）を結び、他国といかなる軍事同盟も結ぶことはなかった。ＹＹＡ条約では、もしフィンランドが対ソ侵略の経由国として対象となった場合にはフィンランドは撃退のため戦うことが定められている。[20] 旧ソ連の脅威の下にありながら、[21] かつ、冬戦争および継続戦争における経験をふりかえると、安全保障上の他国の援助に期待すべきではない。[22] こうした文脈から、フィンランドの大統領ユホ・クスティ・パーシキヴィは、旧ソ連との友好路線を基盤とした中立政策を掲げ、次のウルホ・ケッコネン大統領も、この路線を受け継いだ（表4）。

大国の脅威にさらされている小国において、潜在的に核兵器と関わる原子力技術は、いかに導入され、進められただろうか。次節では、フィンランドにおける、原子力の民生利用と、それにまつわる放射性廃棄物処分の歴史をみていきたい。

1　フィンランドの原子力政策

原発の導入をめぐる動向（一九五五～一九八五年）

冷戦の影響は原発導入期からすでにみられる。「平和のための原子力」により、国際的に原子力への熱狂が認められた頃、フィンランドもまたジュネーヴに小さな代表派遣団を送り、小国であり戦後国際的にも孤立していた自国が、どの程度関与することが可能なのかを探っていた。この結果として、一九七〇年代初めまでには、原発がフィンランドに完成されることが提案された。[23]

一九五六年には産業部門が、フィンランド全体の電力消費の六〇パーセントを占めており、とりわけ林業において最も電力が必要とされていた。そのため、フィンランドの産業は原子力技術による電力の確保を望み、ＴＶＯ社は、ここに起源を有する。[24]

一九五〇年代後半にはすでに冷戦がエスカレートしており、原子力の民生利用は、米国と旧ソ連が科学技術のヘゲモニーをめぐって争う、闘争の場となっていた。その一方で、フィンランド社会は急速な工業化と都市化を遂げ、電力供給が追いつかなくなってきていた。フィンランドは、五〇年代から七〇年代まで、ヨーロッパでもきわめて急激に産業化を遂げた国の一つだった。この期間に、フィンランドは農業国から産業国へと変貌を遂げたとさえ言われる。[25]とりわけフィンランドの産業化は林業分野の発展という形で現れた。しかし特にパルプ工場はきわめて水質を汚染する性質があった。フィンランドにおいては、林業による河川や湖の汚染が環境運動の中心テーマとなり、それは一九七九年のコルヤルヴィ湖をめぐる保護運動で頂点を迎えた。緑の党の結成も、この文脈上にある。[26]

こうしてエネルギーの需要が高まってきたが、益々輸入エネルギーに頼るのは望ましくなかった。一方で、燃料の国際取引は冷戦下でイデオロギー・政治的緊張にさいなまれていた。フィンランドの場合、石炭、石油、ガスは旧ソ連との二国間協定に組み込まれていた。どのようにして政治・イデオロギーの闘いに巻き込まれずに電力需要を間に合わせるかが、政府の中心的課題だった。[27] このときに浮上してきたのが原子力である。もし成功すれば、他国に依存せず安価なエネルギー源が手に入ると思われた。

しかしながら当時、二大国の技術の評判は、はっきりと異なっていた。米国の原子力技術が安全で信頼でき、効率的であるとみなされていた一方で、旧ソ連の科学技術方式は、できが悪く粗雑、さらに原子力施設と原発は、極秘の軍産複合体と完全に統合されていた。[28]

この状況で、もちろんフィンランドの原子力関連の科学者、エンジニア、電力業界は、西側の技術をフィンランドに移転することを希望していた。しかし、政治状況がそれを許さなかった。これを旧ソ連の原子力へゲモニーへの挑戦とみなして、旧ソ連側はフィンランドに旧ソ連から原子炉を購入するよう圧力をかけたのである。[29] さまざまな思惑とは裏腹に、フィンランドは旧ソ連から原発を導入せざるをえず、[30] このことによって、フィンランド政府およびイマトラン・ヴォイマ（Imatran Voima Oy、以下ＩＶＯ）社は、旧ソ連へのいくじのない態度をもって西欧メディアの嘲笑の的となった。[31]

結局、フィンランドは、国内初の原発の技術的支援を旧ソ連から受け、旧ソ連型加圧水型原子炉（ＶＶＥＲ）をロヴィーサに導入、一九七〇年代に建設が着手され、一号機が一九七七年、二号機が一九八〇年に運転を開始した。つづいてスウェーデンからの技術的支援により、沸騰水型原子炉（ＢＷＲ）をオルキルオトに導入、一九七八年に一号機、一九八〇年に二号機が運転を始めた。

一九七〇年代末には冷戦の緊張が高まり、ヨーロッパで反核平和運動が隆盛をみせ、欧州核兵器廃絶運動（END）が組織され、その流れはフィンランドにも波及していた。しかし、この反核平和運動は、フィンランドの公的な外交政策とフィンランド・旧ソ連間の良好な関係に反するものであるという幾人かの政治家による非難の対象ともなった。結局、フィンランドにおける反核兵器運動は、原子力の民生利用反対に向かう強い勢力とはならなかった。

チェルノブイリ原発事故と低迷期（一九八六〜一九九三年）

チェルノブイリ原発事故へのフィンランドの対応としては、一九八六年に新規原発建設に関する「原則決定（periaatepäätös：Decision-in-Principle: 以下ＤｉＰ）」[32]の申請が行われていたが、同事故後に撤回されたことが指摘されうる。

一九八六年四月二六日にチェルノブイリ原発事故が発生し、放射性物質が放出されると、翌二七日夕方、フィンランドのカヤーニにおいて異常な放射能値が観測された[33]。隣国スウェーデンでは、翌二八日に初めてフォルスマルク原発において確認され、調査ののち、同日午後、スウェーデンの環境・エネルギー大臣は、同国の原発における事故等はなく、放射能の放出はおそらく旧ソ連に由来するものと公表した[34]。スウェーデンの旧ソ連に対する再三の問い合わせの結果、ようやく二八日夜になり旧ソ連政府が事故の事実を認めた[35]。

当初の他国の反応と同様、フィンランド政府もまた、政府レベルの対応が必要なほど状況は深刻ではないと考えていた。それゆえ、当時の内閣は何が起きたのかということについて政治的責務を果たさなかった[36]。しかし、スウェーデンにおいて放射性物質降下に関するニュースが放送されると、フィンランド国民には、フィンランドにも影響があったに違いないと思われた。フィンランド政府は、チェルノブイリ原発事故の結果はフィンランド国民にとり危険性の無いことを発表したものの、国民感情は収まらなかった[37]。その後のフィンランドにおけるチェルノブイリに関する報道の量は注目に値するもので、ほぼすべての主なニュース放送において、五月中頃まで報道された[38]。

世論調査によれば、一九八六年四月にはフィンランド人の半分以上がエネルギー政策に関する公的な議論を熱心に追っており、チェルノブイリ事故に関しては七〇パーセント以上が関心を持っていた。一九八三年以降おおむね増加してきていた原子力支持は、事故の起きた一九八六年四月を境に大幅に減少した。原子力反対は六〇パーセントまでに増え、一方で一九八六年五月になお原子力支持の態度をとるものは一八パーセント、これは一九八三年と同程度であった[39]。同年一二月には原子力支持が回復し、反対派が減少したものの、事故以前と同じレベルには戻らなかった。

そもそも、チェルノブイリ原発事故前までは、フィンランド社会において、原子力のリスクはほとんど考慮されてこなかった[40]。事故後のフィンランド人の不安に関する世論調査結果によれば、事故の影響に関する不安は明らかに観察されるものの、そう大きくはない。また、フィンランドにおいては若者（一五〜二四歳）が原子力に対してもっとも支持する年齢層であり事故後の影響も、他の年齢層より少なかったが、最も年配の層（五〇歳以上）はもっとも懐疑的な態度であり、事故後も強く影響された。これは多くの資本主義諸国に見られる傾向と逆である。北フィンランドにおいては放射性物質による影響がなかったため、チェルノブイリ事故の影響に関する不安は明らかに他地域より少なかった一方で、南フィンランドにおいては放射性物質の降下と環境汚染の影響に関する懸念が他の地域より強かった[41]。

フィンランドにおけるチェルノブイリ原発事故に関する報道は、矛盾に満ち混乱していたと、世論調査の結果七七パーセントが回答している[42]。また、七〇パーセント以上が、情報が十分ではないと感じていた。ラジオ・テレビでは、論争的アプローチを避ける意図的な政策が存在した[43]。スウェーデンとフィンランドを比較すると、前者では新聞のすべての社説が、原発の閉鎖を行うという政府の決定を支持した一方で、フィンランドではわずか四〇パーセントの新聞社説が原子力に対する批判的観点をとった[44]。

ここで興味深い点は、原子力政策そのものではなく、報道のありように批判が向けられたことである。ソ連との原発インフラにおけるつながりに疑義を挟むであろう発言の機会や判断はめったにフィンランドのメディアにおいて表出することはなく、旧ソ連の情報政策や原子力政策への批判の代わりに、自国の情報政策を問題としたのである[45]。フィンランドでは、隣国スウェーデンほど反原発運動は強力にならず、またイシューとしてもスウェーデンほど物議をかもすものとはならなかった[46]。

それでも、その後、原子力産業は低迷した。一九九一年の国会選挙ののち、中央党エスコ・タパニ・アホ率いる右派政権が誕生すると、すぐにペルスボイマ社（Perusvoima、ＩＶＯとＴＶＯの合弁会社）が国内五基目の原子炉建設を申請した。一九九三年二月には政府が表決の後、許可したが、一九九三年九月には、国会により一〇七対九〇で反対が上回った。

原子力の推進期（一九九四～二〇〇二年）

気候変動問題への対策として、特に化石燃料に比較して、原子力が唯一の現実的なエネルギー源であるという、原子力擁護派の新しい議論が浮上し始めた[47]。旧ソ連体制崩壊により、フィンランド経済は打撃を受けていた。

新しい原子力ロビーの戦略として、たとえば女性を前面に出すことが挙げられる。すなわち、原発の新規建設に男性よりも批判的であると知られているフィンランド女性の目に、ロビイングのイメージがソフトになるように、原子力の公的擁護者として女性を起用した[48]。

二〇〇二年五月には、フィンランドで第五基目となる、新しい原発の建設が、国会の採決を経て、賛成票一〇七、反対票九二で承認された。一方、二〇〇〇年にドイツで赤緑政権（社会民主党・緑の党）が電力業界と脱原子力を決定していたことを鑑みれば、全く反対の方向性であった。この結果、フィンランド緑の党は政権を離脱した。

この原子力推進の背景には、旧ソ連およびロシアへの科学技術および電力を頼むよりは、自国の技術を培った方が安全であるという小国の生き残りをかけた決断がうかがえる。

2　放射性廃棄物処分政策と処分場計画の経過

全般的な放射性廃棄物処分政策　再処理志向から直接処分へ

フィンランドにおいて、放射性廃棄物は、上述のように、一九七〇年代終わりに初めてTVO社とIVO社の原子炉がユーラヨキとロヴィーサにおいて使用されるようになったときに生じ始めた。ただし、旧ソ連から原発を導入する際に、フィンランドのロヴィーサ原発で生じた使用済み核燃料を旧ソ連が引き取るという取り決めを行った。旧ソ連の政策によれば、使用済み核燃料は、原子炉に直接連結した冷却槽に三年間だけ保管され、そののちに各々の原発から旧ソ連のマヤークに位置する再処理施設（RT-1）に鉄道により運ばれる予定であった。(49)

当初、フィンランド側では、ロヴィーサ原発のみならず、オルキルオト原発から出る放射性廃棄物も旧ソ連の処分を期待していたが、旧ソ連側から拒否された。原子力法によれば、核廃棄物の処分は原子エネルギーの生産者に責任があるため、TVO社は使用済み核燃料の処分技術を長年にわたり開発してきた。TVO社の処分の基本方針は、原子力を利用している他の西欧諸国とほぼ同様である。すなわち、高レベル放射性廃棄物は、銅カプセルに密閉され、地下水の放射性物質への接触を遮断された状態で、地層深く処分されることが予定された。

しかしもちろんその前から準備する必要があった。一九七三年に放射性廃棄物の問題は議論の対象となっていた。一九七三年一二月、ユーラヨキ自治体が原発立地となることに賛成したとき、原発稼働の際に発生した放射性廃棄物を、同自治体の地層には処分しないことを前提条件としていた[50]。一方で、同一九七三年から、ＴＶＯ社は他国と再処理に関して交渉を行っていた[51]。そもそも、一九六〇年代にはウランの埋蔵量が少ないと思われていたため、使用済み核燃料の再処理がフィンランドの放射性廃棄物処分政策の念頭に置かれていた。使用済み核燃料の管理に関しては、かなり楽観的に考えていた[52]。使用済み核燃料を外国に売却することも検討していたし、またフィンランドは人口密度が低いので、処分のための十分な場所がある、との見方もあった[53]。

一九七六年秋に通商産業省（ＭＴＩ）は作業部会を設立し、一九七八年には放射性廃棄物管理の枠組みを作成した。そこでは、フィンランドにおける長期保管あるいは直接処分と、外国における再処理および最終処分が、選択肢として記されていた。

しかし、一九七〇年代後半にウランの採掘可能な埋蔵量が増加し、値段が下落、一方で再処理のコストが上がり、再処理をめぐる情勢は厳しくなっていた。再処理をめぐる、フィンランド側と、フランスの核燃料公社（ＣＯＧＥＭＡ社）とイギリスの核燃料公社（ＢＮＦＬ）との交渉も、ＴＶＯ社側が費用の面で難色を示し、合意に至らなかった[54]。

一九七九年にはまだ、放射性廃棄物が海外へ再処理と処分のために運ばれることが想定されていた。しかし一九八一年に発表された核廃棄物作業グループのレポートでは、トーンがすでに異なり、放射性廃棄物を外国に再処理委託できない場合に、ＴＶＯ社が備える必要があるとされていた。再処理は直接処分よりもきわめて高額で、選択肢にはなりえなかった。さらに国際情勢の変化も指摘される。インドが核実験を行ってのち、アメリカ合衆国は一九七七年一月のカーター政権成立以後、核・原子力政策の大幅見直しに着手し、再処理技術および高速増殖炉技術を利用する核燃料サイクル開発を自国で放棄し、他国にも同調するよう強く求めた[55]。冷戦の緊張が高まるなか、プルトニウムの取り扱いが生じるため、目下、安全を脅かす危険性があるとも考えられていた。一九七九年のアフガニスタン紛争への旧ソ連軍の介入、一九八〇年のイラン・イラク戦争、さらにアメリカ合衆国大統領に保守派のロナルド・レーガン大統領が選ばれた。旧ソ連は核廃棄物がＮＡＴＯに所属している国の手に陥ることを妨害すべく腐心していたし、逆もまた然りであった[56]。

フィンランドの放射性廃棄物最終処分場選定プロセスにおいて、支柱となるのは一九八三年に行われた原則決定（ＤｉＰ）である。これは、第一の選択肢を、再処理済みの高レベル放射性廃棄物か使用済み核燃料を海外に貯蔵することに決定するものだった。ただし、この原則決定（ＤｉＰ）では、ＴＶＯ社とＩＶＯ社が、必要な場合フィンランドへの最終処分のために準備しておくべきことを要求するものだった。そして、このとき廃棄物処理のスケジュールも定められた[57]。

こうして、核廃棄物を地下深い地層に処分することを目指す国内での核廃棄物管理計画が本格的に始まった。一九八三年に高レベル放射性廃棄物処分場候補地のための調査が着手された。

会社の主導で、一九八三〜一九八五年にフィンランドの岩盤が調査され、約一〇二の地域が、地質的に処分に適した場所として選ばれた。当局の査定の後、一九八七年四月、場所の数は五つに絞られた。クフモ（Kuhmo）自治体のロムヴァーラ（Romuvaara）、コンギンカンギャス（Konginkangas）自治体のキヴェッティ（Kivetty）、ユーラヨキ自治体のオルキルオト、シエヴィ（Sievi）自治体のシリ（Syyry）、ヒュリンサルミ（Hyrynsalmi）自治体のヴェイツィヴァーラ（Veitsivaara）であった。続いて、一九九二年の終わりには、五つの地域のグループのなかから、地層の問題のため、クフモ、コンギンカンギャス〔後に合併によりアーネコスキ（Äänekoski）〕、ユーラヨキの三つの地域に絞られた。

放射性廃棄物処分場を実際に決定する段階になると、このうち計画に失敗したケースがみられた。先に頓挫したケースである、クフモとアーネコスキ、一九九七年に候補に追加されながらも強い反対運動が存在したロヴィーサ、続いて最終的に処分場候補地に決定されたユーラヨキという順序で見ていきたい。

事例（1）クフモ

クフモは、フィンランドの東部に位置し、ロシアとの国境に接する地方自治体である。生業は製紙・化学製材工業に集中しており、林業の都市といわれる。面積四八〇六・三一平方キロメートルに、人口一万三九〇〇を数える。[58]

クフモにおいて、一九八五年、地方紙が処分場建設計画のことを報道した。TVO社は地域へのポジティブな影響を強調したが、地域住民からは、経済的脅威や地域間の不公正、自然の美への脅威、観光や農業への打撃が懸念された。クフモの町は、近年、文化と観光に焦点をあてており、観光のために相当大きなホテルを建設したり国内外で宣伝している。

さらに、東の国境に近いクフモの人々は、一九五〇年代からすでに、どのようにして冷戦の片方の当事者である旧ソ連が、原子力技術を、軍事的に、そして民生利用へと開発したのかを目撃してきた。一九六〇年代の大気中における核実験は、放射能汚染を北フィンランドと、カイヌー州へと広めた。これらに伴って、放射性物質は、風と共に、北部の人間、動物、自然に蓄積した。一九八六年に起きたチェルノブイリ原発事故の放射性降下物は、カイヌーへもまた広がり、初めてカヤーニで観測された。中央フィンランドはチェルノブイリ事故の汚染を著しく被った。チェルノブイリ事故の後、この地域の人々は、放射能レベルの変化について、マスメディアの報道を心配しながら見守った。それに加えて、冷戦終結後に明らかになった旧ソ連の核廃棄物管理のずさんさは、確実に少なくともクフモの人びとの態度に影響した(59)。フィンランドの裏庭にある、コラ半島には、数多くの核物質と核廃棄物が蓄積している。ムルマンスクとアルハンゲリスクの地域に位置する核廃棄物の「ごみ処分場」では、世界のどこよりも、原子炉、捨てられた原子力艦や核廃棄物がある(60)。

事例（2）アーネコスキ

一九九三年に、コンギンカンギャスはアーネコスキと合併、以後アーネコスキの名称になるため、以下基本的にアーネコスキの地名を用いる。

コンギンカンギャスのときには、一九八・六平方キロメートルの面積に一六三六人の人口で、人口密度は五・五人だった(61)。しかし合併後のアーネコスキは人口約二万一〇〇〇人を抱える地方自治体となった。アーネコスキは、ビジネスの構造が製紙・化学製材工業に集中していることから林業の都市とみなされている。

上述のクフモとアーネコスキでは、六三パーセントが「核廃棄物の最終処分が安全であろうとも、自分の地域にはほしくない」という考えに、完全に賛成か、あるいはいくぶん賛成であると回答した（図2参照）。

アーネコスキにおいて、対立は四段階に展開した。まず、一九八六年から一九八八年にかけては、放射性廃棄物に関して多くは議論されなかっ

	完全に／ほとんど賛成	何とも言えない	ほとんど／完全に異論
ユーラヨキ	37.6	25.6	36.8
クフモ	62.6	13.2	24.2
アーネコスキ	62.8	16.2	21.2
一般回答者	65.1	14	21

図２　世論調査「核廃棄物の最終処分が安全であろうと、自分の地域にはほしくない」（％）

出典：Litmanen（1996）, s. 152. より筆者作成。

た。一九八八年になると、反対派が市民イニシアティヴを結成して放射性廃棄物の処分に反対し、対立が始まる。続いて、一九八九年から一九九二年にかけて、市民イニシアティブが自然保護団体と協働し、対立が強化した。一九九二年以降は、他の地方自治体と合併したことにより、社会構造が激変した。もともと処分場候補地との距離は変化していないにもかかわらず、合併後の自分の地方自治体の内部に処分場候補地があるとなると、急に近く感じ始めたのである。仮に処分場建設地となれば年に八〇〇万フィンランドマルク（約一億六千万円弱）の収入が入るにもかかわらず、人びとの反対は強かった。合併後にはさらに反対運動が強化された。一方で、地方の労働運動や左派政治家は、放射性廃棄物の問題は経済的な問題であり、あまり政治的問題としてとらえなかった。[62]

事例（3）ロヴィーサ

ロヴィーサは、既述のように旧ソ連製の原発立地であるが、原発だけではなく他の産業も発達している都市である。最終処分場の候補地にロヴィーサが指名されたとき、面積四四・五平方キロメートル、人口は七七一〇人、人口密度は一七三・三人だった。[63]

一九九四年、フィンランド国会は、原子力法を改正、高レベル放射性廃棄物の輸出入を禁止し、国内への処分を定めた。[64] 理由の一つは、国内外の圧力があったためといわれる。[65] このことにより、冷戦終結後も継続されていたロシアへの核廃棄物輸送は、一九九六年一二月が最後となった。

ロシアへの核廃棄物輸送が禁止されたため、ＴＶＯ社とＩＶＯ社（のちのフォルトム社（Fortum Power and Heat Oy : Fortum）が協力作業を始めることとなった。一九九五年一〇月には、使用済み燃料最終処分の実施主体として、ポシヴァ社が設立された（フォルトム社四〇パーセント、ＴＶＯ社六〇パーセント出資）。

ポシヴァ社は、最終処分場の候補地として、ロヴィーサ自治体のヘストホルメン（Hästholmen）を挙げた。[66]

一九九七年にはすでに、ユーラヨキとロヴィーサに最終処分場の焦点が移行していた。その理由は主に、すでに原子力施設のある地域には、最終処分場施設が社会的に受け入れられやすいと思われていたためだった[67]。

一九九七年一月四日に、ロヴィーサが最終処分場の候補地に加わったことにより、地方自治体の間での競争が強化された[68]。一方で、ロヴィーサが指名された一ヵ月後、すぐに住民らによる反対運動が組織された[69]。反対運動の中心人物ローゼンベリによれば、原発立地であることから、ロヴィーサが候補に挙がることは明らかであったという[70]。ロヴィーサの反対運動の戦術は、近隣の地方自治体への働きかけを促進し、それら自治体の批判的な声を代表することだった。その観点で、住民投票を要求、メディアを利用し、ポシヴァ社に対し「情報戦」を構えた。従来の反原発運動に主にみられるような感情的な反応ではなく、倫理的観点により計画を批判する戦術をとったのである。そもそもこの地域にはスウェーデン人の比率が割合多く、原発に批判的なスウェーデンからの情報や議論が流入することで反原発陣営の勢力を増しやすかった。一方で原子力業界側からすると、フィンランド語とスウェーデン語両方を用いて情報提供および対応をせねばならず、容易には進まなかった[71]。最終的に、最終処分場に対して異議を唱える請願書には、約三九〇〇人が署名した[72]。

事例（4）ユーラヨキ

ユーラヨキ自治体は、三四五・六四平方キロメートルの面積に、人口五七二四人を抱える[73]。

ユーラヨキ自治体は、そもそも主な生活手段として農業が支配的な地域だった。しかし、第二次世界大戦後は変化が始まり、一九七〇年頃には全雇用のうち第一次産業の雇用の割合が約五二パーセントだったが、一九八〇年までは、二七パーセントに下がる[74]。

一方で、原発建設の決定以来、ＴＶＯ社は地方自治体の経済を支配してきた。同社は一九八四年にこの自治体に税金を支払い始め、その後で会社がこの地域に支払った額は、一九九〇年代中頃にはこの地域の一年の税収の三分の一にのぼった。ユーラヨキでは、原子力産業のトラブルの無い活動により、住民の原子力技術とその担当者への信頼が増してきていた[75]。住民の考えでは、原子力の発電分野と同じ技術者、企画者、担当者が放射性廃棄物の建設にも関与しているため、放射性廃棄物に関する作業もこれと並ぶものとみなされた。国際的にも、原子力産業に経済的に依存する地域において、原子力技術への親和性が比較的高い性質、いわゆる「原子力オアシス」という指摘がなされている[76]。

一般に、放射性廃棄物の処分場に伴うネガティブなイメージの影響が、とりわけ観光業について強調される。この点、ユーラヨキのビジネス業界では、観光は、クフモやアーネコスキほど重要な経済活動とはみなされていない。オルキルオト原発が近くに位置しようとも、近隣の都市のなかでも、特にサービスと観光地をもつラウマは、観光客を集めていた。ユーラヨキの観光の切り札は原発であるとさえ言える。オルキルオトにあるビジターセンターでは、人びとに原子力技術について詳しく説明され、同センターは旅行客をひきつけるもととなっている[77]。

一九九三年からすでに、国民連合党（Kansallinen Kokoomus : National coalition party）は、オルキルオトへの最終処分場建設計画にユーラヨキ自治体が賛成するよう提案していた。そして一九九四年一二月には、ユーラヨキ自治体議会の採決一五対一〇でユーラヨキ自治体のレポートから、最終処分場への反対を含む文章が削除された[78]。続いて一九九八年一二月、ユーラヨキ自治体議会は、二〇対七で、使用済み核燃料の最終処分場建設に関するオルキルオト・ビジョンを承認した[79]。これを受けて、一九九九年五月には、ユーラヨキ自治体とポシヴァ社の間で、いわゆる「ブオヨキ合意（Vuojoki agreement）」を締結、ポシヴァ社が老人ホーム建設のための費用を低金利で貸付け、ユーラオキ自治体はこのローンを、ブオヨキの土地をポシヴァ社に貸すことによる収入で返すという取り決めを行った。二〇〇〇年一二月二一日に政府は「原則決定（D・i・P）」を行い、国会が二〇〇一年五月一八日にこの決定を可決した。

一方で、ユーラヨキ自治体における進行とは裏腹に、世論調査によれば、「フィンランドの地層に放射性廃棄物を処分するのは安全だと思う」のは、二〇〇二年秋でも二九パーセントに留まっていた。反対派は四九パーセントにも上る。しかも一九八〇年代から比べれば、賛成派が増えた結果である（図3参照）[80]。そのため、フィンランド全体とユーラヨキ自治体の地域差が相当存在することがわかる。

（左から、全く賛成／ほとんど賛成／不明／ほどんど反対／全く賛成）

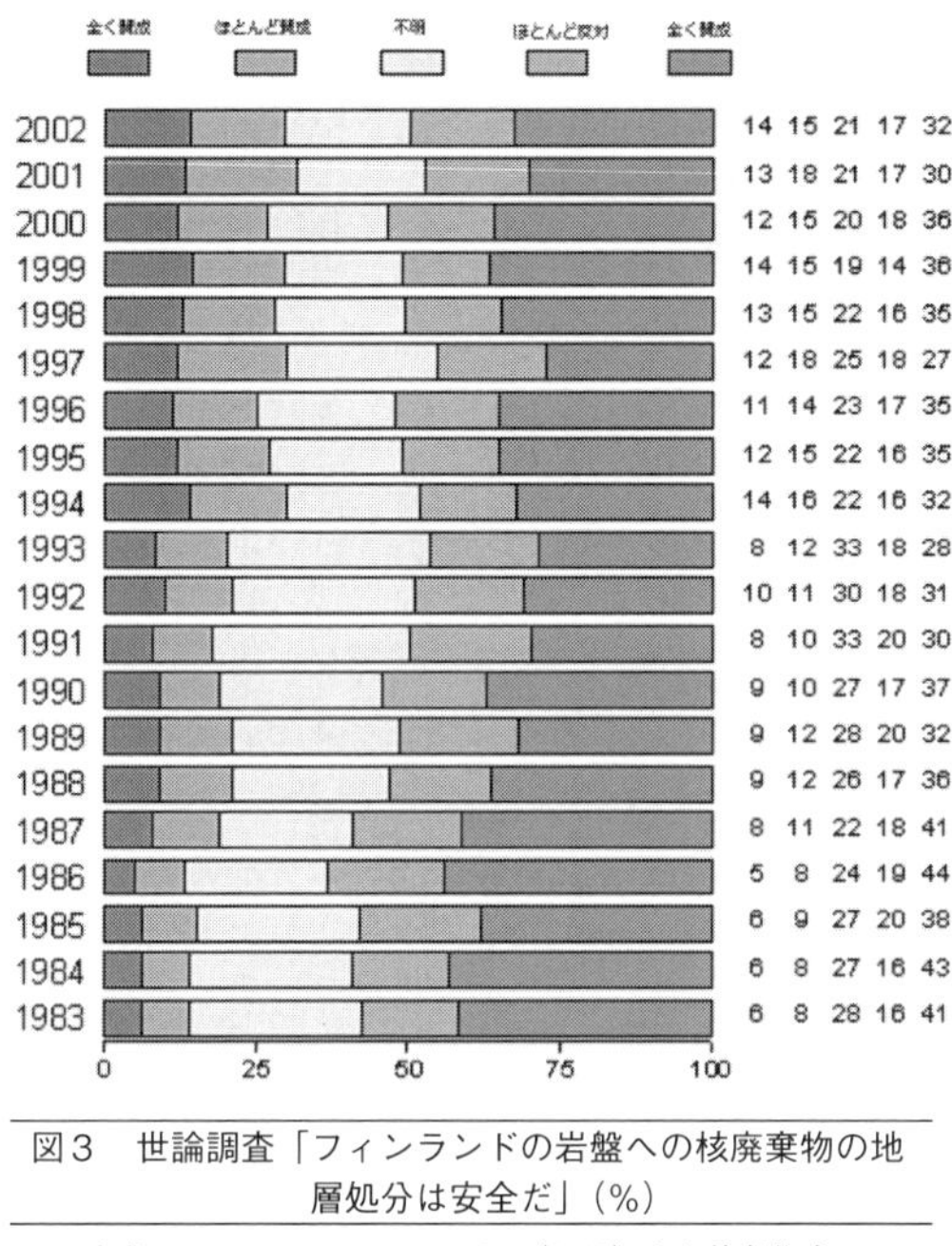

図3　世論調査「フィンランドの岩盤への核廃棄物の地層処分は安全だ」（%）

出典：Yhdyskuntatutkimus Oy（2003）より筆者作成。

そして、同様に世論調査によると、「最終的に地層に埋設するよりは、現在の中間貯蔵所に放射性廃棄物を保管し、新しい解決法を待った方がいい」と考える人びとが四三パーセント、反対派が二五パーセントという結果があらわれた[81]。高レベル放射性廃棄物の処分問題は、処分場が決定することで一般の人びとの視界から消えようとも、完全な解決にはまだ至っていないのだ。

おわりに

フィンランドの原子力政策の特色をおおまかにまとめると、以下のように要約できる。反核兵器運動団体は、原子力の民生利用への強い反対勢力とはならなかった。初の原子力発電所は、フィンランド側が本来西側の技術を望んでいながらも、旧ソ連の政治的圧力の前に屈し同国から導入している。冷戦の緊張が高まった一九八〇年代初頭、ヨーロッパ諸国で反核平和運動が高まり、原子力の平和利用に対しても批判的な目が注がれたが、フィンランドは国内に東西両陣営からの原発を有するという稀有な状況にあったことから、運動も分断され、大きな勢力にならなかった。一九八六年のチェルノブイリ事故後には、国内の批判的な意見は、原子力そのものに向かわず、自国の情報政策へと向けられた。一九九〇年代半ば以降、そして福島原発事故の後も、同国は原子力を基本的に推進する。その背景には、特に旧ソ連／ロシアへのエネルギー供給における他国依存を低減させるための原子力の必要性が強く認識されている。

続いて、上述の内容を受けて、フィンランドにおける放射性廃棄物に関するイメージの変化は、以下のように看取される。当初は、放射性廃棄物はそもそも大して問題視されておらず、むしろ再処理により再利用できる資源として、あるいは、外国に売ることのできる、なにかしら有益な物質と考えられていた。ロヴィーサ原発から発生した使用済み核燃料の処分は旧ソ連に任せることができるため、分量的にも責任を負うべき放射性廃棄物の量はオルキルオト原発の分のみでよく、危機意識もその分高くはならなかった。放射性廃棄物の危機意識の軽減は、原子力そのものへの肯定的なイメージにも寄与した。再処理の選択をしなかったことから、放射性廃棄物は、他国のような、核兵器転用の疑いからも免れる。

一方で、一九八〇年代に国内への直接処分を検討すると、地方自治体には忌避感が明確に浮かび上がった。最終的に処分場候補地として決定したユーラヨキもまた、オルキルオト原発受入時には、放射性廃棄物の処分場としないことを確約していた。しかし一九九〇年代中頃から、ユーラヨキ自治体の態度は軟化する。原発による税収入はユーラヨキ自治体の税収の三分の一まで占めるようになり、その間原子力産業の運営には目立ったトラブルがないことで信頼が増してきていた。さらに、オルキルオト原発があろうともユーラヨキ自治体への観光客は減少していなかった。

これまで、フィンランドにおける高レベル放射性廃棄物最終処分場建設計画の決定過程を振り返り、各地の計画の頓挫について叙述したように、この問題の解決のためには、安定した岩盤とトラブルのない原子力技術という、フィンランドの恵まれた自然および科学技術的側面だけでは十分ではなかった。さらに、経済的不況の時期でも、地方経済の改善が期待される最終処分場建設は受け入れられなかった。それゆえ、経済的側面だけでも、まだ不十分であり、最終的に合意を得るためには、上記二つの要因に加えて、人々の社会生活や価値観にも配慮した方策が必要であったということが明らかになったといえる。

謝辞　本研究は科研費（15H03257／16K01984）および公益財団法人村田学術振興財団平成二八年度研究者海外派遣の助成を受けたものである。

注

（1）Wolman, Abel & Gorman, Arthur E. The Management and Disposal of Radioactive Wastes, in: IAEA（ed.）, *Proceedings of the International Conference on the Peaceful Uses of Atomic Energy. Held in Geneva 8 August-20 August 1955, Vol. 9:*

Reactor Technology and Chemical Processing, New York: United Nations, 1956, p. 15.

(2)　放射性廃棄物に関しては、次の書籍が詳しい。楠戸伊緒里『放射性廃棄物の憂鬱』祥伝社、二〇一二年。

(3)　STUK（Säteilyturvakeskus: Radiation and Nuclear Safety Authority）: Nuclear power plants in Finland. http://www.stuk.fi/web/en/topics/nuclear-power-plants/nuclear-power-plants-in-finland　（アクセス　二〇一六年一二月三日）.

(4)　Statistics Finland: Energy supply and consumption, 2016. http://tilastokeskus.fi/til/ehk/tau_en.html（アクセス二〇一六年一二月三日）.

(5)　この地名を始めとして、実際のフィンランド語の発音とは異なる単語があるが、便宜上、日本で一般によく用いられる表記を扱うものとする。

(6)　Litmanen, Tapio & Kojo, Matti: Not Excluding Nuclear Power: The Dynamics and Stability of Nuclear Power Policy Arrangements in Finland, *Journal of Integrative Environmental Sciences*, 8（3）, 2011, p. 172.

(7)　なぜ各国が使用済み核燃料に関してこのように異なる政策をとるのかについては、以下の研究が参考になる。Högselius, Per: Spent Nuclear Fuel Policies in Historical Perspective: An International Comparison, *Energy Policy*, 37（1）, 2009, pp. 254-263.

(8)　Litmanen, Tapio: Cultural Approach to the Perception of Risk: Analysing Concern about the Siting of a High-Level Nuclear Waste Facility in Finland, *Waste Management and Research*, 17, 1999, p. 218.

(9)　Lidskog, Rolf & Litmanen, Tapio: The Social Shaping of Radwaste Management: The Cases of Sweden and Finland, *Current Sociology*, 45（3）, 1997, p. 60.

(10)　Weart, Spencer R.: *Nuclear Fear: a History of Images*, Cambridge, Massachusetts: Harvard University Press, 1998; *The Rise of Nuclear Fear*, Cambridge, Massachusetts: Harvard University Press, 2012.

(11)　Sundqvist, Göran: *The Bedrock of Opinion: Science, Technology and Society in the Siting of High-Level Nuclear Waste*, Dordrecht:Kluwer Academic Publishers, 2002.

(12)　NEA: *Fostering a Durable Relationship between a Waste Management Facility and its Host Community. Adding Value through Design and Process*, NEA No. 6176, Paris: OECD, 2007. http://www.nea.fr/html/rwm/reports/2007/nea6176-

fostering.pdf: *2015 Edition*, NEA No. 7264, Paris:OECD. http://www.oecd-nea.org/rwm/pubs/2015/7264-fostering-durable-relationship-2015.pdf（各二〇一六年一二月一五日アクセス）.

(13) ペール・ホーグセリウス（二〇〇九）によれば、各国における使用済み核燃料をめぐる戦略に、歴史的に影響を与えてきた第一義のきわめて重要な要因は、核兵器に関するさまざまな野心だった。大抵の、核兵器所有を意図する国々が、再処理の技術分野を確立することを必要ととらえてきた。なぜなら、再処理は、プルトニウムを製造する唯一の方法として知られているためである。核兵器製造のためのもう一つの手段として、濃縮ウランが挙げられる。ただし第二次世界大戦後は、一般的に、再処理の技術は、ウラン濃縮に比べて、より安価で、技術的に容易であるとみなされている。Högselius 2009, *op. cit.*, p. 256.

(14) たとえば、とりわけ旧西ドイツで一九八〇年代初頭にヨーロッパで最も高まった反核平和運動は、その一例である。詳しくは、次の論考を参照。竹本真希子「一九八〇年代初頭の反核平和運動」（若尾祐司・本田宏編『反核から脱原発へ――ドイツとヨーロッパ諸国の選択』昭和堂、二〇一二年）、一五五～一八四頁。

(15) Litmanen 1999, *op. cit.*, p. 215.

(16) リトマネンとコヨの論文中では、こののち二〇〇三～二〇一〇年も区分として挙げられているが、本章では、最終処分場計画に続いて五基目の原発計画が決定する二〇〇二年までを扱う。Litmanen & Kojo 2011, *op. cit.*

(17) 初めて用いられたのは一九五八年に遡るが、よく知られるようになったのは一九六〇年代末および一九七〇年代前半に旧西ドイツにおいてブラントの東方政策に対して論争するため用いられたときである。Teräväinen, Erkki: Finnland: Satellit oder westliches Land-das politische Finnlandbild der Bundesrepublik, in: Schweitzer, Robert (Hrsg.) *Zweihundert Jahre deutsche Finnlandbegeisterung*, Berlin: BWV-Verlag, 2010, S. 215.

(18) 詳しくは、次の書籍を参照。齊木伸生『冬戦争』イカロス出版、二〇一四年。

(19) ハッリ・リンタ＝アホ／マルヤーナ・ニエミ／パイヴィ・シルタラ＝ケイナネン／オッリ・レヒトネン著／百瀬宏監訳／石野裕子／高瀬愛訳『世界史のなかのフィンランドの歴史』明石書店、二〇一一年、三四八～三四九頁。

(20) なお、冷戦の終焉後、第二条の軍事協議事項は除外された。条約問題に関しては、以下の論考を参照。坂上宏「冷戦の終焉とフィンランドの対ロシア関係――条約問題をめぐって」（『麻生福岡短期大学研究紀要』二、一九九三年）、六五～七七頁。

（21）実際、一九六二年にはフィンランド国内の対ソ友好政策の継続が不安定になると、ソ連はＹＹＡ条約第二条の発動を要請する覚書を送っている。

（22）坂上宏「一九八二年フィンランド大統領選挙（二）」（『九州情報大学研究論集』、五（一）、二〇〇三年）、七三頁参照。

（23）Michelsen, Karl-Erik: An Uneasy Alliance: Negotiating Transnational Infrastructures at the Finnish-Soviet Border, in: Högselius, Per, A. Hommels, A. Kaijser and E. van der Vleuten（eds）, *The Making of Europe's Critical Infrastructure: Common Connections and Shared Vulnerabilities*, Basingstoke: Palgrave Macmillan, 2013, p. 122.

（24）ＴＶＯ社ＨＰ参照。http://www.tvo.fi/The%20history%20of%20TVO（二〇一六年一一月九日アクセス）。

（25）Konttinen, Esa: Four Waves of Environmental Protest, in: Konttinen, Esa, Litmanen, Tapio, Nieminen, Matti and Ylönen, Marja(eds.), *All Shades of Green: The Environmentalization of Finnish Society*, Jyväskylä: University of Jyväskylä, 1999, p. 22. https://jyx.jyu.fi/dspace/bitstream/handle/123456789/47900/SoPhi33_978-951-39-6484-9.pdf（二〇一六年一二月一五日アクセス）。

（26）*Ibid.*, p. 28.

（27）Michelsen, *op. cit.*, p. 122.

（28）*Ibid.*

（29）*Ibid.*, p. 114.

（30）次の論考も詳しい。友次晋介「対ソ連・ロシア関係の文脈でみたフィンランド原子力政策の展開――「フィンランド化」に関する一考察」（『北ヨーロッパ研究』四、二〇〇七年）、五七～六六頁。

（31）Michelsen, *op. cit.*, p. 124.

（32）原則決定（D-i-P）とは、ある事業計画について社会全体の利益にかなうことを政府が判定し、国会の承認により確定されるフィンランド独特の手続きである。

（33）Rautio, Pekka: "Ei havaittavaa haittaa…" - Tshernobylin ydinvoimala onnettomuuden tiedottamisen politisoituminen Suomessa. *Media & viestintä*, 34(2), 2011, s. 8.

（34）Findahl, Olle: Chernobyl - The Scandinavian case, in: Wober, J. Mallory（ed.）, *Television and Nuclear Power: Making the public mind*, Norwood, NJ: Ablex Publishing Corp., 1992, p. 125.

(35) 奥原希行、ウラジミール・シェフチェンコ、広瀬隆『チェルノブイリクライシス』竹書房、二〇一一年、二一～二二頁。

(36) Findahl, *op. cit.*, p. 126.

(37) *Ibid.*, p. 134.

(38) Rautio, *op. cit.*, s. 10.

(39) Suhonen, Pertti & Virtanen, Hannu: How the Finns Reacted to the Chernobyl Nuclear Accident, in: Jyrkiäinen, Jyrki, *Mass Media and Public Opinion. Report of the Fifth Soviet-Finnish Seminar*, Tampere:University of Tampere (Department of Journalism and Mass Communication, Series B 24) 1988, pp. 69-70.

(40) *Ibid.*, p. 71.

(41) *Ibid.*, pp. 74-79.

(42) Eränen, Liisa: *Sensible fear: Finnish reactions to the threat of a nuclear accident in Sosnovyi Bor, Russia*, Helsinki: University of Helsinki, 2001, p. 122. http://ethesis.helsinki.fi/julkaisut/val/sosps/vk/eranen/sensible.pdf（二〇一六年一二月一五日アクセス）.

(43) Findahl : *op. cit.*, p. 135.

(44) *Ibid.*, p. 142.

(45) Rautio, *op. cit.*, s. 10.

(46) Findahl, *op. cit.*, p. 128.

(47) 詳細は、以下を参照。Litmanen & Kojo 2011, p. 178.

(48) Kojo, Matti: The Revival of Nuclear Power in a Strong Administrative State, in: Kojo, Matti & Litmanen, Tapio（eds.）: *The Renewal of Nuclear Power in Finland. Energy*, Palgrave Macmillan: Basingstoke, 2009, p. 232.

(49) 後にRT‐1で問題が生じ、保管期間が最低五年へと延長された。このことをうけてロヴィーサにおいても、新しく貯蔵キャパシティの建設が行われ一九八五年から用いられた。旧ソ連の使用済み核燃料に関しては、次の資料を参照。Högselius, Per: The Decay of Communism: Managing Spent Nuclear Fuel in the Soviet Union, 1937-1991, *Risk, Hazards & Crisis in Public*

Policy, 1, 2010, pp. 83–109.

(50) Kojo, Matti: The Strategy of Site Selection for the Spend Nuclear Fuel Repository in Finland, in: Kojo, Matti & Litmanen, Tapio (eds.), *The Renewal of Nuclear Power in Finland*, Palgrave Macmillan:Basingstoke, 2009, p. 174.

(51) Kojo, Matti: The Site Selected. The Local Decision-Making Regarding the Siting of the Spent Nuclear Fuel Repository in Finland, in: Andersson, Kjell (ed.), *Proceedings. VALDOR 2006* (*Values in Decision on Risk*) *Stockholm , Sverige. 14.-18.5.2006*, Stockholm:Congrex Sweden AB/Informationsbolaget Nyberg & Co, 2006, pp. 115-123.

(52) Kojo 2009, *op. cit.*, p. 163.

(53) Lidskog & Litmanen, *op. cit.*, p. 69.

(54) Kojo 2009, *op. cit.*, pp. 164-165.

(55) 詳細は、たとえば以下の論考を参照。友次晋介「一九七〇年代の米国核不拡散政策と核燃料サイクル政策――東アジア多国間再処理構想と東海村施設を巡る外交交渉からの考察」（『人間環境学研究』七（二）、二〇〇九年）、一〇七～一二七頁。

(56) Suominen, Petteri: Ydinjätepolitiikan muotoutuminen suomessa, Teokusessa Litmanen, Tapio, Hokkanen, Pertti ja Kojo, Matti (toim.), *Ydinjäte käsissämme: Suomen ydinjätehuolto ja suomalainen yhteiskunta*, Jyväskylä: SoPhi, 1999, s. 29.

(57) Kojo 2009, *op. cit.*, pp. 166-167.

(58) 一九八〇年一二月の記録である。なお、人口は年々減少傾向がみられ、二〇一五年一二月には人口八八〇六人を記録している。Statistics Finland, Population according to age (1-year) and sex by area 1980-2015. http://pxnet2.stat.fi/PXWeb/pxweb/en/StatFin/StatFin_vrm_vaerak/058_vaerak_tau_104.px/?rxid=1f7ffc08-9dfb-49bd-a54a-e6044df7c447 （二〇一六年一〇月一六日アクセス）。

(59) 旧ソ連には、放射性廃棄物の管理について包括的に定めた法律が存在していなかった。旧ソ連崩壊後、一九九二年ごろから原子力庁を中心としてロシアで放射性廃棄物の管理に関する法整備が始まった。旧ソ連時代には、放射性廃棄物の河川への放流や地下注入処分も行われていた。小泉悠「ロシアの放射性廃棄物管理制度――放射性廃棄物管理法を中心に」（『外国の立法』二五二、国立国会図書館調査および立法考査局、二〇一二年）、五〇～五九頁。

(60) Litmanen, Tapio: Ydinjätteet - Kiitos, ei tänne! Paikkakuntalaisten suhtautuminen ydinjätteisiin Äänekoskella, Eurajoella

ja Kuhmossa, Konttinen, Esa ja Litmanen, Tapio (toim.), *Ekokuntia ja Ökuntia. Tutkimuksia ympäristönhallinnan paikallisesta eriaikaisuudesta*, Jyväskylä:Yhteiskuntatieteiden ja filosofian laitos (Yhteiskuntatieteiden ja filosofian laitoksen julkaisuja. SoPhi; 6), 1996, s. 148-190.

(61) Tilastokeskus, *Suomen tilastollinen vuosikirja*, Helsinki:Tilastokeskus, 1992, s. 60. http://www.doria.fi/bitstream/handle/10024/88805/xyti_stv_199200_1992_dig.pdf?sequence=1 （二〇一六年一一月五日アクセス）.

(62) Lidskog & Litmanen, *op. cit.*, pp. 72-73.

(63) Tilastokeskus: *Suomen tilastollinen vuosikirja*, Helsinki:Tilastokeskus, 1997, s. 54. http://www.doria.fi/bitstream/handle/10024/8997/xyti_stv_19700_1997_dig.pdf?sequence=1 （二〇一六年一一月五日アクセス）.
なお、ロヴィーサは二〇一〇年一月一日に、リルイェンダール（Liljendandal）、ペルナヤ（Pernaja）、ルオチンピュフター（Ruotsinpyhtää）の地方自治体と合併した。ロヴィーサＨＰ参照。http://www.loviisa.fi/en/mainpage （二〇一六年一一月五日アクセス）.

(64) Nuclear Energy Act, 1987/990 Section 6 a. Management of nuclear waste generated in Finland.

(65) Lidskog & Litmanen, *op. cit.*, p. 69.

(66) Litmanen, Tapio, D. Solomon, Barry & Kari, Mika: The utmost ends of the nuclear fuel cycle: Finnish perceptions of the risks of uranium mining and nuclear waste management, *Journal of Risk Research*, 17 (8), 2013, p. 7.

(67) ユヴァスキュラ大学研究者タピオ・リトマネンへのインタビューによる（二〇一六年一一月二日実施）。

(68) Kojo 2009, *op. cit.*, p. 178. とはいえ、表立って地方自治体間で誘致競争が行われたわけではなく、むしろ潜在的な競争意識といえる。トーマス・ローゼンベリ（ロヴィーサ運動代表者）へのインタビューによる（二〇一六年一一月二二日実施）。

(69) Kojo, Matti: CARL Country Report Finland, 2006, p. 75. http://www.carl-research.org/docs/20060614144716PSUZ.pdf （二〇一六年一一月一二日アクセス）.

(70) Rosenberg, Thomas: What could have been done? Reflections on the Radioactive Waste Battle as Seen from Below, in: OECD/NEA, *Stepwise Decision Making in Finland: Past and Future of the Decision in Principle, Second FSC Workshop, Turku, Finland, 15-16 November 2001*, Paris: OECD/NEA, 2002, pp. 65-70.

(71) トーマス・ローゼンベリ（ロヴィーサ運動代表者）へのインタビューによる（二〇一六年一一月二二日実施）。

(72) Kojo 2006, *op. cit.*

(73) 一九八〇年一二月の記録である。なお、人口は増加傾向がみられ、二〇一五年一二月には人口五九三八人を記録している。Statistics Finland, *op. cit.*

(74) Litmanen 1996, *op. cit.*, s. 168.

(75) *Ibid.*, s. 159-160.

(76) Blowers, Andrew, Lowry, David, & Solomon, Barry David: *The International Politics of Nuclear Waste*, London: Macmillan, 1991, p. xviii.

(77) ユーラヨキ自治体のＨＰによれば、毎年六万人以上の訪問客が同自治体を訪れている。ユーラヨキ自治体ＨＰ。http://www.eurajoki.fi/html/en/Tourism.html（二〇一六年一一月三日アクセス）; Litmanen 1996, *op. cit.*, s. 164-165. ユヴァスキュラ大学研究者タピオ・リトマネンへのインタビューによる（二〇一六年一一月二日実施）。

(78) Kojo 2009, *op. cit.*, p. 176.

(79) *Ibid.*, p. 180.

(80) Yhdyskuntatutkimus Oy: Energy Attitudes 2002. Results of a follow-up study concerning Finnish attitudes towards energy issues 1983-2002 Research report, 2003. http://www.sci.fi/~pena/eas2002/english/eeluku2-4.htm（二〇一六年一二月八日アクセス）.

(81) *Ibid.*

第九章　オーストリア国民と核技術の半世紀
――「原子閉鎖」「原子力なし」の道筋――

若尾祐司

はじめに

人口約八〇〇万人のカトリック系小国民オーストリアの戦後史は、経済的には旧西ドイツや日本と相似的である。一九四五年終戦後の窮乏生活に始まり、米国の経済援助と朝鮮特需をきっかけに五〇年代戦後復興から六〇年代高度経済成長へと、かつてない豊かさを実現する。しかし、七〇年代には環境・エネルギー危機で経済は停滞する。そして八〇年代以降は、「第三世界」諸国の追い上げにも直面しつつ、「自由競争」原理に比重を置いて成長維持をはかる試行錯誤の局面を、すでに三分の一世紀以上にわたって経験している。

一方、政治的には旧西ドイツを間に置き、保守党の単独政権・小連立政権にほぼ貫かれる日本の戦後政治史とは対極をなす。ここでは、図1が示す連邦首相と政権党の構成で、戦後史の時期区分が明確に画される。

オーストリア戦後史の時期区分

まず一九四五年四月、ソ連赤軍のウィーン占領二週間後に反ファシズム三党（国民党、社会党、共産党）が結束

表1　第二共和国（1945～97年まで）の連邦首相と政権構成

期間	連邦首相（政党）：政権構成
1945年	カール・レンナー（SPÖ）：臨時国家政府
1945～1947年	レオポルト・フィーグル（ÖVP）：全党連立政権
1947～1953年	同上：大連立政権
1953～1961年	ユリウス・ラープ（ÖVP）：大連立政権
1961～1964年	アルフォンス・ゴルバッハ（ÖVP）：大連立政権
1964～1966年	ヨーゼフ・クラウス（ÖVP）：大連立政権
1966～1970年	同上：単独政権
1970～1971年	ブルーノ・クライスキー（SPÖ）：少数派政権
1971～1983年	同上：単独政権
1983～1986年	フレート・シノヴァツ（SPÖ）：小連立政権
1986～1987年	フランツ・フラニツキー（SPÖ）：小連立政権
1987～1997年	同上：大連立政権

（VPÖ 国民党、SPÖ 社会党：1991年より社会民主党）

出典：Nick, Rainer/ Pelinka, Anton, *Politische Landeskunde der Republik Österreich,* Berlin 1989, S.44. 大西建夫ほか編『オーストリア――永世中立国際国家』早稲田大学出版部、1996年、71頁より作成。

してレンナー暫定内閣を設立し、第二共和国宣言を発する。この挙国一致内閣は同年秋、ソ連のみならず西側連合諸国により、全国政権として承認される。この三党体制は四七年まで続くが、共産党（KPÖ）は国民の支持を得られず、その得票率は最盛期でも五パーセント台に止まり、六〇年代以降は国民議会の議席もなく、得票率も一パーセント以下に後退した。代わりに、カトリックの伝統をひく国民党に対し、ドイツ国民主義の伝統をひく自由党FPÖ（設立時は独立者選挙党の名称）が四九年国民議会選挙から登場し、その議席比は八六年までは五～七パーセント程度であったが、その後に二割を超える成長を果たす。だが、いずれにせよ国民党と社会党の二大政党が絶対的な優位を保持し、両党の大連立であれ、一方の側の単独ないし自由党との小連立政権であれ、実質的に政権交代の可能な政党政治が安定的に機能してきたのである[1]。

こうした二大政党による国民統合という基盤の上に、戦後のオーストリア政治は以下のように時期区分される。第一は、全党連立から大連立へ、一九五五年国家条約の締結による武装中立国としての主権回復と国際連合加入に至る復興期である。第二は、ラープ内閣からクラウス内閣へ、七〇年までの国民党主導の大連立・単独政権時代であり、高度経済成長期と重なる。第三は、ユダヤ人で反ナチ抵抗者として著名なクライスキー単独政権からシノヴァツ小連立政権まで、家族法・刑法改革から教育改革に至る社会党政権下の大改革時代であり、八六年チェルノブイリ事故が区切りとなる。第四は、九七年まで続いた社会党フラニツキー内閣の小連立時代である。九五年ＥＵ加盟により、冷戦の終結でオーストリアも対ソ連向け中立政策を破棄し、西側諸国の一員となる。

以上、一九四五年からＥＵ加盟に至る半世紀、その前半は国民党が、後半は社会党が第一党として、政権の中心に位置した。しかし、両者は大連立で共に戦後復興を担い、対立的というよりも協力的な関係にあった。高級官吏や国営企業の役職配分も、両党の議席比率に対応する比例配分が慣行化し、また賃金・物価協定など労使協調主義の実践（社会的パートナー関係）により、政党対立や労使紛争の先鋭化は回避される。政党政治による安定した社会統合が、長期間にわたり持続的に確保されたのであった。

本章の問題提起

オーストリア現代史家オリヴァー・ラートコルプは最近の著作『矛盾の共和国――一九四五～二〇一〇年のオーストリア』の結論で、以下のように記している。「歴史を振り返ってみて、小国に組織された社会が、このように急速にそのアイデンティティを形成した事例は、他にはほとんど見られない。二つの世界大戦のトラウマと大国的地位の喪失を、自力で消化しなければならなかった社会である。現在、オーストリア人の誇りは――国際的に比べても――、かつてなかったほど高いものがある。しかし同時に、オーストリア・アイデンティティは欧州の言説空間にあっては、なおいかなる確たる場所をも得ていない」と(2)。

この指摘の前半は正しいが、後半はいかにも控え目である。例えば、核技術に対するオーストリア国民の態度は、単にオーストリア・アイデンティティの重要な構成要素をなすのみならず、福島原発事故を決定的な転換点とし、欧州の言説空間に絶大な影響力を及ぼしている。疑いなく、一九七八年オーストリア国民の原発ノー国民投票を起点とし、この国民的意思表示の延長線上に、現在の欧州諸国の動きをみることができるからである。

そこで本章は、上記の時期区分にしたがって、前半の二つの時期に比重を置きつつ、それぞれの時期にオーストリア国民が、核技術の開発・利用をどのように考えてきたのか。その歴史過程の俯瞰的な把握を課題とする。

核技術の要にあるのは原子炉であり、原子炉はその出力と用途に応じて、基本的に三種類に分かれる。ラジオアイソトープ製造と結びついた研究・教育用の原子炉（核研究炉）、材料試験や生物実験をも行う核試験炉、発動機や発電機のモーターを動かす出力炉であり、数百、数万、数十万キロワットと、熱出力の段階的な違いに特徴づけられる。この出力に比例して、核燃料の使用量と同時に、放射性廃棄物（原子ゴミ、核のごみ）の分量もほぼ決まる。この三種類の核技術を区別して、それぞれに関するオーストリア国民の理解の軌跡を問う作業である。

ところでオーストリアでは、一九六〇年ザイバースドルフ原子炉（一万キロワット、以下S核研究・試験炉と略記）、六二年プラーター原子炉（二五〇キロワット、同P核研究炉）、六五年グラーツ原子炉（一〇キロワット、同G核研究炉）が稼動し、七八年ツヴェンテンドルフ原子炉（七〇万キロワット、同Z核発電炉ないしZ原発）と合計で四つの原子炉が設置された[3]。それらに関する歴史研究は、もっぱらZ核発電炉に集中し、この関係では政治・社会・歴史学などの分野における修士論文も多数書かれてきた[4]。他の原子炉に関しては、P核研究炉の安全評価といった技術的問題にとどまり[5]、人文・社会系の研究対象となることは、ほとんどなかった。福島原発事故後に初めて歴史的関心が喚起され、一九〇〇年から七〇年代に至るオーストリア原子研究・開発史の総合的研究を取りまとめた著作『オーストリアの核研究』（二〇一二年）や、S核研究炉とその研究組織の設立を軸に、オーストリア核技術開発の起点に関する詳細な歴史分析を試みたレスナーの修士論文（二〇一三年）が出されている[6]。

本章は、それら個別研究の成果に依拠しつつも、各時期の核技術をめぐる代表的な論者や紙誌の声に注目し、核技術に対するオーストリア・アイデンティティの内容と特質、その歴史的経緯の把握をテーマとする。すなわち、第一に、なぜオーストリア国民はZ核発電炉の運用を拒否したのか。それは、いかなる歴史的文脈に基づくのか。第二に、Z核発電炉を運転しないことは、電力会社にとり莫大な損失である。換言すれば、そこにある設備を動かせば、日々大きな利を得ること自明である。それにもかかわらず、なにゆえZ核発電炉は一度も稼働することなく、「世界で一番安全な原発」となったのか。そして第三は、核研究・試験炉に対する、オーストリア国民の態度の問題である。以上、三点の検討課題を念頭に、以下では逐次、各時期の思潮を見ていく。

1　核技術時代の幕開け

原爆報道と「原子力時代」

周知のごとく、原爆実験を目前に控えた一九四五年六月、レオ・シラードら米国の原爆開発を進めた科学者七名は、陸軍長官に以下の進言を行った。第一に、核工学の基礎知識は世界共通であり、実効的な国際協定を締結しなければ核実験成功の翌朝から核武装競争が始まる。したがって第二に、核兵器を日本に使う準備は止め、砂漠で連合諸国の全代表の前で核実験を行い、その威力を実証して直ちに国際協定を結ぶ。第三に、この協定に基づき核分裂性物質を国際管理下に置き、その限定量を各国に割り当てアイソトープ製造の利用に供する。このウラン割当量は一キログラムごとに正確に記録して管理する、と。(7)

このような、未来責任を自覚した原爆開発当事者の提案は、米国大統領と軍部によって無視される。爆撃によって廃墟と化した帝国日本に、とどめの一撃として、かつ米国の軍事的な絶対的優位性の誇示として、広島・長崎に原爆が投下される。

原爆投下のニュースは直ちに世界に伝えられた。オーストリアの国民党系日刊紙『小国民新聞 *Das kleine*

Volksblatt』八月七日号は、ワシントン発記事「日本への原爆投下　世界の最も恐ろしい兵器」を一面トップに掲げた。これまで最大とされてきた英国製十トン爆弾の二千発分に相当し、ローズヴェルトとチャーチルの決定でこの二年半の間に開発が進められ、「今やその生産が始まり、継続的に増加される」と。[8]

同八日のウィーン発トップ記事「新時代の始まり　原爆の呪縛の中の世界」は、原爆ニュースが世界を駆けめぐっているとしつつ、以下のように報じた。「原爆と共に戦争のあり方が変わるだけでなく、人類文明の平和的発展にも、原子力の使用と利用は計り知れない意義を有する」。そして、「ドイツの爆撃の心配がない米国で製造が始まり、現在、一二・五万人の就業者が働いており、その『秘密都市』に彼らは家族と共に居住し、そこから出ることは許されない」と。

同九日のトップ記事は「ソ連の日本に対する戦争」であるが、これに続きニューヨーク発記事「広島――死の町　大都市が消える」は、ラジオ東京の広島報告を伝える。「広島は真に破局」の状態にあり、「全生命が破壊され」「人間と動物は見分けがつかないほど焼き焦がれ」「この都市はただの廃虚」となり、「ただ一個の爆弾が何十万人もの人間を殺害した」と。これに続いて記事「原子力時代」は、英国紙『タイムズ』を引きながら、専門家の考えでは原爆が作られた原理によって、従来の動力システムはすべて無用になる。「例えば自動車は一リットルの原子エキスで何万キロメートルを走り、一つの原子工場で大都市の灯かりと暖房が供給される」と。同時に『デイリーメール』を引いて、「人間が開放するエネルギーを、人間は統御できるのか」とも指摘し、ともかく「この巨大エネルギーの悪用 Missbrauch を阻止し、ただ平和目的に、平和の工場にのみ利用すべく全力を尽くすことが問題である」と結ぶ。

さらに同一〇日の記事「原爆、港湾都市長崎にも」、一四日の記事「原爆の開発　元素のなぞをめぐる闘い」と、オーストリア国民は原爆の投下直後に集中的に「原子力時代」の到来を告げられ、原子力とは何か、この新たな時代の原理に引き付けられていた。

被爆都市広島の航空写真は、日本降伏後に初めて世界に示される。オーストリアの挙国一致三政党の共同機関紙『新オーストリア　民主的統一機関紙 *Neues Oesterreich. Organ der demokratischen Einigung*』九月六日号のニューヨーク発記事「広島があった場所は今や塵芥のみ」は、広島入りした米国特派員の声を伝える。「その破壊の規模はハンブルクやベルリン、その他ドイツの都市で見られたものとは比較を絶する」「そこにあるのはもはや瓦礫とは言えず、ただ塵芥のみである」と。そして、原爆投下以前と以後の航空写真を左右に比較対置し、前者には「四〇万住民の近代的港湾都市」、後者には「完全な破壊がわかる」と説明を付ける。[9]

以上のように、食糧難でその日暮らしの生活のなかでも、オーストリア国民は、まったく新しい規模の破壊と同時に、新たな可能性を持つように見える「原子力時代」の開幕をはっきりと意識させられた。この「原子力時代」は、いかなる危険と共に可能性を持つのか。そのことを、最も系統的に追跡したのは、ドイツ語圏ではチューリヒの週刊新聞『世界週報 *Die Weltwoche*』である。その主要な執筆者は、オーストリアと関係の深いハンス・ティリングとロベルト・ユンクだった。そこで以下、主にこの新聞の関係論説を検討する。[10]

『世界週報』の原子力論説

あらかじめ、同紙の主要な原子力論説の一覧を示せば以下のとおりである。整理のために番号を付す。[11]

①一九四五年八月一〇日「世界の転換　原子核分裂」(Bellac, Paul)、②八月一七日「地上の平和」・③同「勝者としての原爆」(K.v.S.)、④一一月二日「原子爆弾の影の中の世界」(同上)、⑤一二月二七日「モスクワと原爆」(同上)。

⑥一九四七年五月二三日「ヒロシマは再び生きる」(Valéry, Bernhard)。

⑦一九四八年七月一六日「最初にあったのはエネルギー　原子物理学者ハイゼンベルクの新しい世界像」(Dr.

A.L.）、⑧一二月三日「平和の原子力」（Frauenfelder, Hans）。⑨一九五一年六月一日「『マークされた』原子は医学と技術を助ける」（Thirring, Hans）、⑩八月一七日「原爆は気象を乱すか。『現代の』迷信――専門家の反論」（同上）、⑪一〇月一二日「東側の原爆爆発　西側への警報信号」（同上）。

⑫一九五三年三月二〇日「原子十一年　ラスベガスからの報告」（Jungk, Robert）、⑬七月一〇日『未来はアイダホで始まった　原子力平和利用への最初の試み」（同上）、⑭一九五四年一〇月二二日「そして、そのため原発はいるのか」（ティリング）、⑮一一月一九日「幸せをもたらす原子技術　『放射性原子』（ラジオアイソトープ）が解決の役に立ち欠かせない問題が日々増加している」（Meyer, Hans Gerhard）。

⑯一九五五年一月二八日「日本の原子恐怖」（Abegg, Lily）、⑰三月二五日「人類の夢が現実に　太陽発電と太陽レンジがすでに運用」（ティリング）、⑱八月一二日「ジュネーヴ　ウランのカーテンが開く」（ユンク）、⑲八月一九日「原子研究者の人間的悲劇　悲観主義と楽観主義の間の科学者」（同上）、⑳九月二日「『不気味な病』原子未来を覆う影」（同上）。

ここでは、紙幅の都合で詳細に立ち入ることはできない。もっぱら、基本的な論調のみを見ておきたい。論説①によれば、質量一グラムはその原子核分裂で、二五〇輌の汽車を動かす石炭燃料のエネルギー量に変換する。そのことを原爆は実証した。問題はウラン235であり、原子の分裂とそれに伴うエネルギー放出は、単に一挙かつ爆発的だけでなく、緩やかになされうる。これにより、小量のウランで大発電所を動かし、大船を海洋遠く運航させる可能性が与えられる。「このことが、そしてこのことのみが新技術の目的であり、すべてを破滅させる原子爆弾ではない」と。まずもって、軍事利用を否定して平和利用を主張する、先に見たオーストリア日刊紙と完全に同じ立場が表明されている。

これに対して、論説②～⑤は編集長カール・フォン・シューマッハーの手になり、多くは巻頭論説である。そこでは、米ソの核軍拡競争を予感しつつ、ナチス時代よりも一層暗い「テクノクラシー」時代の到来が予見される。「原爆の投下をもって、徹底的な破壊と共に得られた平和をそれほど喜べるのか」「原爆の発明をもって、技術時代の開始とともに始まった破壊の精神は頂点に達している」。そして、この巨大技術開発には国家統制経済が結びついている。「ローズヴェルトのニューディールと戦争経済、それらはその計画性においてロシアの経済自体よりも一層方法的に一貫している」「これに対してコミュニズムの言葉を用いるのはおそらく誤り」であり、「ここではテクノクラシーという言葉を用いる方が一層適切である」「この言葉の意味するところ、経済および最終的には全生活の、技術者グループによる支配である」と。

かくて、原子力と共にテクノクラシーの最悪の時代が始まる。だが、「こうした事態のすべてにもかかわらず、われわれは盤石の確信を持つ。自由が完全に死すことはない」「たしかに、自由は少数派にしか残らなくなるだろう。おそらく、ヒトラーの下でそうであった以上に、自由は一層強く脅かされるであろう。なぜなら、強制はもはや極端で病的ではなく、できる限り外見的には理性的で効果的になされるだろうからである。不自由へと、人々は強制されるというよりも誘惑される。しかし、まさしくそこで、強制と誘惑に惑わされず、真に自由を確信する少数者が彼らの原則において、立ち続けることが重要である……」と。

超越的な技術の登場は、それ自体がそれを扱う技術者を権力者とし、「誘惑」というもっと効果的な方法で個人を縛りつけ、自由を奪う。ヒトラーの権力支配よりも一層暗い時代の到来を、シューマッハーは核技術の登場それ自体に予見していた。

核技術（者・科学者）を人間の自由の破壊者と見るこの「テクノクラシー」論は、もちろんシューマッハー自身が指摘するように、広く共有されるものではなかった。『世界週報』の論調も、その後は完全に平和利用と軍事利用との二者択一論へと流れていく。

この平和利用を後押しする、重要なきっかけを論説⑥が与える。戦前に東京特派員の経歴を持ち、第二次大戦中はスウェーデンに亡命していたパリ在住の記者ベルナール・ヴァレリーは被爆二年後の広島を取材し、被爆当時とは対極的な二年後の復興イメージを伝える。住居や町は再建されつつあり、「原子傷病者」は回復しつつある。それどころか、赤十字病院の医師の話では、原爆の放射線の影響で喘息・結核・リンパ症が良くなった人々が多数おり、また「子を産めなかった女性が産めるようになり、子どもを産んでいる」と。

こうした、放射線後遺障害の全否定と、むしろその医学的効能さえ説く被爆二年後の広島の現状報告で、核技術開発の障害は撤去され、原子力への夢が大きく膨らむ。論説⑦は二六歳の若き物理学徒で放射線研究者ハンス・フラウエンフェルダーの寄稿論説である。原子力の誕生を原始人の火の使用になぞらえ、「これまでの人間の重要な発明と同様、戦争目的だけでなく平和目的に役立つ」として、その利用可能性を小見出しで列挙し、解説している。「エネルギー源としてのウラン」「原子力は電力よりも安い」「生物学と医学の補助手段としての放射能」であり、それぞれ宇宙船・潜水艦・自動車の動力源、発電、放射性物質の治療や検査利用という内容である。

論説⑨～⑪の執筆者ティリングはウィーン大学教授で著名な原子物理学者であり、かつ平和主義者としてストックホルム・アピールや後のパグウォッシュ運動の中心的担い手であった。いずれも個別核技術を解説する論説であるが、⑨ではラジオアイソトープの医学・科学検査利用を積極的に推奨する。しかし⑩では原子力発電について、そこから生じる大量の放射性廃棄物が軍事利用されうる、一般的な危険性を指摘する。すなわち、「それを染み込ませた砂を敵地に降り注ぐ」ことが可能であり、それは防ぎようもなく、「人類のハラキリ」を導く。したがって、核発電炉には否定的である。⑪ではソ連原爆の脅威について、たしかにボリシェヴィズムの最大関心は資本主義の克服と世界革命にあるが、核兵器で武装する敵に世界戦争を仕掛けるほど愚かではない。ヒトラーのロマン主義兵士狂信とは異なり、史的唯物論は生産力と技術水準を重視し、核技術の利用も発電や水路建設に向かっている。したがって、「ボリシェヴィズムに抑圧された諸民族の解放十字軍を西側が開始しない限り、ロシアの巨人の攻撃を恐れる必要はない」と。

一九五三年に入りユンク論説は、核技術開発の現場の状況を伝える。論説⑫の小見出しは「沈黙の見物者たち」「追放された原子の現実」「技術者と兵士の原子教育」「戦争威嚇としての原子砲」よりなる。すでに約一五万人が原子教育を受け、米国経済の原子部門が拡大すればするほど核技術の秘密は開放され、国家原子産業は私企業の手に移り、ここ数年のうちに米国民は原子の現実を一層よく知ることになるだろう、と見通す。その「原子の現実」の克明な報告が論説⑬である。アイダホ原子保護区の公式名称は「核反応炉試験場」であり、ここでは未来の原発や発動機の原型が製作され試験されている。海軍側ではウェスチングハウス社により四九年から潜水艦モーターの開発が進められているが、空軍側の飛行機用原子モーターは暗礁に乗り上げている、と。そして、この年の年末、米国大統領の国連演説「アトムズ・フォー・ピース」により、核技術への期待が一挙に膨らむ。

核技術の賛美と批判の岐路

オーストリアの場合は、むしろ一九五四年六月にソ連が初めて小規模核発電炉（五千キロワット）を稼働させたことで、共産党系の『オーストリア平和新聞 *Oesterreichische Friedenszeitung*』が原子力の平和利用を賛美する熱狂的な論陣を張った[12]。すでに、それ以前の四月号の記事「平和の原子力」で、ノーベル賞学者オットー・ハーンがこの表題でウィーン講演を行い、「不幸をもたらす制御されない連鎖反応に対して、制御された連鎖反応を勝利させたい」と、原子力平和利用の可能性を訴えた、と伝える。九月号の記事「一九五四年六月一七日に世界で最初の原発が稼働」は、「原子力の使用も、それを使う人しだい」とし、米国の原爆使用ではなくソ連の原発開発こそ、悪夢ではなく幸福を約束する「原子時代」の始まりであり、「そこにおいて人間精神の大胆な夢が実現される」とした。最初は小規模原発に始まっても、五万キロワット、十万キロワットと大規模原発をソ連はすでに計画しているからである、と。

同年一〇月号では放射線科学者E・ブローダが、ウラン原子炉から水素原子炉へ、数万度の高温制御を目指すソ連専門家の夢を語る。この号では同時に、見開き二頁記事「原子力発電所の心臓部・反応炉」が五枚の図入りで克明にソ連原発を解説する。翌年一月号の記事「役立つ原子」は一万キロワット出力の原子炉があれば、幾十万トンのラジウムに対応する放射性物質を生産できる。がん治療に使用するラジウム総量は数グラムだから、それにより放射性コバルトなど多目的の有効利用が可能になる、と原子炉建設を推奨する。

たしかに、『世界週報』にあっても、ラジオアイソトープの開発・利用に対しては肯定的である。論説⑮は、ラジオアイソトープがいかに多様な分野で役立ち、不可欠となっているか、詳しく紹介している。同時期のティリング論説⑭も、原子力の平和利用が経済の向上に資すこと、そのことは正しいとする。だが、続いて「ウランが安価な電力・暖房・機械動力を与えると信じるのは幻想」であり、「安価に存在する水力のように、ウランから電力を生産することはできない」と、改めて原発否定を繰りかえす。

そして、一九五五年初頭の論説⑯により、四七年ヴァレリー論説によって放射能の恐怖から解放された人類は、再び放射能に対する恐怖に直面させられる。これにより、戦後の核技術理解における、重要な転換点が画される。著者リリー・アベグはチューリヒ出身の商人の娘として日本に生まれ育ち、ドイツの大学で学んで記者となり、戦前から戦後へと極東滞在も長く、この論説で第五福竜丸事件と同時に被爆者の状況を詳しく伝えた。小見出しは、「ビキニの災い」「実験動物としての日本人」「あらゆる面での不確実さ」「最も疑わしい点」よりなる。冒頭は、「あらゆる影響を明確にすることなく原子実験を継続することは、日本では無責任で非人間的と見なされている」

に始まり、放射線被害の問題が日本では深刻に受け止められ、さらに放射線遺伝障害の問題が「最も疑わしい点」として残されている、と指摘した（図1）。

これを受けてティリング論説⑰は、危険な原子力ではなく太陽エネルギーを利用すべきと主張する。「ネルーの進歩的政府はすでに一九五三年からボンベイで太陽湯沸かし器の大量生産」を始めており、また「太陽発電所建設もけっして技術的に問題があるのではなく、経済的問題にすぎない」と。

一方、ユンクは論説⑱と⑳でジュネーヴ第一回原子力平和利用国際会議の取材報告を行う。論説⑱では、ヴェールに包まれた核技術の秘密開示が始まっているが、なお「水爆カーテン」は閉ざされたままである、とする。そして、論説⑳の冒頭は、「『日本では原発はしばらく問題にならない』と著名な放射線医学者都築正男博士はきっぱりと述べた」に始まる。だが、こうした見方は例外的であり、会場は核技術への熱気に覆われている。そのなかから、少数者の疑念の声を丹念に取材して、ユンクは小見出しを以下のように示す。「エネルギー源と毒素」「『リスクに満ちた危険』がわれわれの前にある」「原子炉が爆発するとき……」「放射能は食料に入り

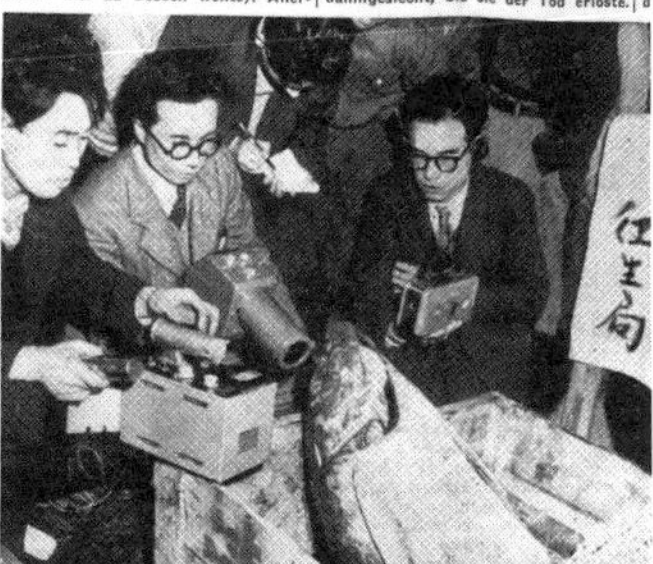

Japans Atom-Angst

Tokio, im Januar

Vor kurzem erschien hier ein Band «Atombomben-Gedichte» sowie andere Sammlungen wie etwa «Tagebücher von Atombomben-Kindern» oder Erinnerungen mit dem Titel «Unter den Atomwolken». Es gibt hier bereits eine besondere Gattung «Atomliteratur», die ergreifende Erzählungen und Novellen umfasst, von denen «Die Stadt der Leichname» und «Halbmenschen» von der Schriftstellerin Yoko Ota erwähnt seien. Yoko Ota wurde in Tokio ausgebombt und begab sich daraufhin in ihre Heimatstadt Hiroshima, nur um dort den Atomangriff vom 6. August 1945 mitzuerleben. Sie ist seitdem kränklich und wird von der Gewissheit geplagt, vorzeitig an den Folgen radioaktiver Einwirkungen sterben zu müssen. Doch so lange sie lebt, will sie die Menschheit warnen, indem sie das Erlebnis von Hiroshima schildert. «Wenn ich an die Amerikaner denke, so sagte sie einmal, so regt sich eigentlich kein Hass in mir, aber ich bin traurig und werde vom Schatten des grossen Unglücks verfolgt.» Ein anderer atomischer Schriftsteller, Tamiki Hara, hat sich 1951 das Leben genommen, weil er die Beschäftigung mit Atombombenexplosionen und ihren Folgen nicht mehr zu ertragen vermochte.

Das Unheil von Bikini

Die Veröffentlichung von Atomliteratur war in Japan in den ersten Nachkriegsjahren von der Besatzungsmacht verboten und ist so recht erst 1950 und 1951 aufgekommen. Doch wurde im Jahre 1954 das Interesse an dieser Literatur von neuem geweckt, woran der unglückselige Wasserstoffbombenversuch von Bikini am 14. März schuld gewesen ist. Wie erinnerlich ist der japanische Fischerdampfer Fukuryu-Maru (was ausgerechnet «Glücklicher Drachen» bedeutet) mit 23 Mann Besatzung zirka 120 bis 150 Kilometer von der Bannzone entfernt in den Aschenregen der Bikini-Explosion geraten. Der Funker Aikichi Kuboyama ist im Oktober nach langem Siechtum gestorben, während sich die andern Fischer noch in Hospitälern befinden. Was das japanische Volk bei diesem Zwischenfall besonders erregte, war die Tatsache, dass selbst mitten im Frieden keine Sicherheit vor Atombombenexplosionen besteht. Ausserdem waren Fischer die Leidtragenden, und das japanische Volk, das nur sehr wenig Fleisch isst, lebt von seiner Fischerei. Wenn der Fischer bedroht ist, dann ist Japan bedroht. Die japanischen Fischer haben es heute schon schwer genug, wurden ihre Fischgründe nach dem Zweiten Weltkrieg doch bedeutend eingeschränkt, so dass sie häufig (seit 1945 675 Fischdampfer mit einer Besatzung von insgesamt 7171 Mann) von Sowjet-

Noch heute geht es hier nicht ohne sarkastische oder auch böse Bemerkungen ab, wenn man Thunfische isst, denn um solche handelt es sich im allgemeinen bei den in der Südsee gefangenen Fischen («Gebt sie den amerikanischen Soldaten zu essen!» erklärte der britische Labourführer Bevan zynisch, als er hier zu Besuch weilte). Allerdings wurden hier in den letzten Monaten nur ein bis zwei Prozent der Thunfische für radioaktiv und ungeniessbar befunden, indessen fragen sich die Japaner, was geschehen wird, wenn die Versuche mit Wasserstoffbomben fortgesetzt, ja, wenn demnächst solche mit Super-Wasserstoffbomben unternommen werden. Die Folgen der Bikini-Explosion waren hier noch viele Monate später bemerkbar, indem sich im Sommer radioaktive Meeresströmungen Japan näherten und noch im Spätherbst radioaktiv infizierte Sardinen, Heringe und andere kleinere Fische in japanischen Gewässern gefischt wurden. Es besteht daher die Befürchtung, dass der pazifische Ozean bei einer Fortsetzung der Explosionen immer mehr radioaktiv verseucht werden könnte. Auch radioaktiver Regen ist in Japan niedergegangen, doch stammte dieser höchstwahrscheinlich nicht von Bikini, sondern von einem sowjetrussischen Bombenversuch auf den Wrangel-Inseln.

In Hiroshima und Nagasaki handelte es sich um die ersten Atombomben, die

dern Verwundungen, weil sie — ganz abgesehen von den schrecklichen Verstümmelungen, die mitunter verursacht werden — etwas Fressendes und Schleichendes an sich haben. Viele Atomopfer von Hiroshima und Nagasaki sind in den letzten Jahren als «Halbmenschen», wie Yoko Ota sich ausdrückt, trostlos dahingesiecht, bis sie der Tod erlöste. Zwischen dem 6. August 1953 und dem 6. August 1954 (den Jahrestagen der ersten Atombombe) sind in Hiroshima noch 212 der Atomkranken von 1945 gestorben. So verlangt der Atomtod noch nach Jahren seine Opfer. Manche von den Atomkranken führen ein menschenunwürdiges Leben; sie sind zwar arbeitsfähig, verziehen sich aber nach getaner Arbeit rasch in ihre ärmlichen Behausungen, weil sie fürchten, dass ihre hässlichen Verbrennungen den Ekel der andern Menschen erregen könnten.

Japaner als Versuchskaninchen

Die Vereinigten Staaten unterhalten in Hiroshima eine Atombombenuntersuchungskommission, die nur Forschungen betreibt, ohne die Kranken zu behandeln. Warum diese Abmachung getroffen wurde, ist unklar, indessen sollte vermutlich den japanischen Aerzten nicht der Lebensunterhalt entzogen werden. Das Resultat ist aber, dass im Volke die Meinung aufgekommen ist, die Atomkranken würden von den Amerikanern nur als Versuchskaninchen be-

Mit dem Geigerzähler wird der von den Fischern eingebrachte Fang geprü ob und in welchem Ausmass er radioaktiv ist

図1　リリー・アベグ論説「日本の原子恐怖」

出典：*Die Weltwoche,* 28. Januar 1955, S.3.

込む」「わが亡き後に洪水よ、来たれ」と。結びは、「原子危険」のありうる恐ろしい結果という負担を、子孫に負わせることは許されるのか、という遺伝学者たちの問いである。つまり、原子力開発はまったくの過誤という疑問の声も多く、「十世代、百世代に至るまで続くウラン分裂の『不気味な病』への恐怖から人類は、結局、『ウラン分裂』を見限らなければならないこと。そのことは、ありえないのか」と結ばれる。

以上、『世界週報』の論調を見る限り、第一に、「原子力時代」の開幕は単に原爆の恐怖のみならず、この超越的技術に伴う「テクノクラシー」と経済の国家統制により、個人の自由がいわば内面から一層強力に規制される、「暗い時代」と認識された。しかし、第二に、冷戦対決による核軍拡競争の始動期（一九四七〜五四年）には、むしろ広島原爆からの回復・後遺影響なしのイメージが流布され、同時にラジオアイソトープの利用が拡大するなかで、原子力平和利用への夢が広がる。とりわけ五四年六月ソ連の核発電炉始動により、共産主義勢力に特にこの傾向が顕著であった。第三に、第五福竜丸事件で初めて、大気圏核実験による環境汚染と「死の灰」の恐怖が意識される。同時に、これと併せて被爆十年後の広島・長崎の放射線後遺障害や遺伝障害問題が、世界に広く伝えられ始める。かくて、たしかに五五年ジュネーヴ会議は原子力熱狂に支配されたが、原発（＝放射性物質の大量生産）は子孫と未来に禍根を残すという遺伝学者などの叫びがあり、核技術開発への疑念や批判的見解も示されたのであった。

2　核研究炉建設とその全面批判

核研究炉の調達と建設

オーストリアの原子炉建設について、日本の雑誌『原子力工業』第四巻二号（一九五八年二月）は、スイス誌『技術展望』五七年一〇月号の記事を翻訳・転載し、以下のように伝えている。[13] 世界初のラジウム研究所はオーストリアで設立され、二〇年代には原子核物理学研究が行われた（ちなみに、その中心人物の一人が若き日のティリングであった）。しかし、第二次大戦後は他の小国と比べても後れを取り、五四年末ジュネーヴ会議への招待で刺激を受けて、ようやく五六年六月に半官半民の原子力研究会社（以下、原研会社と略記）が、資本金六二四万シリング（一シリングは一五円見当）で設立される。大学・企業の専門家約三〇〇人を集め同社は、一七作業グループ（実際には一四、Rößler, *Studiengesellschaft*, S.56.）で準備を進めている。建設予定の原子炉は熱出力五千キロワットである、と。すなわち、S核研究炉である。

S核研究炉に始まる、三つの原子炉建設史の概略は、二〇一二年クリスチアン・フォルストナー論文がまとめている。[14] それによれば、ジュネーヴ会議への招待を受けて政府は一九五五年一月、ラジウム研究所の女性所長ベルタ・カルリクを招いて原子委員会を立ち上げ、全大学に意見聴取と委員選出の回状を回す。一か月後には各大学が委員を任命し、理論および実験物理学、化学、生物学、医学、農学、原子炉工学の七専門委員会が作られる。中心はカルリクであり、教育省の管轄下で彼女が原子炉建設のメモを作成し、炉型一覧とその費用、欧州各国の動向などを示す。彼女は、費用の点から研究炉一基のみ可能とし、また専門家の不足を指摘した。その念頭にあったのは、ナチス加担で追放処分を受けカイロで教授となっていた元同僚の原子炉専門家グスターフ・オルトナーであり、この計画の推進役に推薦する。この希望が通り、オルトナーは連邦教育省顧問の職を得、直ちに米国の原子炉技術の半年コースに派遣されて教育を受け、八月ジュネーヴ会議の専門家代表にも指名された。同年五月、政府はカルリク案を基礎とする専門委員会の提案に基づき、米国の援助による核研究炉建設を決定する。

こうしたアカデミー側の動きに対して、一九五六年五月に原研会社が設立される。資本金の五一パーセントは国家が、四九パーセントは八〇社以上の企業で請け負った。監査役会の科学者はオルトナー一人であり、六月には米国との契約が結ばれ、新しい研究センターの設立と研究炉の決定がなされた。その資金総額一億二百万シリングの内、四〇パーセントは欧州復興基金からであり、また米原子力委員会から直接九百万シリングの援助金が与えられた。

この新設のＳ原子炉センターをめぐる権限・人事争いで、当初の大学と産業界の共同利用原子炉という構想は崩れる。原研会社の専用原子炉とされ、大学側は同年八月、独自の原子炉要求を提出し、一九五九年に政府はオーストリア諸大学原子研究所（以下、大学原研と略記）の設立とトリーガ・マークⅡ原子炉購入（一五万八六二五米国ドル）を決定した。

その敷地について、当初はウィーンのアウガルテン地区を予定したが、住民の激しい反対でプラーター地区に移される。大学原研の管理業務はウィーン工科大学が担当し、全大学の共同利用施設とされた。研究所長に予定されたのは、一九六〇年から同工科大学教授となっていたオルトナーや同じ同大学教授のフリッツ・レーグラーであった。

かくて、産業界中心のＳ核研究炉は一九六〇年、Ｐ核研究炉は六二年に臨界に達して運転を開始する。これとは別に、地方産業界の支援でグラーツ工科大学が、ごく小規模のジーメンス・アルゴンヌ核研究炉を六三年に持つ。こうして、三つの核研究炉がほぼ同時期に稼働したが、役割の違いは明白だった。Ｓ核研究炉は原子力の産業利用を優先課題とし、加えて核発電炉の原型開発を目的とした。他方、Ｐ核研究炉は完全に基礎研究用であった。

以上のようなフォルストナーの概観に対し、レスナーの修士論文は原研会社を中心に、より立ち入った検討を加えている。そこで注目されるのは、以下の諸点である。

第一に、まず国民党支配の教育省により、カルリクを筆頭にティリング、レーグラーら自然科学者の手でジュネーヴ会議への参加準備が進められ、①研究炉計画、②今後半世紀のエネルギー需給予測、③ウランとトリウムの国内埋蔵量、という三件の報告がなされる。この教育省サイドの原子力計画は、費用の問題とも関連して出力千キロワットの小規模原子炉を、全大学で共同利用する構想だった。この計画に対して、交通・国営企業大臣カール・ヴァルトブルンナーは産業界と接触を重ね、傘下の国営電力業界（合同電力と州電力会社）を中心に産業界向け原子炉の調達構想を推進した。そこには、社会党大臣下の交通・国営企業省という、省庁間対抗もはらまれていた、という。[15]

したがって、第二に、大臣ヴァルトブルンナーは国民党首相ユリウス・ラープと何度も交渉することを余儀なくされる。しかし、産業界の要望と科学者の協力で同大臣の計画が先行され、一九五六年一月に原研会社の定款が決定された。前年九月に合同電力会長が提案した定款案では、同会社の目的は「原子力の将来的な産業利用」（第三条）とされていた。これに対して、分裂性物質の貯蔵規定がない限り懸念があると国民党系省庁から批判が出され、「パテント取得を目的とする研究の推進」と変更されて政府の承認が与えられる。同年五月に株式会社登記を行い、オルトナーを会長に二七人の監査役（一四名は政党比例配分、一三名は企業から）よりなる監査役会を置き、事業部長に三一歳の核物理学者ミヒャエル・ヒガーツブルガーを選び、七月には購入炉型を決定し、一一月には作業グループとそのメンバーを公表し、同時に敷地選びを進めた。[16]

第三に、敷地選びは容易ではなかった。当初、カルリクはウィーン市内でも安全とし、市内設置を予定したが、ウィーン市民の反対で挫折する。その後、七つの候補地が出され、そのなかからウィーン南東二八キロメートルのゲッツェンドルフを適地とし、百ヘクタールの土地を得ようとしたが、肥沃な農地を持つ住民の反対署名で頓挫する。それも、建設開始予定を目前に控えた一九五八年春のことだった。その直後、地味の劣った隣町のザイバースドルフ町長から土地提供の申し出があり、七月に購入契約が成立し、八月着工が可能となった。この地方への立地には、前年末の気象学鑑定でウィーンへの風向きから、反対意見が添えられていた、という。[17]

第四に、二つの原子炉計画は対立せず、並行して科学者によって進められ、しかも大学よりも企業がより多く有能な専門家を抱えていたから、企業側の計画が先行した。理系専門家の企業の初任給は月額二千から三千シリングに対して、大学の助手や技官のそれは千から千三百シリングであった。博士学位を取得した物理学専門家の大半は、内外の産業界に吸収されていた、という。ちなみに、S原子炉センターの設立総経費は一・三億シリングに膨らみ、うち原子炉の費用は四三〇〇万シリングであった[18]。

第五に、放射線防護法の制定は一九六九年のことであり、研究炉建設過程では米国の関連法規が参照される程度で、立ち入った検討はまったくなされなかった。教育省の専門家委員会や原研会社の作業グループのなかで、この問題に科学者たちが触れた形跡はほとんどない、という[19]。

岐路としてのウィンズケール事故

以上のような研究炉の建設期、「スーパー爆弾」開発に伴う米英ソの大気圏核実験により、世界は「死の灰」の恐怖で覆われていた。この無謀な「核実験」に対し、一九五五年七月ラッセル・アインシュタイン宣言に始まり、五七年月四月ゲッティンゲン一八教授宣言から同年七月パグウォッシュ会議へと、著名な核物理学者を先頭に核実験の「即時無条件停止」と核兵器廃止を求める反核運動が広がった。同時に、ゲッティンゲン宣言が象徴する如く、核物理学者の大半は原子力の軍事利用を否定しつつ、「平和利用」を肯定する立場にあった。ドイツでは、ほとんど唯一、五六年七月設立「原子禍反対闘争同盟（Kampfbund gegen Atomschäden）」の有力会員で社会民主党員のカール・ベッヘルトが例外だった、と言われる[20]。

たしかに、原子炉建設に関わるなかでティリングも、ゲッティンゲン宣言と重なる方向へと、その態度を微妙に変化させせている。まず、一九五七年九月『世界週報』論説「原子の危険」で、パグウォッシュ会議への参加報告を行い、核実験の危険性を訴えている。そして、同紙の五八年一月論説「原発は危険か？プルトニウム工場ウィンズケールの事故　一五〇ウラン棒が赤熱　放射性ヨード131が煙突から飛散　安全性には金がかかる！」で、五七年一〇月に発生したこの原子炉事故の解説をする。そこでは、①傷害者は一人も出ず、物損事故に止まったこと、②放射性ヨード131に汚染された牛乳が何千リットルも破棄されたが、その半減期は短く、チーズに加工して時間を置き販売できたこと、③この事故炉とは異なり、五六年建設のコールダーホール原子炉は「燃焼突破」を防ぐ改善措置がなされていること。そうした指摘の上に、「それゆえ、原発は非常に高い安全性をもって建設されるが、安全運転、また特に放射性廃棄物の信頼できる保管に金がかかること、この点は明らかである」と結ぶ。[21]つまり、核技術開発は当面は開発途上で水力発電よりも金がかかるが、基本的に安全性は確保されており、将来のエネルギー需要を考えれば水力発電だけに頼ることはできず、開発を進める必要があるという立場への変化である。

こうした「平和利用」推進派に対する全面批判は、主に医学・哲学・神学者サイドから出される。ウィンズケール事故を踏まえて同じ一九五八年一月、原子禍反対闘争同盟の機関紙『良心 *Das Gewissen*』は、声明文「道徳的決断への勇気を」を掲載する。同闘争同盟が発足当初に掲げていた目的の第三条「平和的原子力の危険性のない開発促進」を事実上変更し、「平和利用」にも明確に反対する方向である。起草者は医学者ボード・マンシュタインと哲学者ギュンター・アンデルスであり、同紙は以降、マンシュタインとベッヘルトを中心に研究炉・試験炉を含む原子炉開発への批判を精力的に展開していく。[22]

オーストリアでは同闘争同盟の有力メンバーであり、非暴力・平和・世界連邦主義者でキリスト教神学者のヨハネス・ウーデにより、より徹底した批判が原子炉建設に対して加えられる。一八七四年生まれのウーデは戦間期、グラーツ大学の神学教授であったが、ナチス利子批判への共鳴から一時、講義でナチス支持を表明した。しかし一九三八年、ポグロム批判の文書をナチ管区指導者に送り大学を追われる。戦時中、反戦の文書をまいて逮捕され、四四年に死刑判決を受け、リンツ刑務所に収監される。同刑務所の爆撃で死刑が引き延ばされている間にナチスは崩壊し、戦後へと生を得る。戦後は、四六年に主著『汝、殺すなかれ』を刊行し、オーストリアの非武装中立、さらには資本主義と共産主義を克服する平和的世界の建設を訴えて講演・執筆活動を精力的に行った。一九五一〜五七年の期間だけでも核実験停止・核兵器廃絶を訴える手紙一・六万通を送り、六〇年には兵役反対者インターナショナルやドイツ平和団体連盟の会長をつとめる。(23)

ウーデは原子力の軍事利用と平和利用を一体のものとして批判する。その最初のパンフレットは、一九五八年六月ウィーン、同年九月フォアアールベルク州での講演録『原子武装と原子戦争の犯罪』である。このパンフの重点は、もちろんゲッティンゲン宣言や、大気圏核実験の影響を告発するライナス・ポーリングに依拠した核実験・核兵器批判にある。しかし、その上で、問題は核実験だけでなく原子炉計画も同じで、「平和目的の原子核分裂の利用も全人類への犯罪行為」と断じる。なぜなら、「原子科学は今日の水準では、生命を脅かす多様な放射線から多数の人々を守る、いかなる技術的手段も知らない」からである。このことは、ゲッティンゲン宣言の科学者たち自身が認めている。そうであるとすれば、原子核分裂に伴う放射線への保護手段を見つけ出さない限り、「原発や原子炉を建設することは狂気の沙汰である」。英国のノーベル賞学者フレーデリック・ソディも、こうした見解である。その上、スイスの電気技師エルンスト・シェーンホルツァーが言うように、「まさしく原子炉こそ、原子兵器原料の供給源である」と。(24)

以上のようにウーデは、ゲッティンゲン宣言の科学者たちを明確に批判し、放射線被害の確実な防止手段を持たない限り、原子力の平和利用はあり得ないと主張する。科学と生命とを天秤にかけ、科学を優先する科学者の立場に対し、生命の絶対優先を主張する倫理・神学者の立場の対置であり、放射線完全防護の責任を持てない限り、原子研究は生命侵害の犯罪であるという倫理的立場からの告発である。

さらに同年末パンフレット『原子邪神の薄暗がり』は、この「原子研究の堕罪」に対し、原子研究者と人々に悔い改めを迫る。「われわれが技術の奴隷となることを望まず、技術とともに技術によって破滅することを望まず、真の平和の裡に地上で生きたいと望むならば、神の十戒と福音の指示における精神の悔悛が現下の要求である」と。(25)

そしてP核研究炉建設さなかの一九六一年五月、『SOSアピール――ウィーンの全住民に、また原子炉がある市町村、計画中の全世界の市町村住民に』が出され、三千部が配布される。そこでは、最初にポーリングによりながら大気圏核実験と核軍拡の狂気が指弾される。しかし、眼前の問題は「平和利用」であり、これを犯罪視する理由として第一にあげられるのは、先の「原子炉は原子兵器原料の提供源」という点にある。この点だけでも、原子兵器の反対者はすべからく「原子炉排除に即時賛成すべき」とする。(26)

しかし、さらに二つの点が一九五八年秋刊行のA・ウーラハのパンフレットによりながら追加される。一つは、放射性廃棄物の問題である。地上に保管すれば、保管器の劣化で地下水を汚染する。海中に投棄すれば、最終的に水域の汚染を導く。すでに原子研究者が提案している、宇宙空間に発射すれば、失敗した場合に大破局をもたらす、と。もう一つは、「いかなる技術装置にも、絶対的に事故がないということはあり得ない」という指摘である。これが、技術装置一般を考える原則である。しかも、原子炉事故では、原爆と同じ結果が生じる。それゆえに、「今日の原子科学は残念ながら悪の道に入り、正しい進歩ではなく滅亡に仕える」「このままの形で進むならば、その結末にあるのはこれまでと同じ、すでに広島と長崎という二つの日本の都市の経験と似た原子死」である、と。(27) 原爆死と並んで、原子炉事故死が「原子死」として警告されたのである。

この『SOSアピール』を要約し、自立的平和運動の機関紙『反ミリタリスト』(一九六一年)にウーデ論説「ウィーン住民へのアピール　ウィーン市とその周辺を恐ろしい運命が覆う」が掲載される。溶岩流と火山灰に飲み込まれた古代都市ポンペイを想起しながら、「この残酷な運命をいつの日かもたらしうるセンターが、君たちの町の中心にある。君たちは誰もが知っている——それは、わが政府と全オーストリア、そしてとりわけウィーン自身が誇りとする君たちの原子炉だ」。「君たちはいったい何をするつもりか。原子炉が爆発するまで、ただ待つのか」。ウィーンの住民一八〇万人、君たちは家から出て街頭に立て、「非暴力の秩序ある行進において、君たちの意思をきっぱりと政府に表明せよ」と。[28]

科学・技術と倫理の相反

ウーデ『公開ＳＯＳ』配布の一か月後に、建設側の中心教授レーグラーは、反論と抗議の長文の手紙をウーデに送った。これをウーデは公開書簡の性格を持つとし、パンフレット『原子科学、原子科学者、そして道徳律の裁きの前でのその信奉者』（一九六二年）にこれを掲載し、全面的な反論を行った。[29] そこには、科学・技術者側と神学・倫理学者側の相反的な立場が、尖鋭に表出している。

まず、核研究炉トリーガを正当化するレーグラーの主張は主に次の点にある。第一に、低出力であり、危険性もなく、「そこから生じるプルトニウム量も最小の爆弾一つ作れないほど少量」であること。つまり、軍事利用には結びつかない、と。第二に、原子研究は物質とその組成の基礎研究であり、原子炉は本来の研究器具ではなく技術装置であるが、そこから派生する放射線を研究目的に利用するため使用される。その場合、安全確保は前提であり、原子炉は放射線防護カバーでしっかり包まれ、「大学原子炉周辺の住民にはいかなる危険性もない」こと。つまり、原子炉事故も放射能漏れも絶対にない、と。第三に、物理学のみならず生物学や医学に貢献し、アイソトープ開発は放射線がん治療研究など検査、診断・治療に役立つこと。そして第四に、放射性ゴミの問題について、重要であり、将来的に核分裂ではなく核融合での解決が展望されるが、しかし他方では、「人類は強力に増加しつつあり」、その生存のためのエネルギーは、もはや水力や化石燃料のみに頼ることはできない。このことを考えるべきである、と[30]。

以上、レーグラーの立場は、先に見たティリングのそれと重なる。人口増加とエネルギー需要の将来見通しから、核発電炉を不可欠とする立場である。その前提で、しかし核研究炉は核発電炉ではなく、小規模・低出力で安全性も高く、放射性廃棄物やプルトニウム製造量も少なく、軍事利用や事故の危険性はない。むしろ、診断や医療などに貢献し、原子科学本来の器具ではないが、人工的放射線を利用するために必要だ、とされた。

これに対してウーデは、この書簡への友人シェーンホルツァーの所見を得て、全面的反論を行う。第一に、放射能漏れの完全防止には産業界の見方でも百メートル以上の防遮壁が必要であり、「原子汚染に対して絶対に安全な防護措置は存在しない」と見るべきであること。第二に、同じく友人マンシュタインの草稿『進歩が首を絞める』で、診断・治療へのラジオアイソトープ使用のリスクが指摘されているが、射線線がん治療にも問題が多いこと。第三に、放射性物質による環境汚染は目に見えず、白血病や血液がんが発生してからでは手遅れである。すでに英国だけでも、毎年二万キログラム以上の放射性廃棄物が出ており、その処分問題は解決されていない。この問題の解決なしの原子炉建設は、環境汚染に直結して許されるものではない、と。その上で、少なくとも国民投票など「安全措置と放射性廃棄物に関する前もっての十分な公共の議論抜きに、いかなる原子炉も導入すべきでない」と、科学者の独断・無責任を問う[31]。

ウーデの側に立ち、『反ミリタリスト』第二八号（一九六二年）の小論説「原子炉の真実」は、以下のように記す。「オーストリア科学アカデミー会員レーグラー教授は火遊び、原子遊びが好きである。子どもがボール遊びを好むように、彼は原子遊びが好きである。しかし、違いがある。ゴムボールは無害だが、原子核は爆発性が高く、現世代と次世代の人々への害となる。しかし、このことはレーグラー教授には気にならないと思われる。大事なことは、研究意欲が満たされることなのだ」。そのため、彼は自分の研究に邪魔が入ることを好まず、ウーデの啓蒙パンフの普及を阻止しようと手紙を送った、と。このように論争の経緯を紹介し、ウーデ情報として同紙編集部は、このパンフへの感謝状二二四〇通が寄せられ、第二版が準備中と伝える[32]。

危険な原子炉を一般的に拒否する態度は、決してウーデとその『反ミリタリスト』グループの倫理的立場に限られなかった。原子炉恐怖は住民一般にも、かなり広く共有されていた。そのことは、市場研究機関のヴァルター・フェッセルが一九六一年二、三月に行ったP核研究炉に関するアンケート調査に示される[33]。

この調査は、男女各二六四人、うちウィーン住民四五六人の回答から分析を行っている。まず、賛否について、ウィーン住民は反対五八パーセント、賛成一五パーセント、無回答二七パーセントである。男女別では、反対が男性五〇パーセント、女性六二パーセントと、女性の反対が顕著に高い。若年層ほど賛成に、高齢層ほど反対に傾く傾向も明白だった。建設情報については、有りがウィーン住民七〇パーセント、男性八〇パーセント、女性六一パーセントだった。

この情報有りグループの賛否の理由について、ウィーン住民の場合、一般的に賛成一三パーセント、平和目的だから賛成一六パーセント、一般的に反対一六パーセント、市域内だから不適当二一パーセント、余分で気持ち良くない八パーセント、反対だが何もすることはない四パーセント、意見なし二四パーセントである（複数回答があり、合計は一〇二パーセント）。男女別の回答も、この数値を中間にほぼ二、三パーセント範囲内の賛否逆方向で収まっている。「平和目的だから賛成」の数値のみ、男性二三パーセント、女性八パーセントと大きなズレがある。以上の分析からフェッセルは、反対の主原因は市域内の建設にある、と結論づけている。しかし、注目すべきは「一般的に反対」が「一般的に賛成」を上回り、「気持ち良くない」を含めれば四人に一人が明確に、どこに作ろうと、どんなものであろうと、原子炉それ自体に拒否的だったことである。

こうした住民多数派の反対意見のなかでも、S核研究炉に続きP核研究炉が運転を開始した。G核研究炉は規模があまりに小さく、注目されることはなかった。P核研究炉は大学の基礎研究を支え、S核研究炉は出力一・二万キロワットの材料試験炉から、さらに核発電炉の原型炉開発を使命とした（結局一万キロワットに終わる）。この核発電炉を展望しつつ一九六三年、ティリング著『原爆の歴史』（四六年刊）がハンス・グリュムと共著で、『核エネルギー――昨日・今日・明日』と題名を変えて再刊される。その序文でティリングは、以下のように記す。四六年の前著は核連鎖反応を解説して好評を得、二万部を刊行した。この核物理学分野の解説には、一七年後の現在も重要な変更点はない。しかし他方で、最初のシカゴ原子炉とプルトニウム生産用のハンフォード原子炉以来、核反応炉技術は大きく発展し、将来的に電力生産で重要な役割を果たす。この技術分野への関心は、とくに経済の専門家などから高まっている。したがって、かつての教え子で原子炉製作の専門家グリュムが電力生産用の原子炉解説を担当し、後半部分を全面的に書き改めて再刊する、と。[34]

グリュム担当の第三章「平和的開発への移行」の小見出しは、国際協力、平和利用の基本方向、ラジオアイソトープの利用、原子炉の機体建設、グラフィット減速材原子炉、軽水炉、重水原子炉、高速炉、核エネルギーの経済性、よりなる。そこではシッピングポート型の後継「ヤンキー原子炉」が出力一三・六万キロワットを記録し、この加圧水式が最も有望であり、これと競合するのは同じ軽水炉の沸騰水式、と指摘される。事実、この年、米国の加圧水式原子炉は六四万キロワットの出力を記録し、試行錯誤を繰り返していた核発電炉に前進への道が開かれる。原研会社のS原子炉センター長から一九七一年には同会社事業部長へと、グリュムはオーストリア原発開発をけん引していくことになる。[35]

3　原発建設とその運転頓挫から「原子閉鎖」へ

Z原発の建設と一九七八年国民投票

百万キロワットの核発電炉計画が現実化する一九六〇年代後半以降、エネルギー源を輸入に依存する資源小国では、どこでも電力供給の将来計画に原発建設が組み込まれる。六〇年代末には、すでに電力生産燃料の五〇パーセント以上を輸入に頼っていたオーストリアでも、政府にとり核エネルギー利用が輸入依存からの脱出口とされた。八〇年代末まで政府の独占下にあった電力業界も歩調を合わせる。まず、このオーストリア原発計画の経緯と顚末を、フォルストナー論文にしたがって見ておこう[36]。

クラウス国民党政権下の一九六七年一〇月、同党系の交通・国営企業省が原子力利用に関するアンケートを行う。電力会社側の回答では賛成だけでなく反対も一部にあったが、政府は建設方針を固め、六八年四月原発計画会社（ＫＫＷＰ）を設立する。そこで、最初の原発の候補地選考を行い、ツヴェンテンドルフに決定する。この決定に基づくZ原発計画の実施機関として、トゥルナーフェルト共同発電会社（ＧＫＴ）が設立される。両会社の資金は、ともに合同電力と州電力側の折半であった。

その後、一九七〇年に社会党への政権交代があり、また二つの原発関係会社の調整に手間取り、ようやく七一年三月クライスキー首相により建設決定が下される。トゥルナーフェルト会社は沸騰水式を選ぶ。合同会社会長の強い推薦であり、他の役員の多くは加圧水式を押していた、という。必要な諸鑑定を経たのち、七二年二月に建設開始に至る。認可の権限を持つ連邦環境省は、安全鑑定を大学原研のオルトナーとS原子炉センター所長グリュムに託した。全建設期間を通して五九か所の建設認可と一二七七件の条件付加がなされた。それも、七二年四月ドイツのヴュルガセン原子炉の故障で、大幅な見直しが求められたためであった。そのため、建設側から見れば二年の遅れが生じた。

その二年間に反原発運動が高まり、さらに拡大して政府は無視できなくなる。とくに一九七六年スウェーデン社会民主党が原発推進政策で選挙に敗北し、そのためクライスキーは専門家の公開討論の場を設けた。これを契機に議論は広がり、賛成派は燃料依存の問題を強調し、反対派は原発では問題改善につながらないと応じた。最後まで議論になったのは原子ゴミの貯蔵問題であり、また立地の安全性問題だった。対立が強まるなか、七八年六月クライスキーは一一月の国民投票を決定し、負ければ内閣の総辞職と表明した。

国民投票の結果は、五〇・四七パーセントがZ原発の運転ノーだった。そのなかには、原発賛成の国民党支持者も多数含まれていた。首相退陣を期待してのノーの投票だった。しかし、そうはならず、クライスキーは一か月後に原子閉鎖法（Atomsperrgesetz）を国会に提案し、全員一致で採択される。この法律は、エネルギー取得のための核分裂利用を禁止した。もちろん、研究上の利用は禁止していない。一年後には、この原子閉鎖法の変更には国会で三分の二の多数が必要という、二大政党間の協定が成立する。その後、一九七九年スリーマイル島から八六年チェルノブイリへ、原発事故で反対運動は一層強まり、原子閉鎖法破棄の動きはすべて挫折した。逆に、九九年連邦憲法の改正で、「原子力なきオーストリア（Atomkraftfreies Österreich）」の憲法規定が成立する、と。

以上のZ原発をめぐる経緯については、すでに多くの研究や資料集、回想記などが出されている。それらのなかで、ここでは特にプレムスタラーの修士論文『ブルーノ・クライスキー時代のオーストリア核エネルギー政策』に注目して、主な論点を示しておきたい[37]。

第一に、推進側の責任者クライスキー首相の立場である。オーストリア・ジーメンスとの契約で七〇万キロワット出力のZ原発は、一九七六年九月運転開始予定で建設に入る。当初の建設予定額五二億シリング、その後費用はかさみ建設費七五億シリング、さらに七八年以後も利子や保管費用で七五億シリングを呑み込む。並行して七三年、原発計画会社は第二原発の立地をリンツ郊外のドナウ川沿いに決定し、八一年運転開始予定でシュタイン共同電力会社を設立した。しかし、住民の反対で建設開始には至らず、七八年閉鎖法でこの計画も破棄される。たしかに、当初クライスキーは、こうした前政権下の原発計画（推進体制）を継承し、実施に移した。しかし、首相自身は危険性を認識し、閣議で発言したが重視はされず、議事録にも掲載されず、担当の商務大臣まかせになった、という[38]。

第二に、各政党の態度である。政権党の社会党は推進側であり、オーストリア総電力の一割の供給源として、Z原発建設に大量の国家資金をつぎ込んだ。しかし、反対運動の高まりのなかで、党内は割れる。フォアアールベルク州の社会党は一九七七年七月に反対決議を行う。傘下の青年組織である社会主義青年同盟（ユーゾー）も、大部分は反対側に回った。国民投票の二か月前に「原子力反対社会主義者」委員会が設立され、首相の息子ペーターなど著名な社会主義者が多数属した[39]。

一方、国民党はクラウス首相下で原発建設を決定し、新党首ヨーゼフ・タウス下でも当初は推進側であった。しかし、一九七八年二月タウス党首は幹部会決定で、「国民党は核エネルギー利用に基本的に賛成であるが、安全の問題が絶対的に優先権を持つ」という新方針を出す。これは、一方で党内推進派（経済界）の声を入れつつ、加えて自党の過去の決定を否定せず、他方で与党に対して安全性重視の独自性を強調する、巧妙な定式化だった。国民投票に対しても、直接にノーとは言わず、「知識と良心の問題」として個人の判断にゆだねた。自由党は推進派であったが、住民の抵抗を意識していち早く反対に転じ、七七年七月の自由党連邦大会で、原子ゴミ問題が解決しない限り、賛成はできないとし「ノー」を呼び掛けた。そして八三年の政権参加後の八五年には、党綱領に反原発の立場を掲げる[40]。

第三に、反対運動について、この点では「短い年代記」が示されるにとどまる。そこで以下、立ち入った検討は今後の課題とし、一九七二年地球環境問題の自覚を経て爆発的に広がったオーストリア「原発ノー」の運動について、その特徴をいくつか示しておきたい。

Z原発反対運動の特徴

原発反対派の特徴として第一に挙げられるのは、先に見たウーデに代表されるように、戦間期以来の生活改善・健康運動や自然保護運動とのつながりである。ウーデの立場は、非暴力・平和主義グループのみならず、生命保護世界連盟などの生命・自然保護グループに広く共有される。Z原発反対運動の始点は、「健康生活」グループのリヒャルト・ゾイカが一九六九年五月に発した、原発の放射能汚染に反対する国民請願署名だった。その父の死で、息子ヴァルターが「生物安全協会」の名でこの請願署名を引き継ぎ、七〇年九月に最初のツヴェンテンドルフ「星の集合 Sternfahrt」を行った。二百名程度の参加者であり、立法者への要求として掲げられたのは、①「生命と健康保護の憲法規定」、②「生命の基盤を脅かす工業的原子分裂の禁止」、③「危険のないエネルギー源の研究と利用の優先」だった。[41]この集会が、Z原発に反対する大衆行動の起点となる。

第二に、「星の集合」から「星の行進 Sternmarsch」へ、ドイツとは異なり非暴力の行動様式がここでは徹底していた。そこには、静かな行動に徹した一九六三〜六七年オーストリア復活祭行進の伝統が継承されていた。同行進の組織者ゲオルク・ブロイアー自身も、七五年の著作『挑戦――未来のエネルギー危機と可能性』で原発の危険性を指摘しつつ、地熱・風力・潮流・太陽エネルギーにこそ未来の可能性があると論じた。その序文を、同行進の会長を務めたユンクが記し、ユンクはつねに反原発運動の先頭に立った。[42]

ウーデ、アンデルス、ユンクの三人は、オーストリアを代表する一九六二年ドイツ復活祭行進の後援者であった。[43] したがって、六〇年代反核・平和運動から七〇年代反原発運動へと、そこには明らかに非暴力・市民参加の自立的抗議行動という論理で一直線に発展していった、オーストリア議会外政治運動の爆発的な成長の軌跡を見取ることができる。たしかに、反原発運動の高まりのなかで、過激グループの暴力的権力闘争や中国の原発を肯定するセクト主義の介入も見られた。しかし、そうした動きは完全に排除される。[44]「市民的抵抗」の論理が貫かれ、「シングル・イッシューズ」に立ち向かう、党派・信条を超える多様な人々の非暴力の幅広い共同行動が実現したのであった。

第三に、この市民的抵抗の広がりを支えたのは、良心的科学者の役割だった。一、二の例を挙げれば、一九七三年設立の「環境・自然科学研究所」であり、生化学者ベルント・レッチュや放射線学者ペーター・ヴァイシュらのメンバーだった。ヴァイシュはS原子炉センターの助手として放射線防護研究に従事していたが、その危険性を指摘して「過激派」扱いされ、同センターをやめて自然保護運動と結びつき、放射線の専門家として六〇年代末から反原発運動の核となっていた。[45] ドイツの物理学者ベッヘルトも、七四年一月リンツで講演し、オーストリア第二の原発計画の危険性を指摘し、反対運動の火付け役となった。

そして、ウィーン大学の地理学教授アレクサンダー・トルマンは、原発立地や原子ゴミ貯蔵地計画書における地理鑑定の誤謬やずさんさに気づき、一九七八年一月に記者会見を設定して問題点を公表する。以後、安全性（地震地帯での立地）と原子ゴミ最終貯蔵地の問題が、Z原発の運転可否をめぐる決定的論点となった。六月末政府の国民投票決定を受け、トルマンは反対派の組織化に着手し、八月末に屋上組織「ツヴェンテンドルフにノー」（以下、Zノー）作業チームの結成集会がもたれる。トルマンが会長に、ヴァイシュが副会長に選ばれ、国民投票に向けて政府キャンペーンに対抗する大規模な宣伝戦が組織された。[46]

第四は、女性と青年の自覚的運動である。スイスと国境を接するフォアアールベルク州では、七〇年代前半に隣接スイスのリュティ原発計画に対して、地域ぐるみの反対運動が取り組まれていた。この活動がZ原発反対運動に継続され、七七年八月には首相官邸前で「フォアアールベルクの母たち」によるハンガーストライキが行われ、同州は国民投票で八四パーセント以上のノー投票を記録した[47]。青年層でもノー投票が多数派であり、とりわけ際立っていたのは社会党の青年組織だった。七八年に社会主義青年ユーゾーの議長となり、後年国民議会議員団長となるヨーゼフ・カップ（一九五二年生まれ）は、以下のように回顧している。すなわち、彼らの努力で社会党のあらゆる支部で議論を巻き起こし、彼らが最初に国民投票を提起する。七八年一〇月の同党連邦幹部会ではZ原発運転決議に反対し、ユーゾー多数派の支持でこの党議に抗して、「良心の問題」として反対運動を貫いた、と[48]。

第五に、したがって先に見た一九六一年P核研究炉アンケートの結果に対し、明らかに原子力に対する青年層の態度は変化していた。その要因は何か、という問題がある。ここで注目されるのは、六八年「青年反乱」世代からカップ世代へと、彼らはカール・ブルックナー『サダコは生きたい』（六一年）を学校副読本とし、サダコ物語とともに育った世代だった、という点である。児童文学者エルンスト・ザイベルトによれば、この物語によって「ブルックナーは、冷戦時代における核の脅威に関する議論を、単に児童文学のなかに持ち込んだのみではない。いわば、この問題を児童文学で占拠し、同時にこれまでにはなかった世代間言説の一つへと、このテーマをアプリオリに仕立て上げることに成功した」と[49]。

すなわち、①被爆一〇年後に突如育ち盛りの子どもの命を奪う、放射線後遺障害の魔力と恐怖、②その放射性物質を生産しまき散らす醜悪な大人世界、③その被害に抗して、「生きたい」思いを折鶴に託す子ども世代の可憐な抵抗意志、という構図である。この折鶴と核技術の美醜にシンボル化された世代間の対立意識こそ、ザイフェルトのいう六八年青年反乱への「前段」というのみならず、原子力に対する若者世代の恐怖と抵抗意識を育み、「原子反対者 Atomgegner」への自覚を促したに違いないと思われる。

原子閉鎖法後の課題

原子閉鎖法後の一九七九年二月クライスキー首相は、エネルギー問題に関する州知事会議で、以下の諸点を指摘した[50]。第一に、核分裂の利用禁止でエネルギー源の自給見通しは立たないこと。第二に、すべての諸国で熱い論争となっている核エネルギー批判について、「そうした批判が、どのような客観的正当性を有するのか、つねに疑問が残るとしても、民主政において国民の意見は真剣に考慮されるべきであり、これを無視することはできない」。それゆえ、「オーストリアでは単に短期的のみならず長期的に――と私は思うが――、核エネルギーの欠落をどのように補うか、という問題がある」。そして第三に、「エネルギー政策の最重要課題は、わが国にあるエネルギー・リザーブの経済的利用を図る、あらゆる措置の助成」にある、と。具体的には、パルプ生産などの排熱を発電に利用するフィンランド・モデルの熱連結発電、水力発電、経営ゴミ利用発電、太陽エネルギーなど再生エネルギー開発があげられる。節電の課題は、この会議の冒頭で提示されている。こうして、第一に電力節約、第二に環境負荷のかからないエネルギー源の新たな開発が課題となった。しかし、この問題は別の検討課題である。

一九八〇年代の前半は、欧州全体が戦域核配備に反対する抗議行動に染まる。オーストリアでは、さらに八四年、ドナウ河岸ハインブルク湿原での水力発電所計画に対し、自然保護を主張する反対運動が大規模に広がり、この計画も阻止される。八五年には連邦大統領が再度のZ原発国民投票を提案したが、国民議会での議論が煮詰まらないままチェルノブイリ事故を迎える[51]。

この間、労働組合など推進側は一貫してZ原発（図3）の運転を追求した。その動きを監視し阻止することが、Zノー作業チームの主な課題だった。一九八〇年二月創刊の同作業チームの隔月刊機関誌『新しい議論 *Neue*

写真１　ツヴェンテンドルフ原発

出典：2012 年 5 月筆者撮影

Argumente』の第一号は、論説「オーストリアにおける原発推進派の次の攻撃のスタート」を、六月第三号は「Z原発撤去国民請願の呼びかけ」を、八三年一二月の第一八号は「『ツヴェンテンドルフ』五周年　五年間の抵抗の成功と五年間の国民的決定への反抗」を冒頭に掲げた。そして、八六年六月の第二八号の冒頭論説「チェルノブイリ」は、以下のように始まる。「この破局は何を意味するのか。いかなる影響を与えるのか。テクノクラート、『専門家』、マネージャー、政治家は、われわれをいかなる破局の道へと導いているのか、その無責任性の規模とおぞましさの次元を、初めて多くの人々が一撃を食らったように理解したのである」と。ここで問われているのは、核技術の安全性を説く専門家総体の「うそつき Verlügenheit」と没道徳性である。(52)

チェルノブイリ事故により、推進派の望みは完全に断たれる。それ以降、『新しい議論』誌の中心課題は、原子力利用をめぐる国際情勢や欧州情勢の紹介と、とりわけ近隣諸国の原発建設に対する批判活動に移される。そうしたなかで、国内問題として重視されたのは、S原子炉センターだった。

一九八九年六月の同誌第四〇号は、「ザイバースドルフの原子ゴミ」特集号である。[53] それによれば、S原子炉センターはオーストリアで、原子ゴミの捨て場探しを行っている。低中濃度の放射性ゴミであり、その最終貯蔵地である。このゴミの出所は、オーストリアの工業と病院、関係研究機関であり、また国際的なものとして同センター内に置かれているIAEA実験室である。同センターはこれらの原子ゴミの処理・加工（燃焼と固形化）を年間約一五〇立方メートル引き受け、加工されたゴミの容器はすでに七五〇〇個ある。この原子ゴミの国外輸出は道義違反とされている。しかし、八六年には年間約七トンの放射性ゴミの輸出がなされた、と科学省の広報課は報告している。原研会社の会長はソ連の担当部署と接触したが、ソ連側に引き取りを断られた。

高濃度放射性ゴミと比べ、この原子ゴミの危険度はたしかにはるかに低い。また、技術と医療の分野で放射性物質を利用した社会は、そのゴミのことを考え、それを受け入れるのが当然であろう。それにもかかわらず、なに故にどこでも抵抗が強く、引き受け手がないのか。その原因は、同センター側のずさんな説明とごまかしで、住民の信頼が失われていることにある。したがって、正確な情報を提供して、住民の信頼を得ることが前提である。そのうえで最終貯蔵地探しの条件として、以下のような諸点が指摘される。①放射能の残余含有量を可能な限り少量にする。②外国の原子ゴミを引き受けない。③IAEA実験室を特別扱いしない。④計画中の原子ゴミ固形化設備の拡張を止める。⑤イオン化照射による食料保存をしない。⑥最終貯蔵地選択の際は、自治体と市民イニシアティブなどに包括的な情報提供と発言権を保証する、といった点である。

同年九月の第四一号は、同センターの新しい放射性ゴミ焼却施設計画を批判する。処理量を増加させる方向は問題外であり、すでに医療・工業・研究の分野でも「放射性物質利用へのオールタナティヴ」が始まっている、と[54]。そして、一一月五日の国民投票記念日には同センター前で抗議集会を持ち、原子ゴミ生産の根本的な縮小への方向転換を要求した。この原子ゴミ問題と合わせ、二日前には国民投票一一周年記念の記者会見をウィーンで行い、ヴァイシュが提案していた原子閉鎖法の憲法条項化を求める[55]。原子閉鎖法改正のハードルをより高くするためであったが、一九五五年国家条約の核兵器禁止規定と抱き合わせ、先に見た一九九九年憲法規定で実現される。

おわりに

戦後の冷戦体制下、米ソ核軍拡競争のはざまに置かれたオーストリア国民は、原子力問題にひときわ敏感であった。ウーデの呼びかけに始まって一九四八年ポーランドのヴロツワフで「平和擁護の国際知識人会議」が開催された。翌年の世界平和大会にはティリングら二三名の代表団が組織され、オーストリア平和評議会が結成され、朝鮮戦争期にはストックホルム・アピールの署名活動が精力的に展開された。米国の核使用阻止が目的であり、ここでは問題は単純だった。問題は、もっぱら米国の核軍事力にあったからである。

一九五五年ジュネーヴ会議と共に核をめぐるパラダイムは転換する。一方では、ソ連も「スーパー爆弾」を持つ核大国となり、他方では米ソともにその支配圏の諸国に核分裂物質を提供し、各国の「平和利用」（核拡散）を進める態勢を取ったからである。そこで問われたのは、第一に、一切の核軍事力を否定するのか、イデオロギー的立場から一方のそれは肯定するのか。換言すれば、原子力に人間破壊の一般的な問題性をみるのか、あるいは人間の単なる手段とみるか、基本認識の違いである。これに対応して第二に、原子力の「平和利用」に対する態度も完全に分かれる。一方は、原子の破壊は生命敵対物質の大量生産を導くから、「平和利用」も軍事利用と同質であり、自然と倫理に反するコントロール不可の「犯罪」として否定する倫理的立場である。他方は、生活向上に期待をかけて「平和利用」を肯定し、安全性などの問題は科学・技術の発展で解決されるとみる進歩楽天主義の立場である。

冷戦体制下の諸国において、西側であろうと東側であろうと、また体制派であろうと反体制派であろうと――東側では反体制運動の余地は少なかったが――、圧倒的に後者の立場が支配的だった。すなわち、政治的同盟者の核軍事力（開発）を肯定し、同時に「平和利用」も肯定する立場である。これに対して、冷戦対決の枠内で経済的には西側に属しつつも、政治的には中立を標榜したオーストリアの場合、ウーデやティリングからアンデルス、ユンクへと、反核・平和運動はイデオロギー的立場から自由であり、オーストリア国民主義の薄さも重なり合って一切の核保有に反対する地球市民的立場が前面に打ち出された。

一九六三年四月オーストリア第一回復活祭行進の出発集会でユンクは、もはや「古い党派区分」には合わない「現実への勇気」を訴えた。そして、若者こそ「大人を理性あるものとする」「希望への勇気、未来への勇気」を持つと強調した。重要なのは、伝統的な党派志向を克服して未来を考える若者世代の共同行動にあり、事実、オーストリア復活祭行進は圧倒的に若い世代によって担われていた(56)。

たしかに、この時期は核研究炉の建設期と重なる。オーストリアでも三つの原子炉が運転を開始した。ウーデの激しい批判に加え、住民の忌避感も強かったが、大きな反対運動には展開せず、政権を揺り動かすことはなかった。ティリングら反核運動を担ってきた核物理学者をはじめ、科学者の多くは原子炉建設の受益者であり、たいていは進歩楽天主義者だったからである。

しかし、一九七〇年代半ば、倫理的立場から出されていた核技術の問題点は、Z原発建設とともに一挙に政治的争点となった。すなわち、第一に安全性の問題である。いかなる技術も百パーセントの安全性はありえず、まして不完全な核技術の危険性は高く、また自動車事故とは異なり、原発運転の失敗はまったく異次元の時間的かつ空間的被害を与えうること。第二は、原子ゴミの問題である。放射性廃棄物の最終処理問題がはっきりしない限り原発運転は不可という理解は、クライスキー首相や住民の多数に共有されていた[57]。それゆえ、原発立地や最終貯蔵予定地が震度四の地震記録や断層を持つなど、危険地帯というトルマンの告発は、この問題の帰趨に決定的な影響を及ぼしたのである。

国民投票の結果を受けて決定された一九七八年末「原子閉鎖法」により、大量の原子ゴミを伴う原発をオーストリア国民は、自己のアイデンティティとして断念した。そこでの理解枠組みは明快であり、電力と原子ゴミの二律背反である。電力は蓄積不可で、その場ですべて消費される。原子ゴミはすべて未来世代へと続く負荷となる。ユンクの広島本『灰墟の光』に基づくブルックナー「サダコ物語」により、先に見た如く、この世代間の二律相反関係はみごとに形象化されていた。この物語と共に育った世代により、環境意識が高まるなか、地球市民としての未来志向から小国オーストリアの国民的アイデンティティ形成が遂行された。そして、打ち続く原発大事故も手伝って、この世代と共に「原子閉鎖」の道がゆるぎなく踏み固められていった、と見てよいであろう。

原子ゴミ問題は、たしかに規模の違いはあれ核研究炉にも共通する。S原子炉センターの原子ゴミ最終貯蔵地問題にみたように、低・中濃度放射性廃棄物の貯蔵地選択でさえ、けっして簡単な問題ではなかった。そのうえ、高濃度放射性廃棄物については自己処理できず、国外での処理に委ねられてきた。そこには、研究者の基本的な倫理として、実験の後始末を他人任せにすることが許されるのか、という問題が残されたままである。とはいえ、S核研究・試験炉は一九九七年に、G核研究炉は二〇〇四年に停止・解体され、P核研究炉の余命も問われている[58]。文字どおり、「原子力なきオーストリア」が第一歩を踏み出そうとしている。

注

（1）オーストリア戦後史の基礎文献として、Hanisch, Ernst, *Der lange Schatten des Staates. Österreichische Gesellschaftsgeschichte im 20. Jahrhundert*, Wien 1994, S.395- 490; Vocelka, Karl, *Geschichte Österreichs. Kultur – Gesellschaft – Politik*, 4.Aufl., München 2002, S.316-359; Rathkolb, Oliver, *Die paradoxe Republik. Österreich 1945 bis 2010*, Innsbruck-Wien 2011.

（2）Rathkolb, *Republik*, S.323.

（3）Liste der Kernreaktoren in Österreich: https://de.wikipedia.org/wiki/Liste_der_Kernreaktoren_in_%C3%96sterreich, 2016/08/31; Franz, Anny, Die österreichischen Kernreaktoren und ihre bischerige Auswirkung auf Grund- und Oberflächengewässer, S.121-140: http://www.zobodat.at/pdf/Wasser0121-0140.pdf#search='graz + kernreaktor, ebd. 表示は最高出力で、通常の出力はそれぞれ五千、百、一キロワットであった。

（4）その一覧は、Rößner, Marcus, *Von der österreichischen Studiengesellschaft für Atomenergie zum Reaktorzentrum Seibersdorf*, Diplomarbeit, Universität Wien 2013, S.7. 邦訳して年代順に示せば、一九八七年「オーストリアの核エネルギー議論」(Schaller, Christian)、一九九四年「計画から一九九四年までのZ原発の歴史」(Zehetgruber, Andrea)、一九九五年「オーストリア日刊紙の核エネルギー議論とZ原発」(Schindegger, Christoph)、二〇〇一年「ブルーノ・クライスキー時代のオーストリア核エネルギー政策」(Premstaller, Florian)、二〇〇七年「オーストリアの核エネルギー議論」(Schmied, Katharina)、二〇〇八年「Z原発に関する国民投票」(Schleich, Margarete)、二〇一〇年「世界で最も安全な原発」(Kubalek, Martin)、二〇一二年「国際原子時代とオーストリアの政治文化に照らしたZ原発の放射線法の承認過程」(Moosburger, Silvia) が挙げられている。他に目についたものとして、一九九九年「欧州比較でのオーストリア電力業界とその議論、およびEU加盟による電力国内市場の枠内でのその影響」(Höfner, Peter)、二〇〇八年「一九四五年後のオーストリアにおける政治文化と民主制」(Schwanec, Gerald)、二〇一三年「Z原発国民投票事例でのオーストリア代議制民主主義」(Martinovsky, Julia) などがある。

（5）一九八八年「ウィーンのトリーガ原子炉に関する蓋然性リスク分析」(Kirchsteiger, Christian)。また、同じ著者による一九九一年ウィーン大学博士論文「原子力発電所への蓋然的安全評価の適用」。

（6）Fengler, Silke/ Sachse, Carola（Hg.）, *Kernforschung in Österreich. Wandlungen eines interdisziplinären Forschungsfeldes 1900-1978*, Wien/Köln/Weimar 2012; Rößner, *Studiengesellschaft*.

（7）グロジンス、ラビノビッチ編、岸田純之助・高榎堯訳『核の時代』みすず書房、一九六五年、二三～三一頁。

（8）以下、記事の原題と頁のみ記す。Atombombe gegen Japan. Furchtbarste Waffe der Welt, 7. Aug., S.1; Beginn einer neuen Epoche. Welt in Banne der Atombombe, 8. Aug., S.1; Hiroshima – Stadt des Todes. Das Leben einer Großstadt und Das Zeitalter der Atomenergie, 9. Aug., S.1; Atombombe auch auf Hafenstadt Nagasaki, 10. Aug., S.2; Die Entwicklung der Atombombe. Kampf um die Rätsel der Elemente, von Dr. Karl Wolf, Professor der techinischen Hochschule Wien, 14. Aug., S.2.

（9）Wo Hiroshima stand, jetzt nur Schutt, 6. Sept., S.1.

（10）ドイツの週刊誌『シュピーゲル *Der Spiegel*』の広島・原子力論調について、若尾祐司「世界に広がる記憶『広島』——一九五〇年代のドイツ語圏から」（同ほか編『歴史の場——史跡・記念碑・記憶』ミネルヴァ書房、二〇一〇年、三二九～三三四頁）を参照。そこでは放射線被害を軽視し、対ソ米軍核戦略を後押しする論調であり、週刊紙『ツァイト』も同じで、一九六〇年前後までドイツのジャーナリズムは冷戦体制に規定され、東西とも批判精神を欠いていた。この時期、『世界週報』は疑いなくドイツ語圏を代表する知識紙であった。ティリングについては、同若尾論文、三三四頁以下、ユンクについては、若尾祐司「反核の論理と運動——ロベルト・ユンクの歩み」（同ほか編『反核から脱原発へ——ドイツとヨーロッパ諸国の選択』昭和堂、二〇一二年）を参照。

（11）各論説の題名と掲載頁のみ、一括して示しておく（番号は Nr. で表記）。Nr.1, Weltwende: Atomzertrümmerng, S.3 u.9; Nr.2, Frieden auf der Erde, S.1; Nr.3, Die Atombombe als Sieger, S.3; Nr.4, Die Welt im Schatten der Atombombe, S.1; Nr.5, Moskau und Atombombe, S.1; Nr.6, Hiroshima lebt wieder! S.9; Nr.7, Am Anfang war die Energie. Atomphysiker Heisenberg über das neue Weltbild, S.9; Nr.8, Friedliche Atomenergie, S.2; Nr.9, „Markierte" Atome helfen Medizin und Technik, S.7; Nr.10, Stören Atombomben unser Wetter? „Moderner" Aberglaube – vom Fachmann wiederlegt, S.9; Nr.11, Atomexplosion in Osten: Alarmsignal für den Weste, S.9; Nr.12, Atomjahr 11. Bericht aus Las Vegas, S.9; Nr.13, Die

Zukunft begann in Idaho. Die ersten Versuche zur friedlichen Nutzbarmachung der Atomkraft, S.9; Nr.14, Und darum brauchen wir Atomkraftwerke!, S.7; Nr.15, Segenreiche Atomtechnik. Die Fragen und Probleme, bei deren Lösung „strahlende Atome“（radioaktive Isotope）unentbehrlich oder hilfreich sind, vermehren sich fast täglich, S.7; Nr.16, Japans Atom-Angst, S.3; Nr.17, Ein Menschheitstraum geht in Erfüllung: Sonnenkraftwerke und Sonnenöfen sind bereits in Betrieb, S.7; Nr.18, Genf: Der Uraniumsvorhang geht auf, S.9; Nr.19, Die menschliche Tragödie der Atomforscher. Wissenschaftler zwischen Pessimismus und Optimismus, S.9; Nr.20, Die „unheimliche Krankheit“. Schatten über der Atomzukunft, S.7.

（12）同紙は月刊。原題と年月、頁をまとめて示す。Atomenergie für den Frieden, April 1954, S.9; Am 17. Juni 1954 wurde das erste Atomkraftwerk der Welt in Betrieb genommen, Sept., 1954, S.1 u. 2; Nutzbare Atomenergie aus Wasserkraft. Von Universitätsdozent Dr. E. Broda, Okt. 1954, S.4; Das Herz des Atomkraftwerks: der Reaktor, Okt. 1954, S.5ff.; Helfende Atome, Jänner 1955, S.5.

（13）「オーストリアの原子力平和利用」（『原子力工業』第四巻二号、一九五八年）六五頁。

（14）Forstner, Christian, Zur Geschichte der österreichischen Kernenergieprogramme, in: Fengler/ Sachse（Hg.）, *Kernforschung*, S.155-183, hier S.165-171.

（15）Rößler, *Studiengesellschaft*, S.30ff. und S.43-47.

（16）*Ibid*., S.49ff.

（17）*Ibid*., S.75ff.

（18）*Ibid*., S.36f. und 85.

（19）*Ibid*., S.83.

（20）Radkau, Joahim, *Aufstieg und Krise der deutschen Atomwirtschaft 1945-1975. Verdrängte Alternativen in der Kerntechnik und der Ursprung der nuklearen Kontroverse*, Hamburg 1983, S.43f.

（21）Die Atomgefahren. Ein aktueller Bericht von Prof. Hans Thirring, in: *Die Weltwoche*, 27. Sept 1957, S.7; Sind Atomkraftwerke gefährlich? Unfall in der Plutoniumfabrik Windscale–150 Uranstäbe in Rotglut..., von Prof. Hans Thirring, in: *Dies*, 12. Jänner 1958, S.7.

（22）声明文について、若尾祐司「反核の論理と運動――R・ユンクとG・アンデルスの交差」（『二十世紀研究』第一四号、二〇一三年一二月）二二頁以下。

（23）ローマ教会と対立して原子キリスト者の立場を貫いたウーデの生涯は、以下を参照。Farkas, Reinhard, Johannes Ude und die Amtskirche. Chrolonogie und Analyse eines Konflikts, in: *Mitteilungen des Steiermärkischen Landesarchives*, Bd.47, 1997, S.253-276. なお各人の生涯については、ドイツ版のウイキィペディアも参照している。

（24）Ude, Johannes, *Das Verbrechen der atomare Aufrüstung und des Atomkrieges*, Graz 1958, S.5-20, hier S.7.

（25）Ude, Johannes, *Atomme Götzendämmerung -Der Tag X Metanoeite. Ein SOS, Ruf an der Bevölkerng*, Grundlsee 1958, S.3-20, hier S.8.

（26）Ude, Johannes, *Offener SOS-Ruf. An die gesamte Wiener Bevölkerung, gleichzeitig aber auch gerichtet am die Bevölkerung aller Orte in der ganzen Welt, in denen bereits Atomrektoren errichtet sind, oder gerade errichtet werden*, Grundlsee 1961, S.3-14, hier S.11.

（27）*Ibid*., S.12ff.

（28）Ude, Johannes, Appell an die Wiener Bevölkerung: Über der Wiener Stadt und über seiner Umgebung hängt ein furchtbares Verhängnis, in: *Der Antimilitarist*, Jg.7, Nr.25, 1961, S.2.

（29）Ude, Johannes, *Atomwissenschaft, Atomwissenschaftler und deren Anhang vor dem Richterstuhl des Sittengesetzes: Offener Brief von Prof. Dr. Johannes Ude an Herrn Dr. Fritz Regler*, Grundlsee 1962, S.3-96.

（30）*Ibid*., S.3-8.

（31）*Ibid*., S.20f., 30f. und 46ff. 本書は多様な分野の専門家からの引用で埋め尽くされている。四つの博士学位を持ち、医学部でも学んだウーデにしてなせる業である。『論評 *Die Presse*』紙上で一九五七年一〇月まで原子炉の危険性を指摘しながら、一一月には論説「原子炉に恐怖は不要」を載せ、その後は原子炉推進の「啓蒙」に転じた「国際原子委員会のオーストリア代表」ティリングも、その「バカ浮かれ」を厳しく指弾される（*Ibid*., S.59f.）。

（32）Die Wahrheit über Atomreaktoren enthüllt von Univ. -Prof. Dr. Johannes Ude, in: *Der Antimilitarist*, Jg.8, Nr.28, S.2. 同

紙の一九六四年シェーンホルツァーの「ティリング教授へのスイス一市民の公開書簡」（Schönholzer, Ernst, Offener Brief eines Schweizer Bürgers an Prof.Thirring, in: *Ders.*, Jg.10, Nr.38, 1964）や一九六八年ギュンター・シュヴァープの核技術批判の著作『明日悪魔が君たちを連れだす』の詳細な紹介（Schwab, Günther, Morgen holt dich der Teufel. Neues, Verschwiegenes, Verbotenes von der „friedlichen" Atomkernspaltung, in: *Ders.*, Jg.14, Nr.53, 1968, S.4）に、同紙の一貫した平和主義に基づく反原発の立場が示される。

（33）Fessel, Walter, *Bericht. Bau eines Atomreaktors in Prater*, Feber/März 1961, Wien 1961, S.1-7.

（34）Thirring, Hans/ Grümm, Hans, *Kernenergie. Gestern, heute und morgen*, Wien/ München 1963, S.7-9.

（35）*Ibid.*, S.179-234. このヒガーツベルガーからグリュムへの原研会社事業部長の交代は、社会党政権の成立と結びつた政治的人事であった、とレスナーは推測している（Rößner, *Studiengesellschaft*, S.56）。

（36）Forstner, Kernenergieprogramme, S.171ff.

（37）Premstaller, Florian, *Kernenergiepolitik in Österreich während der Ära Bruno Kreysky*, Dipl., Wien 2001. 同時代文献として以下を参照。Neisser, Heinrich/Windhager, Fritz（Hg.）, *Atomkraft für Österreich. Argumente, Dokumente und Perspektiven der Kernenergiediskussion in Österreich*, Wien 1978; Ders.（Hg.）, *Kernenergie für Österreich. Analysen zur Energiepolitik*, Wien 1980.反対派の主力メンバーを網羅し、三〇年後に回顧録が刊行されている。Halbrainer, Heimo, u.a.(Hg.), *Kein Kernkraftwerk in Zwentendorf! 30 Jahre danach*, Weitra 2008.

（38）*Ibid.*, S.46. クライスキーがZ原発運転の態度を決めたのは、一九七七年六月政府が著名な核物理学者を招いて非公開の懇談会を持ち、そこで原発は安全で原子ゴミ処理は問題ないという説明を受けたためだったという。反対派のトルマンは後年、「最終貯蔵は科学的に解決済みで、もはや政治的問題にすぎない」としたK・F・v・ヴァイツゼッカーの発言がクライスキーに特に強い印象を与えたとし、なぜ科学者たるものが根拠のない無責任な「作り話」をしたのか、と問題にしている。Tollmann, Alexander, *Und die Wahrheit siegt schließlich doch!*, Wineck/Sieg 2003, S.257. 邦語文献では、東原正明「オーストリアの脱原発史」（若尾祐司・本田宏編、前掲書所収）が経緯を簡潔にまとめている。

（39）*Ibid.*, S.37f.

（40）*Ibid.*, S.53ff.

(41) Halbrainer u.a.（Hg.）, *Kein Kernkraftwerk,* S.32f.

(42) Breuer, Georg, *Die Herausforderung. Energie für die Zukunft – Gefahren und Möglichkeiten*, München 1975.

(43) Aufruf an alle!, in: *Das Gewissen. Unabhängiges Organ zur Bekämpfung der Atomgefahren*, Jg.7, Nr.4, April 1962, S.1.

(44) Tollmann, *Wahrheit,* S.264.

(45) Weish, Peter, Das verlorene Urvertrauen, in: Halbrainer u.a.（Hg.）, *Kein Kernkraftwerk,* S.17-51, hier S.17ff.

(46) Tollmann , *Wahrheit,* S.291ff.

(47) *Ibid*., S.330.

(48) Cap, Josef, JUSO-Diskussion, in: Halbrainer u.a.（Hg.）, *Kein Kernkraftwerk,* S.223ff. 併せてペーター・クライスキーの回顧を参照。Kreisky, Peter, Am Beispiel Zwentendorf: Der notwendige Spagat zwischen Ökologie und sozialer Gerechtigkeit, *ebenda*, S.301-314.

(49) Seibert, Ernst, Wer Anders sagt, muss auch Bruckner sagen: „Sadako will Leben" jenseits der Jugendbuchgattungen, in: Fuchs, Sabine/ Schneck, Peter（Hg.）, *Der vergessene Klassiker. Leben und Werke Karl Bruckner,* Wien 2002, S.125-142, hier S.130f.

(50) *Kreisky Reden,* Bd.2, Wien 1981, S.772-777.

(51) Z原発を中心に原子力利用に関する賛否の年譜は、『新しい議論』誌第五〇号で詳しく整理されている。Chronik. 40 Jahre Atomenergie – 40 Jahre Irrweg unter besonderer Berücksichtigung des österreichischen Anteil, in: *Neue Argumente. Mitteilungen der Interessennverbandes Arbeitsgemeinschaft Nein zu Zwentendorf, Ja zur Umwelt,* Jg.12, Folge 50, Dezember 1991, S.3-7.

(52) 右の雑誌。記事の大半は無署名である。ただし、「チェルノブイリ」論説にはトルマンの署名がある。Tollmann, A., Tschernobyl, in: *Dies*., Jg.7, Folge 28, Juni 1986, S.1.

(53) Seibersdorf: Atommüll für Österreich, in: *Dies*., Jg.10, Folge 40, Juni 1989, S.2-6.

(54) Breiter Protest gegen Ausbau der Atomanlage Seibersdorf, in: *Dies*., Jg.10, Folge 41, September 1989, S.2.

(55) Protestkundgebung in Seibersdorf und Pressekonferenz. 11. Jahrestag der Atom-Volksabstimmung, in: *Dies*., Jg.10, Folge

42, Dezember 1989, S.1-3.

（56）Jungk, Robert, Reden vom österreichischen Ostermarsch 1963, in: *AKTV. Mitteilungsblatt des Ostermarschkomitees für Frieden und Abrüstung*, Jg.1, Nr.3, März 1963, S.2.

（57）注38を参照。世論調査では最終処分地問題の解決なしの運転に、七五パーセントが反対であった。Streeruwitz, Ernst, Energiepolitik in Österreich, *in: Österreichisches Jahrbuch für Politik 1979*, München/Wien 1980, S.235-268, hier S.267.

（58）最近のウィーン工科大学原研ニュースは、解体費用の研究が始まったことを伝えている（http://ati.tuwien.ac.at/aktuelles/news_detail/article/9270/, 2017/04/29）。

補論4　「核サイト」研究の補助線
——失敗した日本の原発設置計画・三重県の芦浜原発計画を中心に——

山本昭宏

はじめに

（1）黒汐おどる熊野灘　波路開きて二千年
　水産三重の名を高く　若き漁民の血は踊る
（2）我等のくらしいけにえに　原子の炎もえるとき
　漁場はたちまち荒れ果てて　魚族はついに滅ぶべし
（3）この暴ぎゃくに耐えずして　我等は立ちぬ反対の
　これぞ漁民の生命なり　腕を組みて戦わん
原発反対　大反対[1]

この「原発反対の歌」は、一九六四年八月一一日に三重県津市の市営球場で開催された「原発反対県下漁民大会」で配布されたものである。一九六四年といえば、東京オリンピックの年として広く記憶されているが、オリンピックの直前に三重県で原発設置反対運動が盛り上がっていたことを、どれほどの人がおぼえているだろうか。

そもそも、原発設置反対運動が大きく報じられ、社会の関心をある程度引き付けるようになるのは、一九七〇年代に入ってからである。七〇年代に原発設置反対運動に注目が集まった原因としては、柏崎刈羽、浜岡、大飯と大型原発の着工が相次いだこと、さらに公害問題が社会問題化するなかで原発が注目されたことが挙げられる。これに伴い、革新政党や左翼団体、市民運動グループを中心に地域の原発設置反対運動を支援するうごきが表面化したのである。

しかし、一九七〇年代以前から、原発設置反対運動は存在した。一九六〇年代から七〇年代にかけて、電力会社が原発の建設計画を発表し、土地の買収を各地で進めており、それへの反発として、各地域で原発設置反対運動が起こっていたのである。たとえば、兵庫県の旧・香住町、和歌山県の旧・古座町と那智勝浦町などがそれにあたる。さらにさかのぼるならば、一九五〇年代後半に実験用原子炉の設置反対運動が宇治や高槻など関西各地で起こっていたが、話を発電用の原子炉に限るならば、六〇年代以降の一連の原発設置反対運動のなかで、いち早く表面化したのが、ここで扱う三重県熊野灘沿岸の芦浜地域の事例であった[2]。三重県度会郡の旧・南島町と旧・紀勢町にまたがる芦浜地域では、一九六二年四月に中部電力が原発設置計画を発表してから、反対運動が起こった。この運動は、休止期間を含めれば、二〇〇〇年に当時の三重県知事北川正恭が原発設置の白紙撤回を表明するまで続いた。

芦浜はあくまで「原発設置予定地」であり、厳密な意味では「核サイト」とは呼べないかもしれない。しかし、「核サイト」が成立する前段階に思いを馳せることは、「核サイト」成立以後を考察する契機となるだろう。なお、本稿では、核に関係する具体的空間を指して「核サイト」という言葉を使用している。「核サイト」という言葉は、以下のような場所を含んでいる。原子炉が置かれた場所や、置かれようとした場所。ウラン鉱、ウランの精錬工場、放射性廃棄物の処理場、使用済み核燃料の再処理工場。核実験場、被爆地、その他、被害を受けた場所などである。こうした多様な場所は、細かくみればそれぞれ固有の問題があるわけだが、「核」という問題意識から近現代の歴史を捉え直すためには、それらをあえて横につなぐ試みも必要であろう。そのように考え、「核サイト」という呼称を使用することにした。

輿論の後押しもなく、知識人の応援もなかった地元住民たちが、なぜ「故郷の核サイト化」をはねのけることができたのか。そこでは、どのような実践があり、どのような要素がそれを支えたのか。本コラムでは、原発設置をはねのけた運動の実態を確認するとともに、運動の成功の要因を考察することで、こうした問題を考察することで、「核サイト」とは何かを問い直し、世界の各地域に存在する潜在的な「核サイト」を捉え直す手がかりを得たい。

1　芦浜原発計画とその背景

一九六二年四月、中部電力が電力長期計画を発表した。その長期計画は、三重県度会郡南島町と紀勢町にまたがる熊野灘沿岸地域に、一二五万キロワットの原子力発電所を建設するというものであり、一九六六年に着工、一九七〇年の完成を目指す計画だった。

原発設置計画は、三重県と熊野灘沿岸の自治体にとって魅力的な計画だった。それは、より正確にいうと、三重県内各地域を飲み込もうとしていた開発の波に乗り遅れないための手段だった。一九五〇年代の中頃、四日市を中心にする北伊勢臨海地帯は、石油化学コンビナートの誘致に成功していた。北伊勢が工業地帯として成長していくなか、熊野灘沿岸の市町村は工業化から取り残されつつあった。他方で、三重県は中京経済圏のエネルギーセンターになることを目指して、発電所の誘致にも力を注いでいた。一九五五年、四日市火力発電所の発電開始を皮切りに、一九五六年には宮川ダムが完成して水力発電所が稼働し、一九六一年には尾鷲の水力発電所も稼働を始めたのである。

このように、発電所の誘致に力をいれる三重県に対して、第一次産業が基盤の熊野灘沿岸市町村はどのように反応したのだろうか。熊野灘沿岸の自治体は、漁業の好調により経済的には比較的安定していた。その意味では、一般の民衆にとって、原発設置計画は必ずしも喫緊の課題だというわけではなかった。しかし、自治体の長たちの考えは違った。工業化の基幹となる発電所の設置に相次いで踏み出す近隣の市町村を見渡したとき、地域の政治エリートたちが、自分たちは三重県下の開発の流れから取り残されるのではないか、という不安を抱いたとしてもそれはそれで不思議はなかったと言える。

その後、中部電力は熊野灘に面する芦浜などの三カ所を原発予定地として公表した。予定地に選ばれたのは、南島町と紀勢町にまたがる芦浜地区、北牟婁群長島町の城ノ浜地区、そして、海山町大白池地区であった。南島町長・紀勢町長・長島町長は誘致賛成、海山町長は反対であった。他方で、各町の漁協は原発設置に反対し、以後、町と県と中電を相手に反対運動を展開していくのである。

2　原発設置反対の理由と漁協の存在

原発設置計画に対して、各町の漁協はいち早く反対の姿勢を明らかにしたわけだが、その理由は、漁協に集う人びとが、工業化とそれに伴う海洋汚染に強い危機感を持っていたからだった。一九五〇年代後半、伊勢湾では、四日市の工場排水による「異臭魚」騒動が起こっていた。全国に視野を広げれば、一九五六年には水俣でのちに「水俣病」と呼ばれることになる「奇病」が問題になっていたし、一九五八年六月には、本州製紙江戸川工場がセミケミカルパルプ工法を導入して黒濁水を排水するようになり、漁業被害を受けた漁民が工場に押しかけるという事件が起こっていた(3)。このように、工業化による漁業への悪影響が相次いだため、漁民たちの間では大規模な工事や工場の稼働を不安視する見方が定着していたのである。そして、その不安を表明する主体が漁業協同組合という組織だった。

激しい反対運動で中心的な役割を果たしたのは、芦浜地区を有する南島町の漁民たちだった。南島町の当時の人口は約一万五〇〇〇人。この町の漁民たちが強硬な反対姿勢を打ち出すことができた背景には、真珠養殖業の存在があった。一九五〇年代後半、南島町は真珠養殖漁業へと舵を切り、英虞湾と並ぶ真珠の生産地になっていた。当時は真珠母貝養殖の最盛期で、水揚げ高は年間三〇億に上ったとされる(4)。真珠による安定した経済基盤は、南島町の漁業協同組合の活動を活発にし、生産代金をプールして漁民の給与を月給制にしたり、漁協関係者の子弟への奨学金制度を充実させたりと、近隣地域の漁協とは異なるしくみを採用していた。そうであるがゆえに、彼らは、真珠が打撃を受けかねない原発設置に強い拒否感を抱いたのである。

このような理由で、漁民たちの集合体である漁業協同組合の動きは早かった。一九六三年一二月一九日から二五日にかけて、三重県漁業協同組合が東海村と水産庁を訪問して独自に調査を行い、報告書「原子力発電所に関する調査」をまとめている(5)。この報告書は、「発電炉から出る放射能については極度に危険視の心配はないようだが、安全性について批判的な意見もある」とし、「原子力発電所の漁業に対する影響を考える場合は、概ね既住の火力発電所が漁業に与えている被害を頭にえがいて考察すればよいのではないか。要するに原子力と火力がいれかわったとみて差し支えない」と結論している(6)。「原子力と火力がいれかわったとみて差し支えない」という文言からもわかるように、漁民たちは原子力発電所だから反対したのではなく、漁業に悪影響を及ぼす恐れがあるものは原子力であれ、火力であれ、みな反対だったことがうかがえる。

3　漁民たちの反対運動の展開

漁民たちによる反対運動の基盤作りは迅速だった。一九六四年一月、関係漁協が津市の水産会館に集まり「原発対策漁業者協議会」を結成。[7]二月には、熊野灘沿岸漁協が原発立地反対を決議し、「原子力発電所設置反対闘争本部」を発足させている。[8]県漁連も反対運動のセンターとして三月一六日に「県原子力発電反対漁業者闘争委員会」を設置した。

この時に配布された反対ビラの冒頭では、「皆さんもご存じのように放射能による被害はお金で解決できる物ではありません／これは全町民の『命』の問題であります」というように、「放射能による被害」を強く打ち出して、団結を呼びかけている。[9]生命や生活を強調し、それが脅かされると訴えて支持拡大を図る方法は、日本では一九五〇年代の原水爆禁止署名運動や、一九八〇年代の反原発運動のように、広範な運動が盛り上がる際に共通してみられる要素である。

一九六四年三月一六日に、南島町漁協配布した文書「原発対策による漁業者の特に注意を要する事項書」を見てみよう。ここでは、「心配な要素」として「1、事故対策／2、海水の汚染から、販売禁止の魚がでてくるのではないか／3、冷却水の温度上昇と海流の変化による魚族への影響／4、健康管理」の四点が挙げられている。[10]この頃になると、原子力発電所を火力発電所とを同様に「工業化」として捉えていた頃とは異なり、はっきりと原子力発電の独自性を見据え始めていることがわかる。

三重県漁連による「県原子力発電反対漁業者闘争委員会」は、運動を横に広げることを志向し、他の漁協との協力関係を構築していった。一九六四年四月までには、三重県真珠貝養殖漁協、全国真珠養殖漁連、三重県定置漁業協会から協力の約束を取り付けている[11]。

中部電力が電力長期計画を発表した一九六二年四月から二年経ち、原発設置の候補地となった地域の漁協は反対運動の拠点を県レベルで構築することに成功した。これ以降、具体的な陳情や抗議デモ、反対集会が繰り返されることになる。その皮切りとして、一九六四年五月一四日には「原子力発電所建設絶対反対県漁民大会」が津市の水産会館で開催された。この大会は、三重県下の八〇に及ぶ漁協から五〇〇人が参加集まる大規模な大会となった[12]。

4　芦浜決定による反対運動の激化

一九六四年六月一七日、一枚の号外が配られた。中部電力の原子力発電所の設置場所が、芦浜地区に決まったことを報じる号外であった。これを受けて、七月一〇日、芦浜を有する紀勢町と南島町の漁民たち、さらに長島町の漁民も加わって、三重県庁前で県知事への抗議を行い、七月二四日には南島町漁協の漁船三〇〇隻が錦湾で海上デモを実施した。しかし、芦浜への原発設置がくつがえることはなかった。一九六四年七月二七日、紀勢町第六回臨時議会が開催され、「原子力発電所建設地について」という議案が全会一致で可決された。芦浜原発の誘致が、紀勢町の正式な方針として定まったのである。隣の南島町も当然のことながら紀勢町に倣って誘致に踏み出すとみられていた。

芦浜を有する二町がともに誘致を決議したならば、一気に着工まで進んでしまいかねない。そこで重要になるのが県知事の役割であった。当時の電気事業法では、原発の立地点決定には知事の同意が条件となっており、たとえ電力会社と両町が手を組んだとしても、知事の同意がなければ建設が実行に移されることはない。したがって、漁民たちは三重県知事への直接抗議活動を活性化していくのである。

七月二九日、南島町の漁民三八〇人が県庁前で抗議の座りこみを行い、三重県の農林水産部長と面会して「実力行使をして建設を粉砕する」という決議文を手渡した。[13] また、南島町では町長のリコール運動も表面化した。七月三〇日、誘致にこだわる南島町長に対し、南島漁協がリコール運動を始めたのである。[14] リコール運動を受けて、八月一日、南島町長と助役が辞任し、原発立地反対派が擁立する新町長が無投票で選出された。

5　国会での議論

紀勢町・南島町の漁民による激しい抵抗は、三重県を越え、国政の場でも議論の対象になった。一九六四年八月一〇日に開催された第四十六回国会衆議院農林水産委員会で、三重県選出の社会党議員・角屋堅次郎が芦浜における原発設置反対運動を取上げたのである。

角屋は、伊勢湾台風、一九五三年の大災害、チリ津波など、かつて三重県を襲った天災を挙げ、「二、三十年の間に大規模な災害を受けたこういう海岸地帯に原子力発電所をつくった場合に、台風も十分乗り切れる、あるいは地震にも十分乗り切れる、あるいは津波にも十分乗り切れるということが言い切れるかどうかという問題が、地盤の強度とか、いろいろな問題も含めてありましょうが、そういうことがやはり関係地域としては大変な判断の問題の一つだと思うのです」としている。[15] 続けて、芦浜が臨む熊野灘が優良漁場であると強調し、漁業への被害を懸念して次のようにも述べている。

魚のなかに放射能を含むということが明らかになってくれば、大阪市場においても東京市場においても魚価ががたっと下げられてしまう、そういう危険性を伴ってきますけれども、あたたかい海水によるところの影響はどうかということが、やはり一つの問題になると思う。東海村に私参りましたが、あそこはいわゆるずんべらぼうな海岸であって、ほとんど漁場価値のないところです。ところが、熊野灘の場合には、しばしば言いますように、優良漁場です。真珠等を含んで年々数百億という生産をする優良地区です。[16]

国会の場でも、原発自体が否定されているわけではない。角屋の発言は、原発自体を問題にしているのではない。原発が芦浜に立つことを問題にしていたのである。そうした限界はあるにせよ、また漁民たちと社会党との詳しい関係はわからないにせよ、国政の場で反対運動が取り上げられたことの意義は大きい。以後、反対運動は新たな展開を見せるのである。

6　長島事件から三重県の白紙撤回へ

一九六四年八月一三日、反対運動は一つの成果を手に入れた。南島町漁協の全役員が高谷高一三重県副知事を訪問し、南島漁民の同意のない限り原子力発電所立地調査はしない旨の覚書を手に入れたのである。これで沈静化するかにみえた原発設置反対の動きだったが、今度は三重県が動き始める。三重県が昭和四〇年度予算に四五〇万円の漁場調査費を計上するのである。さらに三重県と中電は、一九六五年一一月一五日、「熊野灘沿岸地域開発構想」を発表した。[17]これは、三重県が総額六七億にのぼる事業費を投入するという構想だった。さらに一一月二四日、紀勢町と南島町にまたがる芦浜地区で、一〇〇万坪の用地買収を完了したと中部電力が公表した。[18]

これを受けて、南島町の各集落は、一九六六年一月一日より、輪番制で船を出し、芦浜を監視し始める[19]。さらに漁民たちは、一月二八日に県主催で開催された「熊野灘沿岸工業開発漁業影響調査報告説明会」に出席して意思表示をしている。そこで、漁民たちは、正常に運転するという前提でおこなわれた調査は机上の空論にすぎないと批判し、工場排水による漁業への悪影響を反対の根拠に持ち出している[20]。

このような反対運動を受けて、中部電力は一九七〇年までの原発の完成を断念するに至る[21]。静岡県浜岡町に目を向け、原発設置計画をそちらで進めていくのである（浜岡原発は、一九七〇年に設置申請、一九七一年三月に着工）。ただし、浜岡に目を向けたとはいえ、中部電力による芦浜設置の試みが終わったわけではない。あくまで「一九七〇年までの完成」を断念するということにすぎなかった。

もつれる原発設置計画と漁民たちの強硬な反対運動は、再び国会で議論されることになる。一九六六年九月一七日、衆議院科学技術振興対策特別委員会は、芦浜への現地調査団の編成を決めた。調査団の人員は、団長が中曽根康弘（自民党）、団員に渡辺美智雄（自民党）、石野久男（社会党）、岡良一（社会党）の計四名である。

以下、現地調査団に対する地元の漁民たちの反応を整理しておこう。調査団は九月一九日に紀伊長島駅に到着し、長島湾で尾鷲海上保安部の巡視船「もがみ」に乗船した。この調査団を迎えたのは、長島湾に集結した六〇〇隻もの漁船だった。漁民たちは調査団に抗議の意思表示を行い、調査団が乗る巡視船の進路を妨害した。主に南島町の漁民が巡視船に殺到し、調査団は調査を断念せざるを得なかった。調査団の一員、中曽根康弘はメディアに対し「反対があるとは聞いていたがこんなに強いとは思わなかった」と吐露している[22]。

この抗議活動の結果、南島町の古和浦地区の漁民九〇人が逮捕され、公務執行妨害および艦船侵入の疑いで二五人が起訴された。いわゆる「長島事件」である。『朝日新聞』の社説は、次のように「長島事件」取り上げている。

芦浜地区では、東海区水産研究所や三重県立大学水産学部の専門家たちの集りによって、「原子力発電所運転による放出温水の影響は心配すべき点は少ない」という予備的報告が出されている。恐らくそれはほとんど心配する必要がないものであろう。

しかし、だからといって、この騒ぎは漁民の無知のためであり、偏狭さのためだとだけいい切るわけにはいかない。いま公害都市の標本とされている四日市をはじめいくつかのにがい体験が、県当局者と企業に対する民衆の不信感をかきたてている事実に目をおおってはなるまい。

原子力施設の用地問題を解決する根本策は、原子力についての広報ならびに啓発活動をたゆみなくおこなうことである。[23]

公害による不信があることは反省せねばならないが、広報の徹底で乗り越えることができるのではないか、という主張である。この社説は原発設置を目指す紀勢町側を勇気づけたようで、紀勢町長は広報誌で「去る九月二十二日の朝日新聞をお読みになられた方も多かろうと存じますが、その大新聞の社説であのように論説されているということは、私達には絶対的な世論の支持があるのだと確信して差支えないと存じます」と述べている。[24]「長島事件」の後、中部電力、三重県は目立ったうごきをみせずにいたが、事態は唐突に終息する。一九六七年九月二一日、田中三重県知事の呼びかけで、関係漁協と県議会議員が、津市文化会館に集合し会合が開かれた。その席上で、知事が「原発問題に終止符を打つ」と宣言したのである。

原発誘致を求める紀勢町錦地区の漁民たちは知事の終止符発言の撤回を求めて知事に抗議を行うとともに、紀勢町内で原発誘致派と反対派の対立が表面化した。混乱する紀勢町に知事が介入し、一九六八年一月二六日、県庁で紀勢町の反対派と賛成派が和解調印を行う。

ここにおいて、四年に及ぶ原発立地反対運動とそれに伴う混乱は一応の終息に至った。しかし、芦浜の土地は中電所有のままであり、三重県と紀勢町と南島町の三者が望みさえすれば、いつでも設置に向けて動き出すことができるという状態は温存されていた。

最後に強調しておきたいのは、芦浜原発設置反対運動の過程で、全国漁業協同組合連合会は原発反対を公式的な立場にしたという事実である。[25] 全漁連のような第一次産業の団体が、革新政党や市民団体に先んじて、原発そのものへの反対をいち早く表明したことは特筆に値する。現代の私たちがともすれば前提としがちな、革新派は原発反対で保守派は賛成、というような単純な図式が、実は原発設置反対運動の最初期には成立していなかったことがわかるだろう。

おわりに

芦浜原発設置反対運動が三重県知事による終息宣言という、一応の成果を得た理由は、以下の三点に整理することができる。

第一に、公害という形で表面化した工業化の弊害について、漁民たちがすでに危機感を募らせていたこと。

第二に、紀勢町と南島町の二つの町にまたがる立地計画であったこと。

第三に、漁業による経済的安定と漁民の高い社会的位置である。漁民たちが主体となって原発をはねのけた芦浜の事例は、革新か保守か、権力か住民か、感情的運動か合理的運動かといった典型的図式には収まりにくい。このような典型的図式に収まらない運動だったことが、芦浜原発設置運動が一定の成果を得た要因でもあった。

ただし、芦浜の事例を、高度経済成長期における第一次産業従事者たちの特異な運動としてのみ理解しては、事の本質を見誤ることになる。当初は急速な工業化全般に反対していた漁民たちは、反対運動の過程で原発そのものへの違和感を募らせていった。そして、運動の過程で、漁民たちは自らの認識を更新したのである。人びとが集い、行動し、学ぶ場としての原発反対運動を、核開発時代から引き継ぐべきポジティブな遺産として捉え直す作業がいま求められている。

注

（1）「原発反対の歌」三重県史編さん室所蔵（『芦浜原子力発電所建設反対資料』2の1）に所収。作者名は不詳だが、「若き漁民の血は踊る」という歌詞からは、若い漁民が作詞に当たったのではないかと推測できる。
（2）芦浜における原発設置反対運動については、自治体や、郷土史家、体験者がまとめた記録が存在する。南島町『芦浜原発反対闘争の記録：南町住民の三十七年』南島町、二〇〇二年や、北村博司『芦浜原発はいま：芦浜原発二十年史』現代書館、一九八六年、中村勝男『熊野漁民原発海戦記』技術と人間、一九八二年。また、闘争ビラ、デモの計画書、各町内の回覧文書、集会のチラシ、決議書、県への要望書、反対演説原稿などは、三重県史編さん室所蔵『芦浜原子力発電所建設反対闘争資料』（「2の1」と「2の2」）に集成されている。こうした資料に基づき、筆者は「漁民と原発：一九六〇年代の芦浜原発設置運動に関する考察」（『二十世紀研究』第14号、二〇一三年）をまとめた。この拙稿を元にして本補論を執筆したため、引用資料に重複があることをおことわりしておく。
（3）宇井純『新装版　合本　公害原論』亜紀書房、二〇〇六年、八六～九七頁。
（4）北村前掲書。
（5）「原子力発電所に関する調査　昭和三八年一二月一九日～二五日　三重県漁業協同組合連合会」（『芦浜原子力発電所建設反対資料』2の1）。
（6）同上。
（7）南島町『芦浜原発反対闘争の記録：南町住民の三十七年』二〇〇二年、四九頁。
（8）「速報第一号　◎全町民の皆さん‼　是非これだけは読んで下さい」（『芦浜原子力発電所建設反対資料』2の1）。

(9)『芦浜原子力発電所建設反対資料』2の2。
(10)「原発対策による漁業者の特に注意を要する事項書　度会郡南島町神前浦漁業協同組合」(『芦浜原子力発電所建設反対資料』2の1)。
(11)原発反対漁業者闘争本部「原発反対情報　一九六四年四月二〇日」(『芦浜原子力発電所建設反対資料』2の1)。
(12)海の博物館編『われら〈漁民〉かく闘えり!:芦浜原発反対闘争資料集、昭和三八年一二月〜四二年九月』奥付記載なし。
(13)「漁民すわり込み」(『中日新聞』一九六四年七月二九日)。
(14)「三重県度会郡南島町町長解職請求書」『芦浜原子力発電所建設反対資料』2の1。
(15)第四十六回国会衆議院農林水産委員会議録　第六八号(一九六四年八月一〇日)。
(16)同上。
(17)南島町『芦浜原発反対闘争の記録:南町住民の三十七年』二〇〇二年、六二頁。この事業計画についての詳細は不明だが、一部の新聞記事からその一端を知ることができる。例えば、「原発問題を語る　座談会　中」(『中部日本新聞』、一九六五年一二月二一日)では、「錦地区から長島に抜ける道路を中心とした交通網の整備」が挙げられている。
(18)この用地買収については、三重県が県に相談もなく買収したとして中部電力に抗議している(「原子力発電所敷地　一方的買収に抗議　三重県が中部電力に」(『朝日新聞』一九六五年一一月二四日))。
(19)『芦浜原子力発電所建設反対資料』2の2。この輪番制の監視がいつごろ終わったのかは不明。
(20)「熊野灘沿岸工業開発漁業影響調査報告説明会における質疑内容」(『芦浜原子力発電所建設反対資料』2の2)。
(21)「中部電力原子力発電、四五年完成は困難　加藤副社長語る」(『朝日新聞』一九六六年八月一六日)。
(22)「原発反対勢力に目見張る　芦浜視察団」(『中日新聞』一九六六年九月二〇日)。
(23)「社説　原子力発電所の用地問題」(『朝日新聞』一九六六年九月二二日)。
(24)「原発建設にむかって団結して進もう」(『広報紀勢』一九六六年一〇月一日)。
(25)「原子力発電に反対　全漁連〝廃棄処理まだ不安〟」(『読売新聞』一九六六年一一月二九日)。

〈参考〉核開発・原子力利用の基本用語

Ⅰ　**核兵器**―ウラン235、プルトニウム239といった重い原子核をもつ核分裂性物質［中尾麻伊香による補論2参照］に起きる急速な核分裂連鎖反応によって放出されるエネルギーを破壊力に利用した原子爆弾と、重水素や三重水素など、軽い原子核の核融合（熱核）反応で放出される膨大なエネルギーを利用した水素爆弾からなる。後者は「熱核爆弾」とも呼ばれる。「中性子爆弾」と称するものは核爆発の際の放射線効果を強化した爆弾で、多くの場合、水爆の亜種である。

［1］**原子爆弾**―原子爆弾には高濃縮ウラン爆弾とプルトニウム爆弾の二種類が存在する。前者は一九四五年八月六日、広島市にたいして実戦使用されたので、「ヒロシマ型」とも称する。後者は同年八月九日に長崎市に投下されたので、「ナガサキ型」とも称する。原爆の破壊力は広島の場合、トリニトロトルエン（TNT）火薬約一五キロトン相当、長崎の場合、二一キロトン相当と見積もられる。広島の場合、原爆のエネルギーはその約半分が爆風に、三分の一が熱線に、残りが放射線として、地上を襲ったと考えられている。発生した放射線のうち、約三分の二（総エネルギーの約一〇％）が残留放射線であったと考えられている（武田寛『爆央と爆心―一九四五年八月六日ヒロシマで何が起こったのか―』学習の友社、二〇〇〇年、一三、一四頁）。

①　**高濃縮ウラン爆弾**―天然に存在するウランのうち約九九パーセントは、原子核の核子（陽子と中性子）の総数（質量数）が二三八個のウラン238である。このウラン238の原子核は、エネルギーの相対的に高い高速中性子を当てることによってはじめて分裂するが、核分裂によって生じる中性子は散乱によって容易に減速しエネルギーが低下するので連鎖反応しない。これにたいして、同位体元素（アイソトープ：原子核中の陽子の数は同じだが、中性子の数が異なる元素。一般に不安定）のウラン235は相対的にエネルギーの低い熱中性子でも分裂し、連鎖反応を起こしやすい。効率的な原子炉燃料や原子爆弾の〝爆薬〟にするため、このウラン235の組成中の比重を高める操作をウラン濃縮という。気体の天然ウラン・フッ化合物（六フッ化ウラン）を遠心分離器の中にかける遠心分離法、多孔質の隔膜を何層も拡散させるガス拡散法がある。ほかに、熱拡散法や電磁分離

法がある。原子爆弾の場合、一〇〇%に近いウラン濃縮が必要となる。宇宙線の影響で常に一定量の中性子が環境中に存在し、自然界の放射性元素は常時一定の確率で原子核のアルファ崩壊を起こし、結果として中性子を発生しているので、核分裂性物質でもあるウランはその濃度に応じたある一定以上の質量があれば、中性子を吸収することにより自発的に核分裂連鎖反応を起こしてしまう。このような質量を臨界量と呼ぶ。臨界量以上の高濃縮ウラン塊を臨界量以下のふたつの塊に分け、炸薬の力によって急速に衝突・合体させることで核分裂連鎖反応を誘発する仕組みを砲撃方式と呼んでいる。広島に投下された原爆はこのような仕組みによるもので、爆弾本体は筒状の形状を持つ。この爆弾は「リトル・ボーイ」と呼ばれた。

②**プルトニウム爆弾**―ウラン238に中性子を照射すると、一定の割合で、ウラン238の原子核が中性子を吸収し、原子核内の陽子と中性子のバランスを取るために核内の中性子がひとつ陽子に変わる。その際、β線を発するので、これをβ崩壊と呼ぶ。β崩壊を二回繰り返すとウランは九四番元素＝プルトニウムとなる。このプルトニウム239はウラン235よりも高い核分裂連鎖反応特性を持ち、爆弾の〝爆薬〟になりうる。プルトニウム239の生成のために開発された装置こそ、世界最初の原子炉、シカゴ・パイル1であった。しかし、一部のプルトニウム239はさらに中性子を吸収して同位体元素プルトニウム240やプルトニウム241となり、これらの混入の割合によって臨界量は不安定となるので、プルトニウム爆弾の場合、小分けした未臨界量のプルトニウム塊を、高性能爆薬の内向爆発により超高速で中心に集め、一瞬にして高密度塊にすることによって臨界をえる点火方式（爆縮方式）が必要となる。このため、爆弾本体は、ほぼ完全な球体につくられた。長崎に投下された原爆は、爆縮方式によるもので、「ファット・マン」と呼ばれた。爆縮方式には、高度な計算と精密な装置が必要であり、コンピュータが高度に発達するまで、グレード・アップのつど、確証実験が必要であった。核弾頭の爆発実験が地上・地下でいくどとなく繰り返されたのはそのためでもあった。一九四五年七月一六日に実施された世界初の核実験（トリニティ実験）も長崎へ投下するプルトニウム爆弾の効果を実証するためのものであった。

［2］**水素爆弾**―重水素、三重水素（トリチウム）の核融合反応を誘発するには、一億度程度の高い熱エネルギーが必要である。そのため、水爆は原子爆弾を〝起爆剤〟として利用する。また、水爆は、核融合によって生ずる大量の中性子を爆弾の外側に装填したウラン238に照射し、核分裂反応とプルトニウム生成、その核分裂をさらに誘発して破壊力をより強化した爆弾＝3F爆弾（Fission-Fusion-Fission）のかたちをとることが多い。水爆開発最初期、アメリカは重水素、三重水素を液化して利用していたが、そのための液化装置などを加えると爆弾全体の重量は数十トンにも上り、実戦使用は難しかった。これに

たいして旧ソ連のアンドレイ・サハロフは重水素を個体の重水素化リチウムに替えることで、実戦使用できるコンパクトな爆弾を考案した（ただし、今日では、核融合反応の規模が小さいので、水素爆弾ではなく、強化型原子爆弾とされることもある）。焦燥に駆られたアメリカが水爆小型化のために太平洋で水爆実験を繰り返していたさなかにビキニ事件など一連の太平洋域での被曝事件が起こった。

Ⅱ **原子炉**―原子核分裂、ないし核融合といった核反応を制御して連続的に行わせる装置。核融合炉はまったく実験段階であるので、通常は核分裂反応を利用する。原子力発電など動力炉では、原子炉の熱を利用して動力を取り出す。

［1］ **核分裂炉**―ウラン、あるいはそのプルトニウムとの混合酸化物（ＭＯＸ：Mixed oxide fuel）を燃料として用い、その核分裂連鎖反応で生じる熱エネルギーを利用するための炉（ＭＯＸ燃料を使用する場合、適切な加工と設計・配置が必要となる。これをプルサーマル方式と呼ぶ）。燃料のほか、炉内に発生した熱を炉外に運び出す熱媒＝冷却材、核分裂によって生じる中性子を吸収し、反応を調整する制御棒が必要である。また、天然ウラン、ないし低濃縮ウランが燃料となる場合、核分裂によって発生する中性子の速度をコントロールし、連鎖反応を起こしやすくする減速材が必要となる。通常、核分裂炉はこの減速材（および冷却材）に何を使用するかによって次のように分類される。

① **軽水炉**―減速材兼冷却材に軽水、すなわち通常の水を用いる。軽水は減速能が低いので、燃料そのものにウラン235がある程度密に存在している必要がある。このため、軽水炉には必ず、天然ウラン中には通常〇・七二％しか存在していないウラン235の割合を二～五％程度（それ以上の場合もある）にまで高めた低濃縮ウランを燃料として用いる。低濃縮ウラン燃料は燃料寿命が長いので、炉内でウラン238に中性子が吸収されることで生成されるプルトニウムにさらに中性子が吸収され、同位体元素プルトニウム240となる確率が高まり、軽水炉から兵器級のプルトニウムを取り出すことは難しくなるため、軽水炉には核拡散防止効果があるとされる。ＩＡＥＡ［竹本真希子による補論1参照］体制下、唯一普及を国際的に公認された炉型となっている。また、軽水炉には加圧した冷却水を一度熱交換器（蒸気発生器）に通して二次冷却水を沸騰させてその水蒸気でタービンを回す加圧水型と、炉内で発生する水蒸気で直接タービンを回す沸騰水型がある。前者はウェスティングハウス

（WH）社が、後者はゼネラル・エレクトリック（GE）社が基本的なアーキテクチュアを開発した。加圧水型は元来原子力潜水艦用に作られたのでコンパクトであるが、一次冷却水系が高圧状態なので、原子炉壁の脆化が起こり易く、二次系の蒸気発生に伴う振動、熱的なひずみ等から蒸気発生器には非常に無理がかかっていて、損傷の進み方が激しいことが弱点とされる。また、冷却水循環系における何らかの故障等によって炉内の一次冷却水の水圧が急低下した場合、冷却能が失われて、炉心溶融が起きる事態も懸念される。沸騰水型についての構造上の問題点は、原子炉の中で直接蒸気を発生させ、タービンを回転させているため、タービンの外側まで色々な放射性物質で汚れ、労働者被曝が生じやすいことである。また、沸騰水型では水流を作り出すシュラウドという装置、サプレッション・ルームなど炉内冷却水の圧力を調整する装置などに炉心溶融に結びつく弱点が指摘されている。

②

黒鉛炉―減速材に黒鉛を使用する原子炉。天然ウランでも稼働する。燃料寿命の短い天然ウランを燃料とした場合、原子炉の運転時間が短くなるので、生成したプルトニウム239にさらに中性子が入り込んで、プルトニウム240や241となる確率が低く、兵器級プルトニウム製造に適しているとされる。第二次世界大戦中、アメリカで進められ、長崎に投下された原子爆弾を開発したマンハッタン計画で利用されたのも黒鉛炉である。軍用炉のみならず、発電用の原子炉としても利用される。イギリスで開発され、日本の東海原子力発電所一号炉に装備されたコールダーホール炉（天然ウラン＝黒鉛減速＝ガス冷却炉）、ソ連で開発された黒鉛チャンネル炉（低濃縮ウラン＝黒鉛減速＝水冷却炉）はとくに名高い。後者は黒鉛ブロックに縦に穿たれた穴に、水循環系を個別に装備した「作業チャンネル」を差し込んで反応を起こさせる仕組みであるが、格納容器がなく、原子炉内でいったん暴走が起これば、ただちに外部環境に影響が出る点、さらに水＝蒸気混合体が冷却材となることによる熱学的不安定性や水循環をマクロで制御できない点など、問題点が指摘されている。

③

重水炉―重水、すなわち、陽子一個のほか、中性子一個が原子核に加わった重水素を要素とする水を減速材とする原子炉。重水は減速能が高いので効率が良く、天然ウランでも稼働する。また、プルトニウムや水素爆弾の原料ともなる三重水素（トリチウム）を生成する。このためもあり、アメリカの核兵器製造拠点のひとつ、サバンナリバーで活用されていた。また、カナダで商用に開発されたＣＡＮＤＵ炉をはじめ、世界で四〇基程度稼働しているが、重水の高価さ、トリチウムの扱いにくさなどから、あまり実用化は進んでいない。日本では新型転換炉「ふげん」（重水減速・軽水冷却）が開発用に運転されたが、二〇〇三年に恒久停止が決定され、現在は原子炉廃止措置研究開発センターに組織を改め、原子力発電所の廃止措置に関した技術開発を行っている。

④ **高速中性子炉**―通常、プルトニウム239、ウラン235を適量含むMOXを燃料とする。これは高速中性子でも核分裂連鎖反応を起こしうるので、減速材は不要となる。冷却材に水を使用すると中性子を減速してしまうため、液体金属、通常ナトリウムを冷却材に使う。制御棒が少ないなどの理由から炉心は相対的に小さくなる。そこで発生する高い熱を液体金属に吸収させるのであるが、腐食し易く、空気と反応して容易に発火し、水と接触して爆発するというナトリウムの化学的性質の扱いにくさなど、その開発には困難な点が多く、多くの国で頓挫した感がある。たとえば、フランスのスーパー・フェニックス（一二四万キロワット）は実証炉として開発されたが、一九九八年に閉鎖が決定した。旧ソ連がカスピ海沿岸に設置したシェフチェンコ原子力発電所の炉（BN‐350：三五万キロワット）は発電ではなく、海水淡水化を主目的にしていたが、一九九〇年には閉鎖が決定した。現在、中国とインドで開発が進んでいる。なお、発電しながら消費した以上の燃料＝プルトニウムを生成できる、夢の原子炉＝**高速増殖炉**（わが国の「もんじゅ」はこれをめざした）はこの炉型のひとつとして構想されたものであった。

［2］ **核融合炉**―重水素、三重水素、リチウムなどの軽い原子核の核融合反応を制御しながら持続させ、放出される熱エネルギーを利用するための炉。大量の放射性廃棄物は生じないが、超大量に発生する中性子によって放射性物質が作り出される。核融合反応を持続させるためには、数億度の温度を保つことが必要あるが、このような超高温で物質は完全電離しプラズマ状態になる。プラズマの閉じ込めにはまだ成功していないため、核融合炉も実現していない。EU、インド、日本、中国、ロシア、韓国、アメリカ共同の超大型プロジェクトが進められており、ITER（International Thermonuclear Experimental Reactor：イーター）が、二〇二五年の運転開始をめざし、フランスのカダラッシュにおいて建設中である。

Ⅲ **核燃料サイクル**―核燃料物質の採鉱に始まり、放射性廃棄物の処理・処分に終わる核燃料の一連の段階を核燃料サイクルという。大きく分けて、一回で使い捨てにするワンスルー・サイクルと使用済み核燃料中に生成されたプルトニウム（と残りのウラン）を再処理で抽出して再利用するプルトニウム・リサイクルの二通りがある。以下、プルトニウム・リサイクルをおこなう場合について述べる。

〔1〕**プルトニウム分離**─使用済み核燃料中のプルトニウムを他の元素から分離抽出する。原子炉内で中性子に照射されることで、ウラン238の約一％がプルトニウムに変化するといわれている。現在主流となっている抽出法は、溶媒抽出法（ピューレックス法：Plutonium Uranium Redox Extraction）で、これは濃硝酸に溶かした使用済み燃料中の諸元素の、溶媒（トリブチルリン酸が使われる）に対する反応の違い（プルトニウムとウランは溶媒と錯体を形成する）を利用してプルトニウムを回収する方法である。軍用原子炉で生成されたプルトニウムは、核兵器の材料となる。民生用原子炉で生まれたプルトニウムは、長時間の中性子照射でプルトニウム239の一部が同位元素の240や241になり、核兵器用としては品質が悪くなるが、核不拡散体制のもと、国際的な監視の対象となっている。

〔2〕**放射性廃棄物**─核燃料サイクルの過程で最大の放射線源は、原子炉と再処理工場である。ウランの核分裂によって、ヨウ素131、セシウム137、ストロンチウム90など、新たに生成される核分裂生成物は強い放射性を持っている。これらのうち、水溶性のもの、気化しやすいものは原子炉の炉外に漏出しないよう厳重な管理が必要である。核燃料再処理ではこれら生成物が燃料被覆管の外へ取り出されるため環境に漏れ易い。これら施設で使われた機材や防護服も汚染される。こうして大量の放射性廃棄物が誕生する。これらはとくに軍事的・工業的用途がなく、廃棄されるだけである。こうした放射性廃棄物の処理法としては、無害な安定した核種に転換する方法、宇宙処分、海溝処分なども考えられたが、核種転換は膨大な研究費と開発時間を要すること、宇宙処分はロケット打ち上げに失敗した場合の危険性、海溝処分は海溝の地球物理学的な解明が不充分であることなどから、現在までのところ、唯一、深地層地下処分（処分というより、永久保管）だけが実現されようとしている。

〔3〕**放射線防護**─放射性物質が出す放射線、一般に、直接・間接に物質に電離作用をもたらす電離放射線（α線、β線、γ線、中性子線など）は生体に有害である。浴びた放射線の線量に応じて何らかの放射線障害が現れる。放射線を外部から浴びた場合は外部被曝、体内に放射性物質を取り込んだことによる被曝を内部被曝という。放射線の人体への影響には、一定量の放射線を浴びると必ず影響が出る確定的影響と、被曝線量が大きくなると、影響が出る確率が高くなる確率的影響（がん、遺伝的影響）がある。被曝による個人の確率的影響のリスクの程度を表す線量として実効線量が利用されている。実効線量は、

現在シーベルト（Sv）という単位で表現される。放射線が物質にあたったとき、単位質量あたりに受け取るエネルギー量を吸収線量といい、グレイ（Gy）という単位で測定する。物質一キログラムあたり一ジュール（J）のエネルギーが吸収されるときを一グレイと物理的に定義している。そのグレイの値を、放射線の種類による影響の違い（γ線、β線が一、α線が二〇など）および臓器など人体各組織の放射線に対する影響の受けやすさ（肺や骨髄などが〇・一二、甲状腺や肝臓などが〇・〇四など）を係数化した値で加重した値がシーベルトである。なお、レントゲン（röntgen または roentgen：記号はR）は放射線の通過により発生する電荷量を表す単位であるが、現在はあまり使われていない。

　非営利団体である国際放射線防護委員会（International Commission on Radiological Protection：ICRP）が専門家の立場から放射線防護に関する勧告をおこない、各国政府はそれを受けて放射線防護の規準を策定する、というのが現在の世界の趨勢である。二〇〇七年のICRP勧告では、一般の公衆に対し計画被曝状況において超えてはならない線量限度を一年間一ミリ・シーベルトとしている。緊急時被曝状況には二〇～一〇〇ミリ・シーベルト、緊急事態後を含む現存被ばく状況には一～二〇ミリ・シーベルトの間で、より低くなるように参考レベルの適用を勧告している。

参考

・W・マーシャル編、住田健二監訳『原子力の技術 1，2——原子炉技術の発展［上］，［下］』筑摩書房　一九八六年。
・榎本聰明『原子力発電がよくわかる本』オーム社、二〇〇九年。
・高度情報科学技術研究機構、Web 版原子力百科事典ATOMICAなど。

【附記】本解説の執筆にあたっては、滝史郎氏（広島大学名誉教授）、山内知也氏（神戸大学教授）、瀬川嘉之氏（市民科学研究室）のご協力を仰いだ。記して感謝したい。

市川　浩／小島智恵子

あとがき

二〇一一年三月一一日、福島第一原子力発電所の過酷事故を受けて、欧州では、「脱原発」のうねりが生じた。ドイツの「脱原発」の動きは、日本でもよく知られているが、そもそもこの国では既に二〇〇〇年六月一五日、社会民主党と緑の党の「赤緑連合政権」が、原発の平均寿命を三二年とし、国内の原発を順次廃棄することで、電力大手四社と合意していた。ところが、アンゲラ・メルケル首相下の「黒黄連合」(キリスト教民主・社会同盟と自由民主党)は、公約どおり(!)これを反故にし、二〇一〇年九月二八日、原発稼働年数を八～一四年(平均一二年)延長するという「脱・脱原発」の閣議決定を行った。そして、それから半年足らずで起こったフクシマの事態を受け、「安全なエネルギー供給のための倫理委員会」の議論を経て、二〇一一年六月六日、稼働停止中の八基をそのまま廃止し、二〇一五年、一七年、一九年に各一基、二〇二一年に三基、二〇二二年に三基閉鎖する工程を明記した原子力法改正案を決めたのである。

他方スイスは、二〇一一年五月二五日、二〇三四年までの「脱原発」を宣言した。イタリアでは六月一二～一三日、原子力発電の再開の是非を問う国民投票が行われ、投票率五四・七九パーセントで、原発再開への「反対」が九四・〇五パーセントを占めた。翌二〇一二年五月六日のフランス大統領選挙では、国内の総発電量に占める原発の割合を七五パーセントから五〇パーセントに下げることを公約した社会党のフランソワ・オランドが勝利した。リトアニアでは同年一〇月一四日、新たな原発建設の是非を問う国民投票が行われ、建設反対が六二パーセントに達した。さらにスウェーデンでは、二〇一四年一〇月三日、ステファン・ローヴェン新首相が所信表明演説で、「一〇〇パーセント再生可能エネルギーによるエネルギー供給への転換」を打ち出した。

スイスの「脱原発」宣言と同じ日、原発を持たないオーストリア、ギリシャ、アイルランド、ラトビア、リーヒテンシュタイン、ルクセンブルク、マルタ、ポルトガルの八か国は、その名も「反原子力同盟」(Anti-Atom-Allianz)の共同声明をウィーンで発表した。デンマーク、エストニア、キプロスの三カ国も、オブザーバーとして会合に加わった。声明は、欧州大で原発の安全性を再確認するためのストレステストを実施することや、核エネルギーから再生可能エネルギーに転換することを求めている。

「反原子力同盟」の主導的役割を担ったのは、一九七八年一一月五日、首都ウィーンの西方約三〇キロのツヴェンテンドルフ原子力発電所プロジェクトを国民投票で否決し、一九九九年八月一三日、憲法に「原子力停止条項」を盛り込んだ、自他ともに認める「欧州脱原発の先駆者」オーストリアである。隣接するチェコ、スロヴァキア、スロヴェニアの原発に抗議してきたこの国は、二〇〇七年一〇月一日、ウィーンで、核エネルギーに批判的なドイツ、アイルランド、イタリア、ラトビア、ノルウェーとの環境相会議を開催していた(ルクセンブルク、アイスランドも支持)。福島原発事故以後は、ウィーン市による欧州大の反原発都市ネットワーク(CNFE)の呼びかけや、EUレベルでの脱原発住民投票の提唱、欧州原子力共同体(ユーラトム)からの脱退の請願など、ユニークな動きも示した。

「反原子力同盟」は、しかし国家レベルでは、各国の思惑の違いから進展を見せなかった。代わりに、二〇一六年三月二日、オーストリアのオーバーエスタライヒ州のイニシアティヴで、ドイツのニーダーザクセン州、ラインラント＝プファルツ州、ノルトライン＝ヴェストファーレン州、バーデン＝ヴュルテンベルク州、テューリンゲン州、ルクセンブルク、それにベルギーのドイツ語圏地域というEU加盟四カ国、八地域により「欧州大の脱原発のための地域同盟」が発足した。同年五月には、オーストリアのフォアアールベルク州がこれに加入、現在はイタリアからの参加が期待されているという。

このような「脱原発」の動きは、もちろんヨーロッパにとどまらない。ベトナムでは、二〇一六年一一月二二日、日本とロシアが受注していた南東部ニントゥアン省での原発の建設計画を白紙撤回する政府の決議案を、国会が採択した。台湾では、二〇一六年五月に就任した蔡英文（ツァイ・インウェン）総統の公約を受け、翌二〇一七年一月一一日、二〇二五年までの脱原発を定めた電気事業法改正案が、国会に当たる立法院で可決され、成立した。さらに韓国では、当選間もない文在寅（ムン・ジェイン）大統領が二〇一七年六月一九日、「原発政策を全面的に再検討し、原発中心の発電政策をやめ、〈脱核時代〉に進む」として、「準備中の新規原発の建設計画を全面的に白紙に戻し、原発の設計寿命を延長しない」と宣言した。

このように世界的な「脱原発」の潮流にお構いなく、日本は、多くの国民の反対や疑念をよそに、「成長戦略」の名目で、原発の再稼働、原発輸出に躍起になっている。ドイツのシーメンス社も、アメリカのゼネラル・エレクトリック社も原発事業から撤退し、フランスのアレヴァ社は、新型原発の建設コストが膨らんで事実上倒産して国営電力会社に買い取られ、他でもない自国企業の東芝ですら、国際的な原発ビジネスの行き詰まりで巨額の損失を抱え、深刻な経営危機に陥っているのにもかかわらず、である。

言うまでもなく、フクシマの教訓とは、「核」が住民全体を根絶やしにし、当該地域を半永久的に住居不能にしてしまうテクノロジーで、生態系と絶対的に共存不可能であることを今一度認識し、大量生産・大量浪費の「豊かさ」をひたすら追い求めて、この「核」を容認する生活様式を改めることにあったはずである。ところが日本は、フクシマの当事国として事故の収束もできないにもかかわらず、「経済成長」に固執して、原発の再稼働と延命、輸出に血道を上げ、またヒロシマ・ナガサキの当事国として、核兵器の非人道性を訴える「ヒバクシャ」ら広範な国民世論があるにもかかわらず、「核抑止」に固執して、核兵器禁止条約の国連会議をかたくなにボイコットしている。非核兵器保有国として世界でただ一カ国、原子炉の使用済み核燃料からプルトニウムを分離していることの国は、「唯一の被爆国」とうそぶいている間に、長崎型原爆を七〇〇〇発製造する能力を持つまでに至っている。平和研究の用語を用いれば、直接的・構造的・文化的暴力を凝縮した存在である「核」の時代に自覚的に終止符を打とうとする人類の流れにあって、これに逆行する日本は、自らを歴史のくずかごに投げ込もうとしているのだろうか。もっともそれは、政治の貧困をあげつらえば済む問題だけではない。研究者の世界でも、フクシマ後の（脱）原発研究は、あれよあれよと言う間に「ブーム」が過ぎ去ってしまったかのように見える。

日本で「原子力村」と呼ばれる代物は、欧州では普通に「原子力マフィア」として語られている。韓国でも「原電マフィア」という。「核の平和利用」に巣くう政・財・官（・軍）・学・情の利益共同体が、内部においては強固な結束を誇る一方、一般市民を含む外部に対しては、情報操作、事実の隠蔽・歪曲、被害の矮小化、さらには批判者への恫喝・弾圧・無視・排除をもって臨む反民主的な存在だからである。「日米同盟」に寄生する「安保マフィア」と、「核の平和利用」に寄生する「原発マフィア」。この二大集団に支配された日本は、公権力が「国策」をふりかざして、軍事基地・原発立地の過重な負担にあぐらをかき、人間が人間らしい生活をするための持続可能な公共政策ではなく、自らも一翼を担う利権共同体の自己充足的機能を果たすためだけの暴力的な機構と化していると評するのは、不当であろうか。

本書は、核開発の現場をリアルに捉え直すことを通じて、とりわけ日本人の国民的病理とでも呼ぶべき、自己欺瞞的歴史健忘症に一石を投じようというものである。第二次世界大戦中、原爆を開発、使用した米国は、英国とのケベック秘密協定（一九四三年八月一九日）で核開発情報の秘匿を試みたものの、結局核兵器の独占に失敗し、今度は「核の平和利用」という美名で、原発技術の普及を通じて勢力拡大を図ってきた。ヒロシマ・ナガサキ、スリーマイル、チェルノブイリ、フクシマへと至る歴史のなかで、対抗勢力であったソ連を含め、核開発という行為がいかに非人間的、非道徳的、不法、犯罪的な諸事実を不可避的に伴っているか、本論集がその構造を曲がりなりにもつまびらかにし、この国の市民社会に何がしかの貢献をしたと評価されるのであれば、企画に携わった者としてたいへん嬉しく思う。

本書は、核時代史研究の深化の必要性を訴える若尾祐司氏の発案をもとに、申請が採択された二〇一五～一七年度科学研究費基盤研究（B）「冷戦期欧米における〈核の平和利用〉の表象に関する研究」（研究代表者・木戸衛一、課題番号：15H03257）の成果を中核としている。実は予算に関して、科研費申請時の目論見は大きく外れ、年一回の海外出張だけで出費の方がオーバーしてしまう状況の中で、高橋博子、市川浩、竹本真希子、友次晋介、小島智恵子、北村陽子、佐藤温子（本書の目次順）の各研究分担者は、丹念に研究を進めてくれた。また、中尾麻伊香、川口悠子、和田喜彦、山本昭宏の各氏は、文字どおり自腹を切って、本論集のための調査や執筆者会議に関わってくれた。

予算面での著しい制約とともに、本プロジェクトに伴う今一つの困難は、もともと科学史を専攻してきた者と、本研究で初めてこの分野に首を突っ込んだ者との研究上の温度差であった。他ならぬ私が筆頭格である後者は、核問題の理系的知識に乏しく、半ばそのキャッチアップの意味も込めてまとめられたのが、市川氏・小島氏による巻末の用語解説である。

このように、本書は、執筆者各位の献身的な努力の賜物であり、科研の研究代表者、また編者の一人として御礼の言葉もない。昭和堂の鈴木了市編集部長は、テーマ的には『反核から脱原発へ』（二〇一二年）、また個人的には拙訳『敗戦国ドイツの実像』（ユルゲン・エルゼサー著、二〇〇五年）以来の共同作業に、これまた献身的に取り組んでくれた。

二〇一七年六月二三日、日本で唯一原発電力を持たない沖縄の慰霊の日に

木戸　衛一

マ　行

ヤ　行

ラ　行

タ　行

ナ　行

ハ　行

人名索引

川口悠子（かわぐち・ゆうこ）

1979年生まれ。現在：法政大学理工学部専任講師。専門：米国現代史。
主な業績：「太平洋を越える広島救援活動――戦後初期の『平和都市』イメージへの影響について」（『アメリカ史研究』第38号、2015年）。

和田喜彦（わだ・よしひこ）

1960年生まれ。現在：同志社大学経済学部教授。専門：エコロジー経済学。
主な業績："Good News from the Global Footprint Network and Bad News from the Fukushima Nuclear Disaster," in John B. Cobb, Jr. and Ignacio Castuera (eds.), *For Our Common Home: Process-Relational Responses to Laudato Si'. Anoka,* Minnesota: Process Century Press, 2015.

佐藤温子（さとう・ながこ）

1978年生まれ。現在：香川大学非常勤講師／大阪大学大学院招へい研究員。専門：ヨーロッパ現代政治史。
主な業績：「フィンランドにおける放射性廃棄物処分政策形成の歴史的背景――ドイツとの比較の視座から――」（研究ノート）（『北ヨーロッパ研究』第13巻、45-51号、2017年）。

山本昭宏（やまもと・あきひろ）

1984年生まれ。神戸市外国語大学准教授。専門：日本近現代文化史。
主な業績：『核エネルギー言説の戦後史1945―1960 「被爆の記憶」と「原子力の夢」』人文書院、2012年。

■執筆者紹介（執筆順）

高橋博子（たかはし・ひろこ）

1969 年生まれ。現在：名古屋大学法学研究科附属法情報研究センター研究員、明治学院大学国際平和研究所研究員。専門：アメリカ史。

主な業績；『新訂増補版 封印されたヒロシマ・ナガサキ』凱風社、2012 年。共著『核の戦後史』創元社、2016 年

市川浩（いちかわ・ひろし）

1957 年生まれ。現在：広島大学大学院総合科学研究科教授。専門：科学=技術史。

主な業績：市川 浩『冷戦と科学技術――旧ソ連邦 1945 ～ 1955 年――』ミネルヴァ書房 2007 年。市川 浩編『科学の参謀本部――ロシア / ソ連邦科学アカデミーに関する国際共同研究――』北海道大学出版会 2016 年。

竹本真希子（たけもと・まきこ）

1971 年生まれ。現在：広島市立大学広島平和研究所准教授。専門：ドイツ近現代史、平和思想・平和運動史。

主な業績：『ドイツの平和主義と平和運動――ヴァイマル共和国期から 1980 年代まで』法律文化社、2017 年。

中尾麻伊香（なかお・まいか）

1982 年生まれ。現在：立命館大学衣笠総合研究機構・専門研究員。専門：科学史。

主な業績：『核の誘惑――戦前日本の科学文化と「原子力ユートピア」の出現』勁草書房、2015 年。

友次　晋介（ともつぐ・しんすけ）

1971 年生まれ。現在：広島大学平和科学研究センター准教授。専門：国際関係史。

主な業績：「「アジア原子力センター」構想とその挫折――アイゼンハワー政権の対アジア外交の一断面」（『国際政治』163 号、2011 年）。

小島智恵子（こじま・ちえこ）

現在：日本大学商学部教授。専門：物理学史。

主な業績：「原子力開発における公と私」（日本大学商学部「公と私」研究会編『公の中の私、私の中の公』日本評論社、2013 年）。

北村陽子（きたむら・ようこ）

1973 年生まれ。現在：愛知工業大学基礎教育センター准教授。専門：ドイツ近現代史。

主な業績：「障害者の就労と「民族共同体」への道――世界大戦期ドイツにおける戦争障害者への職業教育」（三時眞貴子・岩下誠・江口布由子・河合隆平・北村陽子編著『教育支援と排除の比較社会史――「生存」をめぐる家族・労働・福祉』昭和堂、2016 年）。

■編者紹介

若尾祐司（わかお・ゆうじ）

1945年生まれ。現在：名古屋大学名誉教授。

著書：『記録と記憶の比較文化史』（共編著）名古屋大学出版会、2005年。
『近代ドイツの歴史』（共編著）ミネルヴァ書房、2005年。
『革命と性文化』（共編著）山川出版社、2005年。
『歴史の場――史跡・記念碑・記憶』（共編著）ミネルヴァ書房、2010年。
『ドイツ文化史入門』（共編著）昭和堂、2012年。

翻訳：ヨーゼフ・エーマー著『近代ドイツ人口史』（共訳）昭和堂、2008年。

木戸衛一（きど・えいいち）

1957年生まれ。現在：大阪大学大学院国際公共政策研究科准教授、日本平和学会理事。

著書：『「対テロ戦争」と現代世界』（編著）御茶の水書房、2006年。
『平和研究入門』（編著）大阪大学出版会、2014年。
『変容するドイツ政治社会と左翼党』耕文社、2015年など。

翻訳：マルゴット・ケースマン、コンスタンティン・ヴェッカー著『なぜ〈平和主義〉にこだわるのか』いのちのことば社、2016年。

核開発時代の遺産――未来責任を問う――

2017年10月20日　初版第1刷発行

編　者　若尾祐司
　　　　木戸衛一

発行者　杉田啓三

〒606-8224　京都市左京区北白川京大農学部前

発行所　株式会社　昭和堂

振替口座　01060-5-9347

ＴＥＬ（075）706-8818／ＦＡＸ（075）706-8878

印刷　亜細亜印刷

ISBN978-4-8122-1634-7

＊落丁本・乱丁本はお取り替えいたします

Printed in Japan

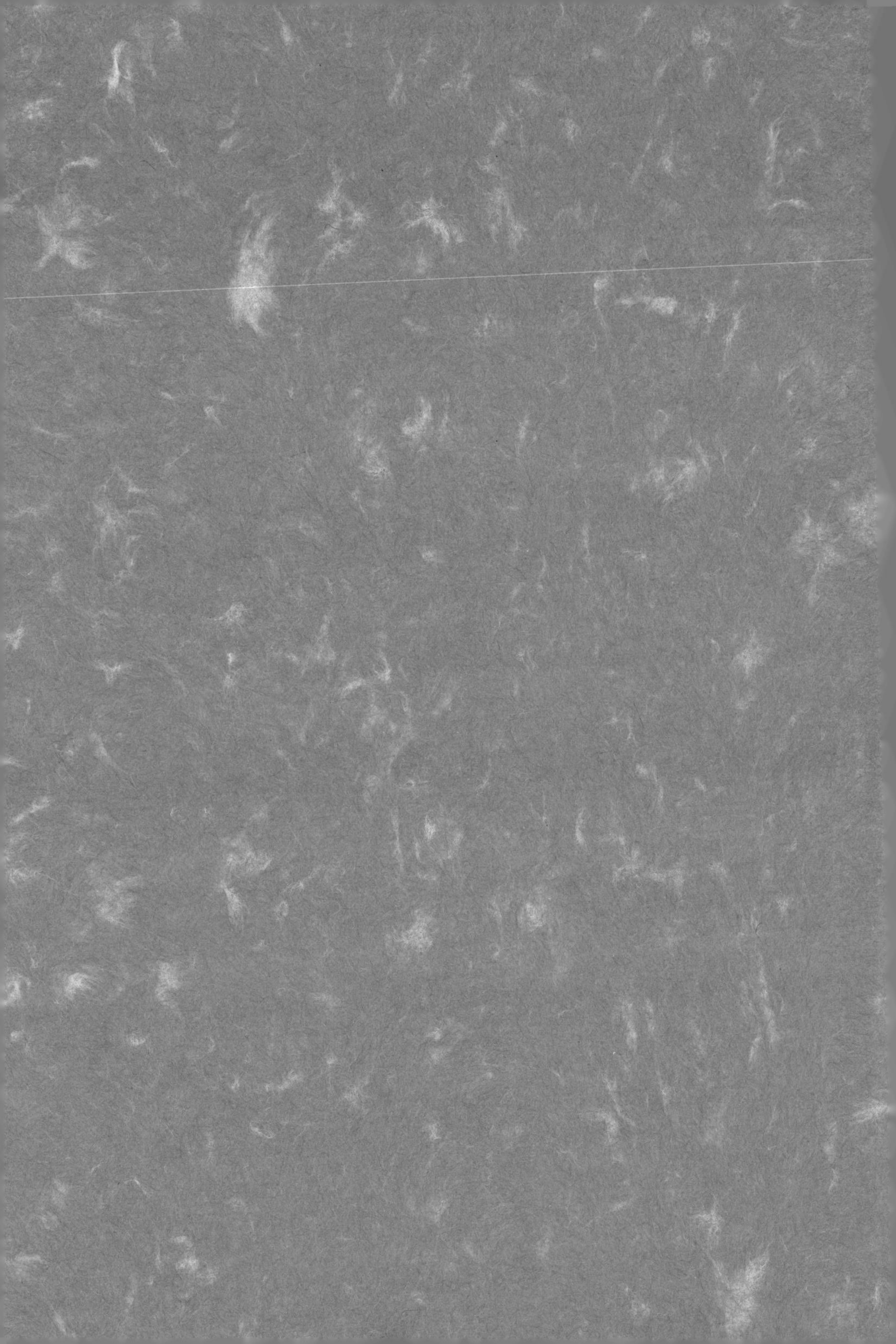

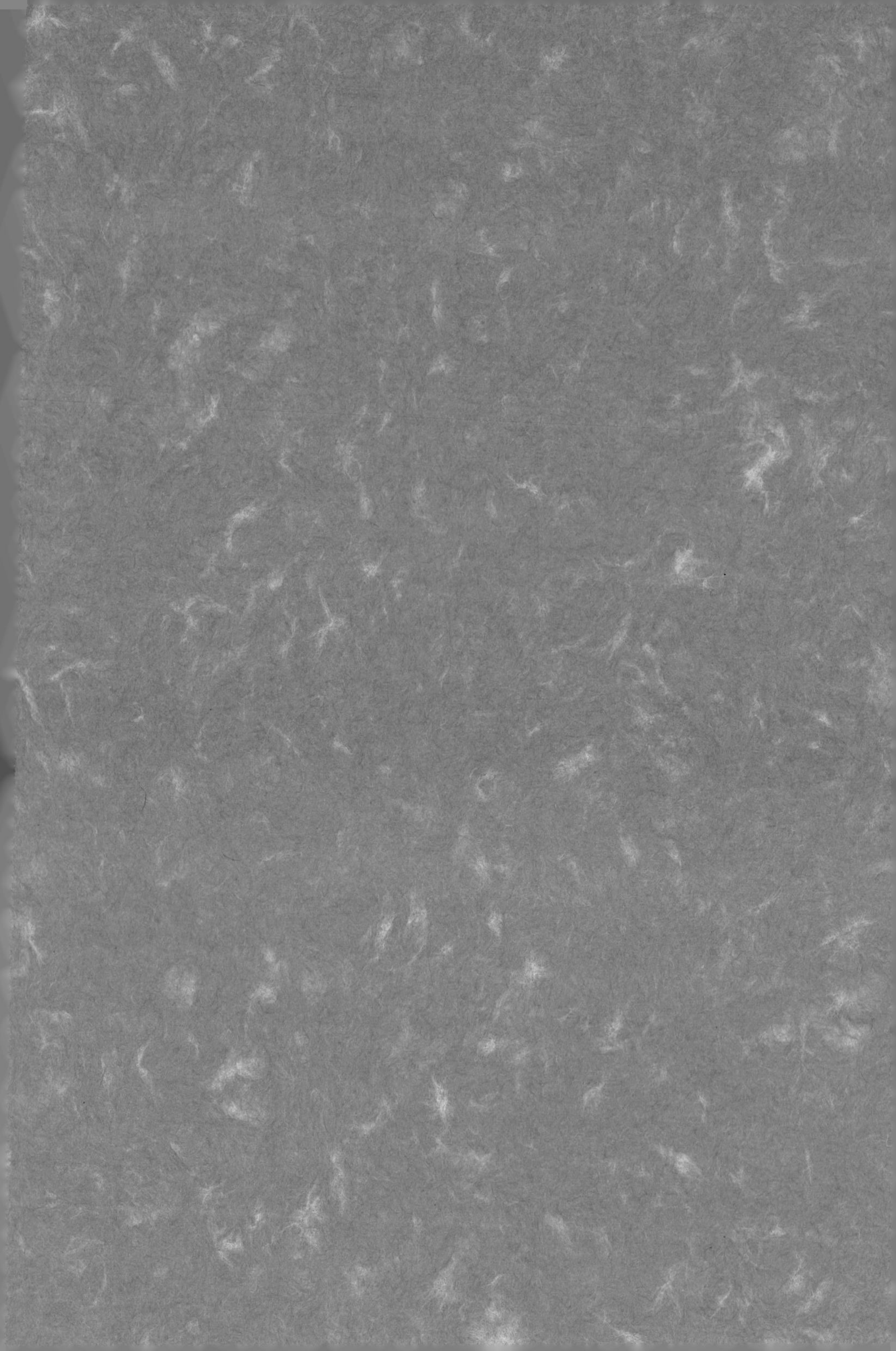